现代果蔬花卉深加工与应用丛书

果蔬花卉提取
技术与应用

李建颖　主编

化学工业出版社
·北京·

本书介绍了果蔬花卉原料的物理和化学特性、提取的物质的种类和特点、常用的提取技术的原理和操作技术，从果品、蔬菜、观赏植物和药食同源类产品四个方面论述了色素、果胶、多糖、油类物质和功能性物质的提取方法、工艺流程和操作技术，内容翔实，实用性强。

本书可供从事果蔬花卉深加工的企业、高等及大专院校和科研院所的专业人员阅读和参考。

图书在版编目（CIP）数据

果蔬花卉提取技术与应用/李建颖主编. —北京：化学
工业出版社，2019.8
　ISBN 978-7-122-34615-5

　Ⅰ.①果…　Ⅱ.①李…　Ⅲ.①果蔬加工②花卉-加
工　Ⅳ.①TS255.3

中国版本图书馆 CIP 数据核字（2019）第 111310 号

责任编辑：张　艳　刘　军　　　　　文字编辑：杨欣欣
责任校对：宋　玮　　　　　　　　　装帧设计：王晓宇

出版发行：化学工业出版社（北京市东城区青年湖南街 13 号　邮政编码 100011）
印　　装：大厂聚鑫印刷有限责任公司
710mm×1000mm　1/16　印张 12½　字数 230 千字　2019 年 9 月北京第 1 版第 1 次印刷

购书咨询：010-64518888　　售后服务：010-64518899
网　　址：http://www.cip.com.cn
凡购买本书，如有缺损质量问题，本社销售中心负责调换。

定　　价：48.00 元　　　　　　　　　　　版权所有　违者必究

"现代果蔬花卉深加工与应用丛书"
编委会

前言 FOREWORD

随着人们生活水平的提高，果蔬花卉产业不断发展，且其产量持续增长。果蔬花卉产品中含有丰富的色素、果胶质、多糖等有益物质，但在果蔬花卉食用、观赏和深加工的过程中，存在着严重的资源浪费。果蔬皮渣约占果蔬产品的 30% ～ 40%，这些加工过程中产生的副产物很多时候被当作废弃物处理，不仅污染环境，也是有效成分的浪费。科学有效地对这些果蔬副产品进行深加工，对有益成分进行提取利用，提高经济效益，十分必要。

本书介绍了果蔬花卉原料的物理和化学特性、提取物质的种类和特点、常用提取技术的原理和操作技术，从果品、蔬菜、观赏植物和药食同源类产品四个方面论述了色素、果胶、多糖、油类物质和功能性物质的提取方法、工艺流程和操作技术。全书共分六章。第一章介绍了果蔬花卉原料的特点、有效提取成分的种类以及常用的提取试剂和设备。第二章对现代主要提取技术的原理和特点进行了分类介绍，包括超临界流体萃取技术、超声波提取技术、固相萃取技术等。第三～六章详细介绍了果品、蔬菜、观赏植物、药食同源类产品中色素、果胶、多糖、油类物质等有效成分的提取技术和实例。

本书内容翔实，语言通俗易懂，实用性较强，为读者在果蔬花卉提取技术领域提供了较全面的参考资料。

本书由李建颖主编。在此对在本书编写过程中提供各种支持的卜路霞、李明等表示衷心感谢。天津市科学技术普及项目——普及食品添加剂知识读本（13KPXM01SY008）对本书的出版给予了支持。

由于笔者水平有限，加之时间仓促，在本书中难免有疏忽和不足之处，恳请各位专家、同行及广大读者批评指正。

主编
2019 年 5 月于天津商业大学

目 录 CONTENTS

05 | 第五章
观赏植物的提取技术与实例　　/ 130

第一章　概述

果蔬花卉原料的提取技术是指利用物理、化学、生化的原理和方法，在不破坏有效成分的结构和功能的条件下，较高纯度地分离出有效成分的技术方法。它是一项严格、细致、复杂的工艺过程，涉及多方面的知识和操作技术。由于分离纯化的有效成分的结构和理化性质不同，分离方法也会不同，即使是同一类有效成分，其原料不同，使用的方法差别也很大。因此，不可能有一个统一的方法。

一般情况下，从植物材料中提取有效成分的过程大体可分为六个阶段：①原料的选择和预处理；②原料的粉碎；③从原料中提取有效成分，制成粗品；④纯化粗制品；⑤干燥及保存；⑥制成成品或制剂。

不是每种提取技术都完整地具备以上六个阶段，也不是每个阶段都截然分开。选择性提取，包含着分离纯化；沉淀分离包含着浓缩；选择分离纯化的方法及各种方法的先后次序也因材料而异。选择性溶解和沉淀是经常交替使用的方法，贯穿整个分离过程中。各种柱色谱分离技术常放在纯化的靠后阶段，只有在原料达到一定纯度后进行结晶才能收到良好的效果。总之，不论是哪个阶段、使用哪种操作技术，都必须注意在操作中有效成分的分子不被破坏，防止有效成分发生变性和降解。

第一节　果蔬花卉原料的特性与选择

水果、蔬菜、花卉除可提供人们丰富的维生素、矿物质及膳食纤维外，还可以提供有机酸、含氮物质、色素、芳香物质、酶、糖苷类等生理活性物质，从中可提取香精油、果胶、有机酸、食用色素和功能性物质等。此外，许多植物中还含有生物碱、强心苷、黄酮、皂苷、鞣质等众多药理成分，如银杏、葛根、芦荟等。从植物中提取有效功能性物质已逐渐引起重视，提取物品种逐年增加，因为它们是保健食品及生物制药的原料。

一、果蔬花卉原料的物理特性

果蔬的物理性状测定是确定采收成熟度、识别品种特性、进行产品标准化的必要措施。新鲜果实是活的有机体，采取适当措施降低其生物反应活性是保证贮藏特性的主要手段，如低温、惰性气体等。欲控制适合于新鲜果蔬的环境，首先就要测定其在贮藏期中的物理性状，了解其在不同环境中的变化。

1. 重量

取若干待测果蔬，分别称重，记录单果重，并求其平均果重。

2. 色泽鲜度

观察记载果蔬的表皮薄厚、底色及面色状态。如叶菜类蔬菜的底色可分为深绿、绿、淡绿、绿黄、浅黄和乳白等。也可用特制的颜色卡片进行比较，分成若干级。果蔬因种类不同，显出的面色也不同。应记录颜色的种类、深浅及占果蔬表面积的百分数。

3. 容重

果蔬容重是指 $1m^3$ 容积内果蔬的重量，单位为 kg/m^3，它与果蔬的包装、运输和贮藏关系十分密切。

4. 硬度

果蔬的硬度是指果蔬抗压能力的强弱，以单位面积上承受的压力表示，单位为 Pa。果蔬抗压能力愈强，其硬度就愈大，也愈耐贮藏。果蔬硬度大小是衡量果蔬本身特性和贮藏过程中及结束贮藏时果蔬品质好坏的重要指标之一。

二、果蔬花卉原料的成分及化学特性

果蔬花卉原料中的化学成分很复杂，每一种植物都可能含有多种成分。进行植物化学成分提取分离时，如果方法和处理条件不当，可能会使某些化学成分发生结构上的变化，从而使它们的生理活性也发生改变。因此，对植物有效成分的提取，必须缜密、全面地进行。

1. 水分

果蔬花卉原料中的水分存在两种状态：一种是游离水，可溶性物质就溶于这类水中，易蒸发；另一种是胶体结合水，不仅不易蒸发，就是人工排除也十分困难，只有在高温或低温冷冻的条件下才可分离。植物的生理和生化变化离不开水分，水分的减少可以激活植物中的某些酶，常常引起原料中化学成分的改变，从而使原料的品质劣变。

2. 糖类物质

果蔬花卉原料中的糖类物质（又称碳水化合物）种类很多，可以分为单糖

（如葡萄糖、果糖）、二糖（如蔗糖）、多糖（如淀粉、纤维素、半纤维素、果胶等）。淀粉是一种不溶于水的糖类物质，相对密度在 1.5～1.6 之间。淀粉在一些植物中的含量因其成熟度不同而异，在未成熟前含量多，随着果实的成熟或后熟而减少。淀粉可转化为糖，而糖也可转化为淀粉。纤维素是植物细胞壁的主要成分，是构成植物的"骨架"物质，它们的含量与存在状态决定着细胞壁的弹性、伸缩强度和可塑性。

3. 含氮物质

含氮物质主要是蛋白质、氨基酸和酰胺，另外有极少量的硝酸盐。蛋白质对植物体内的各种代谢方式和速度有很大影响。蛋白质在 50℃ 以上可与单宁（鞣质）结合，发生聚合反应。

4. 维生素

维生素一般分为脂溶性维生素和水溶性维生素两大类。脂溶性维生素主要有维生素 A、维生素 D、维生素 E、维生素 K 等；水溶性维生素有 B 族维生素、维生素 C 等。维生素的分解速度受温度、pH、金属离子及紫外线等的影响。高温贮藏与加工会导致维生素 C 的分解和破坏；Cu、Ag、Fe 等金属离子及紫外线能促进维生素被氧化。所以在加工中应使用不锈钢的工具和设备，并将原料贮存在避光处。

5. 有机酸

果蔬的酸味主要来自一些有机酸，除包含柠檬酸、苹果酸和酒石酸外，还包含少量的琥珀酸、α-酮戊二酸、绿原酸、咖啡酸、阿魏酸、水杨酸等。蔬菜的含酸量相对较少，但有些蔬菜如菠菜、茭白、苋菜、竹笋等含有较多的草酸。

6. 芳香物质

醇、酯、醛、酮和萜等化合物，是构成果蔬香味的主要物质。它们大多是挥发性物质，且多具有芳香气味，故称为芳香物质，也称精油。正是这些物质的存在赋予果蔬花卉特定的香气和味感。它们的分子中都含有一定的基团如羟基、羧基、醛基、醚基、酯基、苯基、酰氨基等。这些基团称为"发香团"，它们的存在与香气的形成有关，但与香气种类无关。

7. 单宁物质

果蔬花卉体内广泛存在着单宁物质，未成熟的果实中含量较多，随着果实成熟，单宁物质含量逐渐减少。单宁物质易溶于水，具有收敛性涩味。单宁物质易被氧化而变色。许多水果去皮或切开后，在空气中会产生褐变，即由单宁引起。单宁遇 Fe^{3+} 等金属离子也会发生变色，所以在原料的采收、贮运时应尽量采取保护措施，避免原料的机械损伤；提取成分尽量避免与铁制器具接触。

8. 色素

水果、蔬菜、花卉能呈现五彩缤纷的颜色，是由于其体内存在的多种色素。

在植物中最常见的色素物质有叶绿素、类胡萝卜素、黄酮色素、花青素和酯类化合物。叶菜类蔬菜含有大量的叶绿素；植物果实的果皮、果肉中含有花青素和黄酮类化合物。色素受温度、光线、细胞内 pH、金属离子影响较大。

9. 矿物质

果蔬花卉原料中含有多种矿物质，主要的组成元素有 Ca、K、Fe、Mg、P、S、Si 等。这些元素有的以硫酸盐、磷酸盐、硅酸盐和有机酸盐等状态存在，有的则与果胶质等有机物质结合在一起形成络合物。80％的矿物元素是 Na、K、Ca 等金属元素，磷和硫等非金属元素约占 20％。

10. 酶

酶是由活细胞产生的具有催化活性的一类蛋白质。生物体内的代谢反应，几乎全部是在酶的催化作用下进行的。可以说，没有酶，就没有代谢反应，生命将停止运动。植物体内含有丰富的酶类，它们催化各种各样的生物代谢反应，与原料的贮藏加工有着密切的关系。酶对环境因子十分敏感，温度、pH、金属离子都能显著改变酶的活性，使酶活性受到抑制或激活。因此，在贮藏和提取过程中如果处理不当，会降低有效成分的提取率。然而，巧妙地运用酶的活性可以提高有效成分的含量，从而提高提取率。

第二节　提取物质的种类

一、果胶类物质

果胶是一种高分子植物性天然胶体物质，是植物细胞壁的组成部分，广泛存在于果蔬花卉中。果胶本身无味，也没有什么营养价值。果胶主要存在于植物的果实、直根、块根、块茎、花器等植物器官中。水果中含有较多的果胶物质，如山楂、苹果、杏、李、梨、柑橘等果实中含量甚丰。蔬菜中果胶含量也很高，但高甲氧基果胶含量低，所以其果胶的凝胶能力也低。

1. 果胶的化学结构

果胶类物质在植物体内以原果胶、果胶和果胶酸三种形式存在。从广义上说，"果胶"为原果胶、果胶和果胶酸三者的总称。果胶是一种线型多糖聚合物，其分子的链状结构短于纤维素而长于淀粉分子，分子量为 $5 \times 10^4 \sim 2 \times 10^5$。

（1）原果胶　原果胶是细胞壁中胶层的组成部分，不溶于水，与纤维素结合在一起，在植物的细胞间具有黏结作用，能影响组织的强度和密度。未成熟的果实细胞壁内有原果胶存在，所以组织坚硬。在水果成熟的过程中，由于原果胶酶的作用，原果胶被逐渐分解为果胶和纤维素，因而成熟的水果组织也就随之松弛而变软。原果胶在水或酸性溶液中加热，同样也会水解成果胶。

（2）果胶 果胶是很多 D-半乳糖醛酸分子经 α-1,4-位碳原子由氧桥连接而成的链状聚合物，其部分羧基被甲醇所酯化。每个分子含几百至 1000 个聚合单元。

理论上，果胶的羧基全部被酯化时，甲氧基约占分子量的 16.32%，但实际上羧基不可能完全被酯化，故最高值只有 12%～14%（以灰分干基计算）。通常将甲氧基含量为 7% 以上的果胶称为高甲氧基果胶，而将甲氧基含量低于 7% 的称为低甲氧基果胶或低酯化果胶。果胶为白色无定形物质，无臭无味，可溶于水。果胶在凝果胶酶或在稀酸与稀碱的作用下，极易水解（脂解）脱去甲氧基而生成果胶酸和甲醇。

（3）果胶酸 果胶酸是果胶的甲氧基全部被脱去，羧基完全游离的多聚半乳糖醛酸，不溶于水。果胶酸的部分羧基有时与 K^+、Na^+、Cu^{2+}、Mg^{2+} 等离子结合，生成果胶酸盐，因此又可将其分为水溶性的果胶酸盐和不溶性的果胶酸盐。

2. 果胶的胶凝特性

果胶是亲水胶体物质，它的水溶液在适当条件下可形成有弹性的凝胶。果胶溶液的温度、含糖量、pH、分子量、酯化度都可以影响果胶形成凝胶。温度过低不能形成凝胶，而糖起脱水剂作用，酸则能消除果胶分子的负电荷。含糖量低于 50%、pH 高于 4 时，不易形成凝胶。在含糖量、温度、pH 适当的情况下，影响果胶胶凝能力的主要因素是果胶的分子量和酯化程度。果胶的胶凝能力与果胶的分子量成正比。随着分子量的增加，在标准条件下形成凝胶的能力也随之增强。

高度酯化的果胶中如果存在 Ca^{2+}，不能直接形成凝胶。只有在缺少 Ca^{2+}、含糖量超过 50%、低 pH 的情况下才形成凝胶。低酯化（低甲氧基）果胶在没有糖存在时也能形成稳定的凝胶，但必须有二价金属离子（如 Ca^{2+}）在果胶分子间形成交联键才能形成凝胶。这种凝胶用来加工不含糖或低糖的营养果酱或果冻。

3. 果胶的用途

果胶的胶凝性质早在几百年前就已被发现，但商用果胶的分离仅仅开始于 20 世纪初。今天，果胶生产技术的发展已使人们能生产出许多类型的果胶，使果胶成为食品及医药等工业中广泛使用的稳定剂和质构添加剂。

（1）食品加工

① 棒冰、冰淇淋。起乳化稳定作用，可增加浆料黏度，促进脂肪乳化，保持乳状液的均匀稳定，使冰淇淋口感细腻、滑爽。

② 果酱、果子冻。可有效地改善果酱的细腻度，使其具有良好的流动性，易灌注，适合各种风味果酱的生产。

③ 果冻。添加的果胶的胶凝使果冻增加弹性和韧性的组织，并可补充天然果胶含量不足，减少胶体的脱水收缩，增添香味，使口感顺滑爽口。

④ 乳酸饮料。果胶的耐酸性胶体，对酸牛奶和酸乳酪饮料起稳定作用，可延长制品的保存期。

⑤ 果汁。果胶在果汁中有明显的增稠作用，其黏度特性使果汁具有鲜榨果汁的风味，能够达到天然饮料的逼真效果。

⑥ 带果肉型饮料。可解决含果肉悬浮饮料的分层、粘壁问题，可增强果肉的悬浮效果，给予制品纯正的口感。

⑦ 软糖。果胶可使软糖晶莹透明，富有弹性，不粘牙，酸甜可口，提高产品品质，是高级糖果的理想添加剂。

⑧ 焙烤食品。果胶通过与面筋中的麦醇溶蛋白相互作用，有助于提高冷冻面团的持气性，增加成品体积，同时增强口感，延长面包的货架寿命，还可用于三明治、月饼等焙烤制品中。

（2）医药保健 众所周知，膳食纤维能为健康带来很多好处。最近，研究重点已经转移到可溶性纤维及其在一些药物中的作用。研究结果显示果胶在各种反应机制及新陈代谢途径中都有显著效果，这使其成为一种令人感兴趣的配料。研究显示，果胶可能对大肠杆菌具有一定抗菌效果。果胶在治疗饮食过量引起的肥胖时有降低体重的效果。果胶作为一种天然的预防性药物在处理从消化道进入人体的 Pb^{2+}、Hg^{2+} 等有毒离子时非常有效。另外，果胶还有抑制血糖浓度、降低胆固醇及抗癌的功效。

（3）其他工业 在其他工业中，果胶可用作水油乳浊液的乳化稳定剂。天然果胶制成的薄膜可被生物降解并易于回收利用，在某些体外医疗中也得到了应用，从而引起了人们的极大兴趣。另外由于果胶具有成膜特性，可用作造纸和纺织的施胶剂，制备超速离心膜和电渗析膜，制备铅蓄电池中的硫酸溶胶。将1%的果胶与硫酸混合可制备无气泡溶胶。

在食品、医药和其他工业中，果胶被广泛用作组织成形剂、乳化剂和稳定剂。用果胶制作的饮料吸管，当液体流过吸管时，果胶层中的色素和风味物质就会释放出来。因此，开发和改造现有果胶提取工艺，获得理想品质的果胶，具有重要的现实意义。

二、色素类物质

果蔬花卉呈现五彩缤纷的颜色，是由于体内存在的多种色素物质。植物色素是构成人类食用天然色素的主体。天然植物色素分别存在于果蔬花卉的花、果、皮、茎、叶和根中。作为重要的食品添加剂，天然植物色素可以广泛应用于饮料、糖果、糕点、酒类等食品的着色，也可以用于医疗保健品、化妆品的着色。

植物色素的研究和开发有着广阔的前景和发展潜力。

1. 色素的分类

根据植物色素的溶解性差异，可分为水溶性色素和脂溶性色素两大类。水溶性色素一般易溶于水或酒精，不溶于乙醚、氯仿等有机溶剂，如甜菜红色素、花青素等。脂溶性色素一般不溶于水，易溶于酒精、乙醚和氯仿等有机溶剂。常见的脂溶性植物色素有叶绿素、叶黄素、胡萝卜素、番茄红色素和辣椒红色素等。

果蔬花卉中的天然色素按其化学结构的不同可分为四大类：

（1）吡咯衍生物类色素 吡咯衍生物类色素是以四个吡咯环构成的卟吩为基础的天然色素，广泛地存在于绿色植物的叶绿体中，叶绿素是其主要代表。在高等植物中，叶绿素主要有两种类型，即叶绿素 A（呈蓝绿色）和叶绿素 B（呈黄绿色）。叶绿素广泛存在于绿色植物叶中，是一种含有镁原子的卟啉衍生物。

（2）多烯类色素 多烯类色素是以由异戊二烯（$CH_2 = C(CH_3)CH = CH_2$）为单元组成的共轭双键长链为基础的一类色素，为脂溶性色素，主要存在于绿色植物的果实中，如类胡萝卜素、番茄红素、辣椒红素和叶黄素等。

（3）酚类色素 酚类色素为水溶性或醇溶性色素，是多元酚的衍生物，可分为黄酮类、花青素类和单宁类三大类。如矢车菊色素、天竺葵色素、飞燕草色素、芍药色素、牵牛花色素和橙皮素等。

（4）酮类和醌类衍生物色素 酮类和醌类衍生物色素种类较少，主要存在于植物的地下茎和霉菌分泌物及红甜菜中，如姜黄色素、甜菜红素等。

2. 植物色素的性质

（1）溶解性 不同种色素在各种溶剂中溶解性能不同。一般能很好溶解于水中的称水溶性色素；而不溶于水只溶解于石油醚、乙酸乙酯、丙酮、酒精等有机溶剂的称脂溶性色素。例如栀子黄色素就是水溶性色素，β-胡萝卜素就是脂溶性色素。提取某一种色素时，必须了解其在各主要溶剂中的溶解情况。

（2）稳定性 天然色素一般比合成色素稳定性差。对天然色素产品来说，稳定性一般包括：对光、热的稳定性，对氧的稳定性及对各种金属盐离子的稳定性。

三、油类物质

果蔬花卉中的油类物质可以分为挥发性油和植物油脂两类。

1. 挥发性油（精油）

挥发性油又称精油，是存在于植物体中的一类可随水蒸气蒸馏，且具有一定香味的挥发性油状液体的总称。挥发性油是形成果蔬花卉芳香的物质。挥发性油存在于果蔬花卉的各部分，有的全株植物中都有，有的则在花、果、叶、根或根茎、籽等部分器官中含量较多。如柑橘类和作为香辛料的伞形科和唇形科蔬菜茴香和芫荽，以果实中含量最高；鸢尾属植物集中分布在根部和块茎内；松柏科以茎中含量最高；薄荷则叶中含量高；茉莉、桂花以花中含量最高。有些含于果实中，以挥发性酯类为主。挥发性油在贮藏加工中容易损失。有些挥发性油是以糖苷状态存在的，必须以化学手段或利用酶的作用进行分解，使不具香味的物质成为具有香气的精油，如芥子苷和苦杏仁苷。

（1）挥发性油的组成　各类果蔬花卉的芳香物质是不同挥发成分的混合物，主要包括醇类、醛类、酮类、酯类、萜类及含硫化合物等。这些成分有的气味强烈，有的气味较弱，有的甚至无味。而且常常是这些成分按特定比例混合后形成的混合物，才具有某种果蔬的芳香特征。各成分以不同浓度和结合态存在，一般在 $1\sim20\mu g/g$，有的难以测量。芳香物总含量因果蔬不同也不一样，如姜含芳香物 2mL/kg 左右，而苹果汁含 $50\sim100mg/L$。

（2）精油的保存　经过萃取的精油一定要用褐色或深色的瓶子保存，避免阳光直射，并且存放在阴凉的地方，以免因高温产生变质。用于皮肤保养时，经过调和的精油与基底油混合物的保存方式一样，但最好能当天用多少调多少，保存期不要超过一个月。但是精油搭配异丙醇时，则无须考虑保存期限，此种保存方式比较安全、简单，但是放入醇类的精油的使用方式受到了限制。

（3）植物精油的应用　植物精油用途广泛，可用于食品、药品、化妆品、日用品等工业生产中，也可以用于皮肤保养等日常生活的操作中。植物精油对害虫具有较高的生物活性，国际上的一些大公司正在从事具有广谱杀菌活性的植物精油的开发和实际应用试验，目的是使之取代某些大量使用的合成药物，例如香葵精油的抗霉效果就很好。精油的各种成分混合使用，可以提高其对某些皮癣菌的抗菌作用。日化工业除利用植物精油的赋香功能之外，还充分利用其生物活性来使产品具有更多功能。

2. 植物油脂

植物油脂是由脂肪酸和甘油化合而成的天然高分子化合物，广泛分布于自然界中。常见的植物油脂包括豆油、花生油、菜籽油、芝麻油、玉米油等。

植物油脂一般用压榨法或溶剂提取法取得。植物油脂在常温下大多数是液体，如豆油、花生油、菜籽油等；少数是半固体或固体，如柏脂、椰子油等。各种植物的含油量不同，例如米糠的含油量为 12％～20％，干椰子果肉的含油量为 63％～70％。

根据在空气中发生的变化，即能否干燥和干燥快慢的情况，植物油脂可分为：①干性油，如桐油、梓油、亚麻油等；②半干性油，如花生油、菜籽油、芝麻油等；③非干性油，如蓖麻油等。

植物油脂多数供食用，也广泛应用于制造硬化油、肥皂、甘油、油漆和润滑油等。

四、除果胶外的其他多糖类物质

多糖类又称多聚糖，是由单糖分子间通过糖苷键聚合而成的高聚物，是构成生命的四大基本物质之一。多糖类物质广泛存在于各种生物体内，如植物的种子、茎和叶组织，动物黏液，昆虫及甲壳动物的壳等。植物多糖包括淀粉、纤维素、葡聚糖（如香菇多糖）、果聚糖、植物胶等。其中淀粉主要起贮藏能量的作用，纤维素、果胶等是构成植物骨架的主体。多糖在抗肿瘤、抗炎、抗病毒、降血糖、抗衰老、抗凝血、免疫促进等方面发挥着生物活性作用。具有免疫活性的多糖及其衍生物常常还具有其他的活性，如硫酸化多糖具有抗 HIV 活性及抗凝血活性，羧甲基化多糖具有抗肿瘤活性。因此对多糖的研究与开发已越来越引起人们的广泛关注。

1. 淀粉

一些植物的未成熟果实含有淀粉，而甜度较低，随着成熟过程，其淀粉含量下降而甜度升高，这是由于淀粉转化为了带甜味的蔗糖、葡萄糖、果糖等小分子糖类，如香蕉、晚熟苹果等。块根、块茎类蔬菜淀粉含量较高如藕、菱、芋头、山药等，其淀粉含量与老熟程度成正比。花卉材料中积累的淀粉较少，但有些花粉中的淀粉含量还是很高。富含淀粉的果蔬，除可以制取淀粉外，也是食品、医药及其他工业的原料或辅料。

2. 纤维素和半纤维素

纤维素和半纤维素常与本质、栓质、角质和果胶等结合，主要存在于果蔬花卉的表皮细胞内，具有保护作用，可减轻机械损伤、抑制微生物的侵袭等。果实中纤维素含量一般为 0.2%～4.1%，其中桃为 4.1%、柿为 3.1%、苹果为 1.28%、杏为 0.8%、西瓜和甜瓜至少为 0.2%～0.5%。蔬菜中纤维素的含量多为 0.3%～2.3%，如芹菜为 1.43%、菠菜为 0.94%、甘蓝 1.65%、根菜类为 0.2%～1.2%。花组织中的半纤维素除了具有类似纤维素的结构和功能外，还有类似淀粉的贮藏能量功能。

3. 植物胶

割开植物的表皮或树皮就可以得到植物胶和植物黏液。植物胶是含有糖醛酸的杂聚多糖，也是糖类物质中最为复杂的一类多糖。用于食品的主要植物胶，有从植物渗出物中提取的阿拉伯胶、黄芪胶、印度胶和刺梧桐胶，有从植物种子中提取的角豆胶和瓜尔豆胶。

五、功能性物质

1. 有机酸

有机酸是分子结构中含有羧基（—COOH）的有机化合物，在植物的叶、根、特别是果实中广泛分布。常见的植物中的有机酸是脂肪族的一元、二元、多元羧酸，如酒石酸、草酸、苹果酸、柠檬酸、抗坏血酸等；也有芳香族有机酸，如苯甲酸、水杨酸、咖啡酸等。除少数以游离状态存在外，一般都与钾、钠、钙等结合成盐，有些与生物碱类结合成盐。脂肪酸多与甘油或高级醇结合成酯。有的有机酸是挥发油与树脂的组成成分。

（1）有机酸的一般性质　在这些有机酸中，酒石酸的酸性最强，并有涩味，其次是苹果酸、柠檬酸，再次是草酸、琥珀酸。有机酸多溶于水或乙醇呈显著的酸性反应，难溶于其他有机溶剂。在有机酸的水溶液中加入氯化钙或乙酸铅或氢氧化钡溶液时，能生成不溶于水的钙盐、铅盐或钡盐的沉淀。如果需要从提取液中除去有机酸，通常可用这些方法。

（2）有机酸的药用价值　有机酸也是果蔬花卉中具有营养生理意义的重要化学成分。有机酸在人体新陈代谢过程中会被迅速氧化，不会积蓄而造成酸性损害作用。肠黏膜细胞在进行新陈代谢时，要溶解大约 $65\%\sim80\%$ 的柠檬酸，柠檬酸溶解时产生的热量能够促进其他营养成分的溶解。柠檬酸与钙和镁会形成化合物，阻止人体内血液减少。柠檬酸还能提高人体吸收钾的能力，且具有一定的治疗作用，如治疗小儿佝偻病。柠檬酸还参与糖代谢，对消除疲劳也具有一定的作用。

2. 蛋白质与氨基酸

果蔬花卉中含氮物质的种类很多主要以蛋白质和氨基酸为主。蛋白质是细胞组成的基本物质，二十多种不同的 α-氨基酸经酰胺键（即肽键）互相结合而成的高分子化合物称为蛋白质。蛋白质分子量很大，可以达到数百万，甚至在千万以上，结构复杂，官能团性质多样。水果中的含氮物质含量较少，而在蔬菜中含量较多。以蛋白质为例，豆类蔬菜中蛋白质含量相当高，花卉的花器中蛋白质的含量大多在 $10\%\sim20\%$。

氨基酸为分子结构中含有氨基（—NH_2）和羧基（—$COOH$）的有机化合物。α-氨基酸是组成蛋白质的基本单位，通式是 $RCH(NH_2)COOH$。天然蛋白质经水解，生成 20 多种 α-氨基酸，如甘氨酸、丙氨酸、天冬氨酸、谷氨酸等。根据其结合基团不同，可分为脂肪族氨基酸、芳香族氨基酸、杂环氨基酸、含硫氨基酸、含碘氨基酸等。

3. 酶

酶旧称酵素，为具有特殊催化能力的蛋白质，也可说酶是一种生物催化剂。它在果蔬花卉体内持续地促进大量复杂的化学反应。如淀粉酶催化淀粉水解成麦芽糖；蛋白酶催化蛋白质水解成肽；脂肪酶催化油脂水解成脂肪酸和甘油。酶在生理学、医药、农业、工业等方面都有重大意义。

（1）分类和性质　根据催化反应的过程大致可分为六类：氧化还原酶、转移酶、水解酶、裂合酶、异构酶、连接酶。酶的性质不很稳定，易受各种因素的影响而被破坏，丧失活力。要较好地保存，关键在于水分含量和温度：水分含量越高，越不稳定；温度越高，越易被破坏。一般需在低温下（＋4℃以下，有的要求在－20℃以下）保存。但即使干燥冷藏，长期贮存后仍能逐渐降低或丧失其活性而变质。所以酶制剂大多规定一定的贮存期。

（2）酶作为生物催化剂的特点　酶催化作用的专一性很高，一种酶往往只能作用于一类物质，甚至只有对某一物质有催化作用。催化效力高，如在0℃时，一个分子的过氧化氢酶1min能催化分解500万个过氧化氢分子。大多数酶的催化反应都在常温常压下进行，高温反会引起酶的破坏。酶的催化作用易受环境中pH的影响。

4.苦味物质

果蔬花卉的苦味主要来自糖苷和生物碱等物质，果蔬中最常见有苦味的为柑橘类和瓜类。苦味物质种类很多，依果蔬花卉的种类而不同，多数为苷类。它们的含量虽然不多，但具有重要的生理效应，例如天然存在的强心苷（毛地黄苷和毛地黄毒苷）、皂角苷（三萜或甾类糖苷），都是强泡沫形成剂和稳定剂，部分糖苷类物质具有药用价值。

（1）苦杏仁苷　苦杏仁苷是苦杏仁素（氰苯甲醇）与龙胆二糖所形成的苷，存在于多种果实的种子中，以核果类含量最多，桃、梅、李、杏、酸樱桃、苦扁桃、苹果、枇杷等的果核种仁中均有存在，尤以苦扁桃中含量最多，为种子的2.5%～3.0%。

苦杏仁苷本身无毒，但在苦杏仁酶（扁桃腈酶及洋李酶的复合物）或酸的作用下，可水解为一分子的苯甲醛、一分子的氢氰酸和二分子的葡萄糖，由于氢氰酸的存在而引起中毒。

（2）芥子苷和茄碱苷　十字花科蔬菜中除含有辛辣成分外，还常常含有苦味，是由芥子苷引起的。芥子苷水解后生成具有特殊风味和香气的芥子油。

茄碱苷（$C_{45}H_{73}NO_{15}$），又称龙葵碱，是一种有毒的糖苷，存在于马铃薯块茎、番茄、茄子等蔬菜中，其水解时分解出葡萄糖、半乳糖、鼠李糖和茄碱。茄碱苷和茄碱几乎不溶于水，但可溶于热酒精和酸的溶液中。茄碱苷的毒性表现在对红细胞有很大的溶解作用，引起黏膜发炎、头痛、呕吐和消化不良等病症。

（3）柚皮苷　柑橘类果实中的苦味物质以柚皮苷和苦素类最为重要。柚皮苷（$C_{27}H_{32}O_{14}$）是一种黄酮类化合物，也是天然色素之一。柚皮苷纯品的苦味比奎宁还要苦。柑橘类的花、果皮和果肉中均有柚皮苷存在，酸橙、葡萄柚、柚子、枳壳等含量较高，尤以果心、内果皮（白瓤）及瓤壁等部分为最多，随着果实的成熟而减少。据分析：葡萄柚的全果柚皮苷含量为0.14%～0.8%，果汁中为0.02%～0.04%，外果皮0.45%～0.65%，内果皮1.5%～2.8%，果心

1.2%～2.0%，瓤壁 0.7%～1.4%。

（4）苦素 苦素是许多类似化合物的总称，已鉴定的有 8～9 种，一般属于苦味内酯类，主要有柠檬苦素、香橼苦素、银杏苦素、芸香苦素、云实苦素等。其中以柠檬苦素最为重要，柑橘类的种子和果实各个部分中均含有之，分布很广。柠檬苦素在水中溶解度很低，但即使溶液中浓度很低，也可以尝出明显的苦味。例如切榨出的鲜柑橘汁不感觉有苦味，在室温下放置数小时或加热后，味会变苦。这是一种物理作用，因为苦柠檬素从组织内向外缓慢扩散达到可尝出苦味的浓度，需要一定的时间，加热和静置可以促进扩散。

（5）葫芦素类 瓜类果实中的苦味物质总称为葫芦素类苦味物质。葫芦科植物约有 850 种，已发现含苦味物质的品种近 90 种，野生种一般均有苦味。苦味物质存在于植物的果实、种子、根、叶中，有些种类以果实为主，有些以根部为主，有些则各部均有。葫芦素类物质，表现的苦味轻重不一，有些感觉不出。存在于植物体中的葫芦素类物质往往不是一种而是同时有几种，以苷类形式存在，有毒，可入药。据报道葫芦素能防肿瘤，又有泻性。

（6）生物碱 生物碱也是一类具有苦味的物质，有些极苦而辛辣，还有些具有刺激唇舌的焦灼感。生物碱是从植物中获得的含氮碱性杂环有机化合物，具有明显的生理活性和丰富而多样的生理功效。如吗啡碱可镇痛，可卡因碱可止咳，麻黄碱可止喘，小檗碱可抗菌消炎，阿托品碱可解痉，长春碱以及花椒碱等多种生物碱还有抗肿瘤活性。生物碱是许多中草药的主要有效成分，也是果蔬花卉中一类重要的功能性物质。

大多数生物碱不溶或难溶于水，能溶于氯仿、乙醚、酒精、丙酮、苯等有机溶剂，也能溶于稀酸的水溶液而成盐类。生物碱的盐类大多溶于水。但也有不少例外，如麻黄碱可溶于水，也能溶于有机溶剂，又如烟碱、麦角新碱等在水中也有较大的溶解度。

5. 单宁

单宁又称鞣质，为一类分子量较大的由数个多元酚单体结合而成的化合物，是鞣制生皮革的一种化工原料。一般存于富含单宁的果实、根、茎、叶中。其中，没食子单宁可加工制成多种精细化工产品，广泛应用于医药、化工、轻工、纺织、食品、冶金等行业中。

单宁可分为两种：一种是水解型的单宁物质，多元酚之间以酯键相连，具有酯类的性质；另一种是复合型单宁，多元酚的碳环之间以共价键相连，不能水解。单宁分子可溶于水或乙醇，不溶于乙醚、氯仿等极性小的溶剂。单宁在空气中易被氧化成黑褐色醌类聚合物，去皮或切开后的果蔬在空气中变色，即由于单宁被氧化所致。单宁与铁离子作用能生成黑色化合物，与锡离子长时间共热呈玫瑰色，遇碱则变蓝色。因此果蔬加工所用的器具、容器设备等的制备材料选择十分重要。

6. 维生素

维生素是人和动物维持正常的生理功能所必需的一类低分子化合物，其中的大多数种类必须从食物中获得。许多维生素是不稳定的。食品在贮藏或加工过程中，维生素的含量会大大降低，所以常常用合成的维生素去补偿食物中原有维生素的含量。但是，合成品的生物活性远不及天然维生素。此外，合成品中所含的杂质成分对人体可能造成潜在危害，因此天然维生素的提取也是研究的热点之一。

第三节　果蔬花卉产品提取技术中常用的试剂与设备

一、常用试剂

1. 浸提常用溶剂

（1）水　水作溶剂经济易得，极性大，溶解范围广。其缺点是：选择性差，容易浸出大量无效成分，给制剂提纯带来困难；制剂色泽欠佳、易于霉变，不易贮存；可能引起某些有效成分的水解，或促进某些化学变化。

（2）乙醇　乙醇为半极性溶剂，溶解性能界于极性与非极性溶剂之间。可以溶解水溶性的某些成分，如生物碱及其盐类、苷类、小分子糖类、苦味质等；又能溶解非极性溶剂所溶解的一些成分，如树脂、挥发油、内酯、芳烃类化合物等，少量脂肪也可被乙醇溶解。乙醇能与水以任意比例混溶，实际生产中经常利用不同浓度的乙醇溶液有选择性地浸提药材有效成分。一般乙醇含量在90%以上时，适于浸提挥发油、有机酸、树脂、叶绿素等；乙醇含量在50%～70%时，适于浸提生物碱、苷类等；乙醇含量在50%以下时，适于浸提苦味物质、蒽醌类化合物等。乙醇含量大于40%时，能延缓许多提取物（如酯类、苷类等成分）的水解，增加制剂的稳定性。乙醇含量达20%以上时具有防腐作用。

乙醇的比热容小，沸点78.2℃，汽化潜热比水小，故蒸发浓缩等工艺过程耗用的热量较水少。但乙醇具挥发性、易燃性，生产中应注意安全防护。此外，乙醇还具有一定的药理作用，价格较贵，故使用时乙醇的浓度以能浸出有效成分、稳定制备为度。

（3）氯仿　氯仿是一种非极性溶剂，在水中微溶，与乙醇、乙醚能任意混溶。能溶解生物碱、苷类、挥发油、树脂等，不能溶解蛋白质、鞣质等。氯仿有防腐作用，常用其饱和水溶液作浸出溶剂。氯仿虽然不易燃烧，但有强烈的药理作用，故在浸出液中应尽量除去。其价格较贵，一般仅用于提纯精制有效成分。

（4）丙酮　丙酮是一种良好的脱脂溶剂。由于丙酮与水可任意混溶，所以也是一种脱水剂。常用于新鲜动物药材的脱脂或脱水。丙酮也具有防腐作用。丙酮的沸点为56.5℃，具挥发性和易燃性，且有一定的毒性，故不宜作为溶剂保留在制剂中。

（5）乙醚　乙醚是非极性的有机溶剂，微溶于水（1∶12），可与乙醇及其他有机溶剂任意混溶。其溶解选择性较强，可溶解树脂、游离生物碱、脂肪、挥发油、某些苷类。大多数溶解于水中的有效成分在乙醚中均不溶解。乙醚有强烈的药理作用。沸点34.5℃，极易燃烧，价格昂贵，一般仅用于有效成分的提纯精制。

2. 浸提辅助剂

（1）酸　浸提溶剂中加酸的目的主要是促进生物碱的浸出，提高部分生物碱的稳定性；使有机酸游离，便于用有机溶剂浸提，除去酸不溶性杂质等。

（2）碱　碱的应用不如酸普遍。加碱的目的是增加有效成分的溶解度和稳定性。例如，浸提甘草时在水中加入少许氨水，能使甘草酸形成可溶性铵盐，保证甘草酸的完全浸出。另外，碱性水溶液可溶解内酯、蒽醌、香豆精、有机酸、某些酚性成分。但碱性水溶液亦能溶解树脂酸、某些蛋白质，使杂质增加。

（3）甘油　甘油与水及醇均可任意混溶，但与油脂不相混溶。本品为单宁的良好溶剂，将其直接加入最初少量溶剂（水或乙醇）中使用，可增加单宁的浸出；将甘油加到以单宁为主成分的制剂中，可增强单宁的稳定性。

（4）表面活性剂　在浸提溶剂中加入适宜的表面活性剂，能降低原材料与溶剂间的界面张力，使润湿角变小，促进表面的润湿性，利于某些成分的浸提。如用水煮醇沉淀法提取黄芩苷，酌加吐温-80可以提高其收得率。

二、主要设备

果蔬花卉产品提取和分离的设备主要有通用离心切割机、切丁机、冲击式粉碎机、压榨机、过滤机、离心机、膜分离设备等。

离心切割机适用于将各种瓜果、块根类蔬菜与叶菜切成片状、丝状。切丁机主要用于将各种瓜果、蔬菜等切成丁状、块状或条状。粉碎机主要有两种类型，即锤片式和齿爪式粉碎机，均是以锤片或齿爪在高速回转运动时产生的冲击力粉碎物料。

压榨是通过压缩力将液相从液固两相混合物中分离出来的一种单元操作。其操作过程主要表现为固体颗粒的集聚和半集聚过程，也涉及液体从固体中的分离过程。在提取时，压榨机主要用来榨取原料内的油类物质或汁液，如从菜籽等种子或果仁中榨取油脂。

果蔬花卉产品提取时，常要将液体中肉眼看不见的固态杂质微粒去掉，提高产品的澄清度，所以必须使用过滤设备。过滤设备形式多样，但都是以某种多孔物质作为过滤介质，在外力作用下，使悬浮液中的液体通过介质的孔道，而固体颗粒（微粒）被截留下来，最终实现固、液分离的目的。

离心机是利用离心力进行固-液、液-液或液-液-固相离心分离的机械。在提取工艺中应用较多，如淀粉与蛋白质分离、油脂工业的食油精制以及料液的澄清等，都已使用离心机。离心分离按过程原理可分为离心过滤、离心沉降和离心分离三种。

膜分离技术是用高分子薄膜或其他具有类似功能的材料，以外界能量或化学位差为推动力，对双组分或多组分的溶质和溶剂进行分离、分级、提纯和富集的方法。膜分离技术广泛使用乙酸纤维制成的超滤膜，膜厚一般为 0.1mm 左右。致孔剂量、环境温度及相对湿度，是控制膜孔径大小及密度的因素。乙酸纤维膜适用的 pH 范围为 3～8，温度上限为 50℃。膜分离技术应用越来越广泛，经常用于提取液的分离、脱色、精制等。超滤膜应用在不同形式的超滤设备里，相应制成各种不同的膜型。平面膜、管式膜和空心纤维膜是常见的膜型。

此外，还有蒸发浓缩设备、萃取机械、沉淀分离设备、干燥设备、蒸馏设备等。

第二章 果蔬花卉产品的现代提取技术

02 Chapter

由于果蔬花卉原料的多样性和提取物成分的复杂性，所涉及的提取方法也多种多样，归纳起来，按形成的先后和应用的普遍程度可分为一般提取方法和现代提取方法。一般提取方法是指出现比较早，技术较成熟，已经得到普遍应用的传统提取方法。一般提取方法往往不需要特殊的仪器，因此应用比较普遍。一般提取方法主要有压榨法、萃取法、沉淀分离法、膜分离法、蒸馏法、离子交换法、蒸发与结晶等。现代提取方法是以现代先进的仪器为基础或新发展起来的提取方法。但不管是经典法还是现代法，它们既是提取技术也是提取过程中的一个单元操作。本章将对果蔬花卉产品现代提取方法的基本操作和技术进行简单介绍。

近年来，发展较快的提取技术有超临界流体萃取技术、超声波提取技术、微波溶样及微波辅助萃取技术、高速逆流色谱技术、固相萃取技术、固相微萃取技术、酶法提取和半仿生提取技术、液膜萃取技术、快速溶剂萃取技术等。特别是为了解决传统分析中溶剂带来的不良影响，无溶剂或少溶剂样品萃取方法发展较快。

一、超临界流体萃取技术

超临界流体（SCF）萃取是以高压、高密度的超临界流体为溶剂，从液体或固体中溶解所需的组分，然后采用升温、降压、吸收（吸附）等手段将溶剂与所萃取的组分分离，最终得到所需纯组分的操作。

1. 超临界流体萃取的基本原理

SCF 萃取过程是利用压力和温度对 SCF 溶解能力的影响而进行的。当气体处于超临界状态时，成为性质介于液体和气体之间的单一相态，具有和液体相近的密度，黏度虽高于气体但明显低于液体，扩散系数为液体的 $10\sim100$ 倍，因此对物料有较好的渗透性和较强的溶解能力，能够将物料中某些成分提取出来。

在超临界状态下，将 SCF 与待分离的物质接触，可使其有选择性地依次把极性大小不同或沸点高低不同或分子量大小不同的成分萃取出来。SCF 的密度和介电常数随着密闭体系压力的增加而增加，极性增大，利用程序升压可将不同极性的成分进行分步提取。当然，对应各压力范围所得到的萃取物不可能是单一的，但可以通过控制条件得到最佳比例的混合成分。然后借助减压、升温的方法使 SCF 变成普通气体，被萃取物质则自动析出，从而达到分离提纯的目的，这就是 SCF 萃取的基本原理。

2. 超临界流体萃取的特点

（1）萃取和分离合二为一　当饱含溶解物的超临界流体流经分离器时，由于压力下降使其与被萃取物迅速成为两相（气液分离）而立即分开，不存在物料的相变过程，不需回收溶剂，操作方便。不仅萃取效率高，而且能耗较少，节约成本。

（2）萃取效率高，过程易于控制　如临界点附近的 CO_2，温度、压力的微小变化，都会引起其密度显著变化，从而引起待萃物的溶解度发生变化，可通过控制温度或压力的方法达到萃取目的。压力固定，改变温度可将物质分离；反之温度固定，降低压力可使萃取物分离。因此工艺流程短、耗时少，对环境无污染，萃取流体可循环使用，真正实现生产过程绿色化。

（3）萃取温度低　可以有效地防止热敏性成分的氧化和逸散，能较完好保存有效成分不被破坏，不发生次生化，而且能把高沸点、低挥发性、易热解的物质在其沸点温度以下萃取出来。特别适宜于对热敏感、易氧化分解成分的提取。

（4）常用的 SCF 毒性低，无溶剂残留　如临界 CO_2 流体常态下是气体，无毒，且与萃取成分分离后完全没有溶剂的残留，有效地避免了传统提取条件下残留的溶剂对人体的毒害和对环境的污染。

（5）SCF 的极性可以改变　一定温度条件下，只要改变压力或加入适宜的夹带剂，即可提取不同极性的物质，可选择范围广。在对极性物质的提取中，通过改变工艺条件，特别是各种夹带剂的添加使用，大大拓宽了超临界流体萃取技术的应用，使得对许多极性物质的提取成为可能。

（6）超临界流体萃取技术的缺点　样品量受限（<10g）；回收率受样品中基体的影响；要萃取极性物质需加入极性溶剂以及需在高压下操作，设备投资较高等。

二、超声波提取技术

天然植物有效成分大多为细胞内物质，在提取时往往需要将植物细胞破碎，传统的机械破碎法难以将细胞有效破碎，化学破碎方法又容易造成被提取物的结构性质等变化而失去活性，因而难以取得理想的效果。将超声波应用于提取植物的有效成分，操作简便快速，无需加热，提取率高、速度快、效果好，且结构不被破坏，显示出明显的优势。

1. 超声波提取的基本原理

超声波提取（ultrasonic wave extraction）是应用超声波破坏植物机体组织，从而提取植物的有效成分，是一种物理破碎过程。超声波对介质产生独特的机械振动作用和空化作用。超声波振动时能产生并传递强大的能量，引起介质质点以较大的速度和加速度进入振动状态，使植物组织结构发生变化，促使有效成分进入溶剂中；同时在液体中还会产生空化作用，促使植物细胞壁破裂。另外，超声波的振动还会产生热效率，加快待提成分的溶解速度。

2. 超声波提取条件的选择

许多因素会对超声波提取产生影响，因此提取植物有效成分时应注意选择合适的条件。

（1）超声波提取工艺参数的选择　超声波参数主要考虑的是超声波的频率、强度和时间。不同的植物成分所需的参数不同；提取同一种植物时，选择不同的参数会得到不同的效果。如95%乙醇为溶剂超声波提取益母草中的益母草总碱，用1.1MHz的超声波处理40min时效果最佳。超声波提取黄连素时，1.1MHz超声波的提出率比20kHz的低频超声波降低1.33%；提取时间上，在30min处出现一峰值之后随时间的增长而逐渐降低；用20kHz强度分别为0.5W/cm^2、5W/cm^2、10W/cm^2、50W/cm^{2}的超声波处理10min提取大黄蒽醌成分，其提出率也不同，以0.5W/cm^{2}时的最高。所以在进行超声波提取时，要从实验中取得适宜的参数，提高提出率。

（2）溶剂选择　超声波提取植物有效成分时，溶剂种类及其浓度也是影响提出率的关键。分别用95%、75%、50%乙醇作溶剂超声波处理40min提取黄芩苷，提出率分别为4.59%、11.15%、10.94%；分别用甲醇、乙醇、乙酸乙酯作溶剂，超声波处理1h提取密蒙花的有效成分，以甲醇的提出率最高。超声波提取时无需加热，因此在选择提取溶剂时，最好能结合植物有效成分的理化性质进行筛选。如在提取皂苷、多糖类成分时，可利用它们的水溶性特性选择水作溶剂；在提取生物碱类成分时，可利用其与酸反应成盐的性质而采用酸浸提方法等。

（3）温度选择　温度对超声波提取植物有效成分的提出率也有影响。如从黄芩中超声波提取总黄酮，在-5～25℃内，随着温度的降低，提出率上升。

（4）其他因素　超声波分布均匀与否、提取瓶的放置位置、提取瓶壁的厚薄、被超声植物的颗粒大小、随着介质和提取液温度的升高时有机溶剂随之挥发等，也会影响到超声波提取植物有效成分的效果。

三、微波溶样及微波辅助萃取技术

1. 基本原理

微波（microwave，MW）是波长介于1mm～1m（频率介于3×10^8～$3\times$

10^{11} Hz）的电磁波。传统的加热方式都是先加热物体表面，然后热能"由表及里"传递，即所谓的"外加热"。微波加热是物质吸收微波能量后在其内部分子间产生摩擦和振动，而使电磁能转变成热能，从而在宏观上表现出温度升高，是一种"内加热"。微波辅助萃取就是利用微波加热来加速溶剂对固体中目标萃取物的溶解，从而实现快速、高效萃取。

2. 微波辅助萃取（MAE）条件的选择

（1）萃取溶剂　溶剂的选择至关重要。被微波提取的成分应是微波敏感物质，有一定的极性。微波萃取所选溶剂必须对微波透明或半透明，也就是要选择介电常数较小（8～28）的溶剂，同时要求溶剂对目标成分有较强的溶解能力，对萃取成分的后续操作干扰较少。这样，微波便可完全透过或大部分透过萃取剂，被待萃取物吸收，达到萃取目的。

常见用于 MAE 的溶剂有甲醇、乙醇、丙酮、乙酸、二氯甲烷、苯、甲苯、正己烷，无机酸如硝酸、盐酸、磷酸、氢氟酸，以及己烷-丙酮、二氯甲烷-甲醇、水-甲苯等混合溶剂。对同一种物料，不同萃取剂的提取效果往往差异较大。另外，物料含水量与微波能的吸收关系也很大。若物料是经过干燥，不含水分的，那么应选用部分吸收微波能的萃取介质，以此介质浸渍物料，置于微波场进行辐射加热的同时发生萃取作用。也可采取物料再湿的方法，使其具有足够的水分，便于有效地吸收所需要的微波能。

（2）微波功率和萃取时间　微波萃取频率、功率和时间等对萃取效率具有明显的影响。常用的频率为 9.15×10^2 MHz 和 2.45×10^3 MHz。微波功率的高低对测定结果有着较大的影响。当时间一定时，功率越高，萃取的效率就越高，萃取就越完全。但是如果超过一定限度，则会使萃取体系压力升高到冲开容器安全阀的程度，溶液溅出，导致误差甚至事故。微波能或微波剂量的确定，以最有效地萃取出所需有效成分而定。在微波波段内的任何一种波长的波都可被物料中的成分不同程度地吸收。所选用的微波功率在 200～1000W 范围内时，萃取时间的变化较小。微波萃取时间与被测物样品量、溶剂体积和加热功率有关，一般在10～100s 之间。在萃取过程中，一般加热开始 1～2min 即达到所要求的萃取温度。萃取时间的长短与物料中含水量也有关系，因为水能有效地吸收微波能，而较干的物料需要较长的辐照时间。

四、固相萃取技术

1. 原理

固相萃取（SPE）是近年发展起来的一种样品预处理技术。固相萃取是一个包括液相和固相的物理萃取过程。固相萃取是利用选择性吸附与选择性洗脱的分离原理，当样品溶液通过含有吸附剂的固定相时，待分离组分选择性吸附于固定相中，洗去杂质后，再用洗脱剂使其从固定相中脱附，即可达到分离提纯的目的。

2. 操作步骤和注意事项

针对吸附剂保留机理的不同（吸附剂保留目标化合物或保留杂质），操作稍有不同。

（1）吸附剂保留目标化合物　固相萃取操作一般有四步：

① 活化。除去萃取柱内的杂质并创造一定的溶剂环境。注意整个过程不要使萃取柱干涸。

② 上样。将样品用一定的溶剂溶解，转移入柱并使组分保留在柱上。注意流速不要过快，以 1mL/min 为宜，最大不超过 5mL/min。

③ 淋洗。用小体积溶剂将留在固定相上的部分杂质洗去，最大程度除去干扰物。建议此过程结束后把萃取柱完全抽干。

④ 洗脱。用小体积的溶剂将被测物质洗脱下来并收集。流速以 1mL/min 左右为宜。

（2）吸附剂保留杂质　固相萃取操作一般有三步：

① 活化。除去柱子内的杂质并创造一定的溶剂环境。注意整个过程不要使萃取柱干涸。

② 上样。将样品转移入柱，此时大部分目标化合物会随样品基液流出，杂质被保留在柱上，故此步骤要开始收集（注意流速不要过快）。

③ 淋洗。用小体积的溶剂将部分留在固定相上的待分离组分淋洗下来并收集，合并收集液（注意流速不要过快）。

此种情况多用于食品或农残分析中去除色素。

3. 固相萃取的类型

固相萃取技术经过二十多年的发展，主要有以下类型：石墨碳（反相）SPE、离子交换树脂 SPE、金属配合物吸附剂 SPE、键合硅胶 SPE、聚合物吸附剂 SPE、免疫亲和吸附剂 SPE、分子嵌入聚合物 SPE。

五、酶法提取技术

1. 酶在提取技术中的一般性质和作用

酶（enzyme）是生物催化剂，既具有一般催化剂的特征又有酶的独特特性。酶具有很高的催化效率。酶催化反应的速率比一般催化剂催化的反应速率要大 $10^7 \sim 10^{13}$ 倍。酶的另一个特点是它具有高度的专一性。酶对其所用的底物有着严格的选择性。一种酶只能作用于一类或一种特定化合物发生一定的反应，生成特定的产物。例如蛋白酶只能催化蛋白质的水解，酯酶只催化酯类水解，而淀粉酶只能催化淀粉的水解。

酶提取技术是一项生物工程技术。在生化制品的生产过程中，由于植物组织成分复杂，不利于有效成分的提取和分离，所以使用生物酶主要有两个目的。一个目的是通过酶的分解使杂质大分子变为小分子，从而与待精制的生化制品分离。传统的提取方法（如煎煮、有机溶剂浸出和醇处理方法）提取温度高，提取率低，成本高，不安全。而选用恰当的酶，可通过酶反应较温和地将植物组织分解，加速有效成分的释放和提取。另一目的是通过酶解法制备小分子生化产品，促进某些极性低的脂溶性成分转化为糖苷类易溶于水的成分，从而有利于提取。酶提取技术是一项很有前途的新技术，适用于工业化大生产。国内外已有不少厂家开始利用这项新技术，产生了很好的效益。目前，研究较多的是纤维素酶。大部分植物的细胞壁的主要成分是纤维素。纤维素是由 β-D-葡萄糖以 β-$(1 \rightarrow 4)$-糖苷键连接而成的大分子聚合物。用纤维素酶酶解可以破坏糖苷键，使植物细胞壁被破坏，有利于提高有效成分的收率。

2. 酶法提取的优越性

① 酶的催化效率高，专一性强，不发生副反应。提取产物收率高，质量好，便于产品的提纯，简化了工艺步骤。

② 酶作用条件温和，一般不需要高温、高压、强酸、强碱等条件。因此把酶应用于生产时，要求设备简单，并可节约大量煤、电和化工原料。

③ 酶及其反应产物大多无毒，适合于在生化制药工业、食品工业中应用，有利于改善劳动卫生条件。

3. 影响酶法提取技术的因素

酶是蛋白质，对环境条件具有高度的敏感性。高温、强酸或强碱、重金属等可能引起蛋白质变性的因素，都能使酶丧失活性。温度、pH 等的轻微改变或抑制剂的存在常使酶的活性发生变化。

六、其他萃取技术

1. 固相微萃取技术

固相微萃取（SPME）是近年来国际上兴起的一种试样分析前处理新技术。1990 年由加拿大 Waterloo 大学的 Arhturhe 和 Pawliszyn 首创，1993 年由美国 Supelco 公司推出商品化固相微萃取装置，1994 年获美国匹兹堡分析仪器会议大奖。

固相萃取是目前较好的试样前处理方法之一，具有简单、费用少、易于自动化等一系列优点。而固相微萃取是在固相萃取基础上发展起来的，保留了其所有的优点，摒弃了其需要柱填充物和使用溶剂进行解吸的弊病。它只要一支类似进样器的固相微萃取装置即可完成全部前处理和进样工作。该装置针头内有一伸缩杆，上连有一根熔融石英纤维，其表面涂有色谱固定相，一般情况下熔融石英纤维隐藏于针头内，需要时可推动进样器推杆使石英纤维从针头内伸出。

分析时先将试样放入带隔膜塞的固相微萃取专用容器中，如需要同时加入无机盐、衍生剂或对 pH 进行调节，还可加热或加磁力转子搅拌。固相微萃取分为两步：第一步是萃取，将针头插入试样容器中，推出石英纤维对试样中的分析组分进行萃取；第二步是在进样过程中将针头插入色谱进样器，推出石英纤维，完成解吸、色谱分析等步骤。固相微萃取的萃取方式有两种：一种是石英纤维直接插入试样中进行萃取，适用于气体与液体中的分析组分；另一种是顶空萃取，适用于所有基质的试样中挥发性、半挥发性分析组分。

2. 液膜萃取技术

液膜技术是一种快速、高效、节能的新型膜分离方法。由于固体膜存在选择性小和通量小的缺点，故人们试图改变固体高分子膜的状态，使膜的扩散系数增大，膜的厚度变小，从而使透过速度跃增，实现生物膜的高度选择性在生产中的应用。在 20 世纪 60 年代既已发展出了液膜分离技术。液膜分离技术广泛应用于环境保护、石油化工、冶金工业、医药工业、生物学、海水淡化等领域。

与传统的溶剂萃取相比，液膜萃取有以下三个特征：

① 传质推动力大，所需分离级数小。

② 试剂消耗量少。

③ 溶质可以逆浓度梯度迁移。

3. 快速溶剂萃取技术

快速溶剂萃取技术是根据溶质在不同溶剂中溶解度不同的原理，利用快速溶剂萃取仪，在较高的温度（50～200℃）和压力（7～12MPa）下使用有机或惰性溶剂快速萃取固体或半固体样品中有机物的方法。快速溶剂萃取的工作流程是通过泵将溶剂注入装好样品的密封在高压不锈钢提取仓内的萃取池中，当温度升高到设定的温度时，样品在静态下与加压的溶剂相互作用一段时间，然后用压缩氮气将提取液吹扫至标准的收集瓶中进行进一步的纯化或直接分析。

第三章 果品的提取技术与实例

03 Chapter

第一节 果胶的提取技术与实例

一、西番莲中果胶的提取技术

1. 西番莲中高甲氧基果胶的提取技术

（1）试剂　盐酸、磷酸、焦磷酸四钠、95％乙醇。

（2）仪器设备　离心机、板框压滤机、真空干燥箱等。

（3）工艺流程　原料→前处理→杀酶→漂洗→调 pH→加热水解→分离→滤液浓缩→冷却→沉淀→洗涤→分离→干燥→粉碎→高甲氧基果胶。

（4）提取过程

① 原料。以西番莲果皮为原料。

② 前处理。如果是新鲜的果皮，将果皮洗净，除去杂质、污物、泥沙等即可，若是干果皮则须将其浸泡复水。再将原料绞成 $2\sim5mm^3$ 的小块，以增加表面积，便于水解。用新鲜果皮提取的果胶色泽浅，胶凝度亦比用干果皮的高。

③ 杀酶、漂洗。用煮沸的水浸泡 $5\sim8min$，钝化存在的果胶酶，防止提取过程中果胶的降解，而后迅速用清水漂洗 15min 左右，除去部分色素以及残余的糖酸杂质。后期有少量的果胶流出，此为劣质果胶，可以弃之不要。

④ 调 pH、加热水解。水和原料的比为 6mL：1g，用盐酸和少量的磷酸将pH 调至 2.3，在 $85\sim95℃$ 水解 90min 左右即可。加热期间要不停地搅拌，以防受热不均。另外可在水中加少量的焦磷酸四钠，以提高产品得率。

⑤ 胶渣分离。用离心机或板框压滤机等趁热过滤分离，分离液含果胶约0.6％，滤渣经处理后，用作饲料。

⑥ 浓缩。一般以真空浓缩为好，真空度最好大于 600mmHg（约 80kPa），60℃将果胶浓缩至 4％左右。直接加热浓缩易使果胶降解。若作为液体果胶，此时可直接用于生产，或加热杀菌后贮藏销售。

⑦ 冷却。应迅速降温冷却，以减少果胶的破坏和沉淀剂的用量。

⑧ 沉淀、洗涤。用 95％的乙醇将果胶沉淀，沉淀要使乙醇最终的浓度为 45％～50％。沉淀 1～2h 后再用乙醇洗涤 2～3 次，进一步除去色素及其他杂质。

⑨ 分离。过滤脱去液体。所得固体越干越好，既有利于下一步的干燥，又有利于乙醇的回收。

⑩ 干燥。将滤干的果胶在 70℃条件下干燥，时间为 5h 左右，使果胶含水量在 10％以下。若用真空干燥效果更好，所得果胶产品色泽浅。

⑪ 粉碎。将干燥后的果胶进行粉碎、包装，即得到高甲氧基果胶，粉碎的粒度为 125～420μm。

（5）理化性质　果胶色泽浅白。

2. 西番莲中低甲氧基果胶的提取技术

（1）试剂　盐酸、氨水、磷酸、氢氧化钠溶液、30％双氧水、95％乙醇。

（2）仪器设备　177μm 筛、恒温水浴锅、离心沉淀器、鼓风电热恒温干燥箱、电光分析天平等。

（3）工艺流程　原料→预处理→调 pH→加热水解→过滤→脱甲氧基、脱色→沉淀→过滤→干燥→成品。

（4）提取过程

① 原料。以西番莲干果皮为原料。

② 预处理。除去杂质污物，将干果皮粉碎过 177μm 筛，直接加 pH 为 1.0 的酸复水 5min。

③ 调 pH、加热水解。加足量的水（使水与原料质量比为 30：1），用盐酸和少量磷酸、氨水调 pH 为 2.4，在 85～90℃加热 1h，需不停搅拌，以便受热均匀。

④ 过滤。采用滤布直接过滤，使胶渣分离，弃去滤渣。

⑤ 脱甲氧基、脱色。滤液迅速冷却至室温（30℃左右），加质量分数为 30％的双氧水，加入量为 60～80mL/L 提取液，用 NaOH 溶液调 pH 为 9.0，时间以 18～20h 为佳。双氧水具有脱色和杀菌作用。

⑥ 沉淀、过滤。用盐酸调 pH 为 4.0，加入体积分数为 95％的乙醇沉淀果胶，使溶液中乙醇的体积分数达 50％，沉淀 1～2h，再用乙醇洗涤 2～3 次，进一步除去色素及其他杂质，抽滤脱去液体。

⑦ 干燥。将滤干的果胶于 70～80℃烘干，时间为 3h 左右，至含水量在 10％以下，即得成品。若用真空干燥效果更好，产品色泽较浅。

（5）理化性质 果胶色泽浅白，胶凝度约175。

二、柿子皮中果胶的提取技术

1. 方法一

（1）试剂 活性炭、95％乙醇、蒸馏水、盐酸。

（2）仪器设备 离心机或板框压滤机、真空干燥器等。

（3）工艺流程 原料→粉碎→灭酶→水解→过滤→脱色→浓缩→醇沉→干燥→成品。

（4）提取过程

① 原料。要获得具有高胶凝度的果胶，原料应妥善保存，以免发霉变质，考虑到柿子成熟有季节性，应在柿子削柿饼后及时收购，随时烘干、粉碎、装袋保存，在通风干燥处贮藏。

② 粉碎。将干柿皮粉碎成 $2mm^3$ 左右的小块，以增加表面积，便于水解。

③ 灭酶。将粉碎好的干柿皮放入 80～90℃ 的温水中浸泡，保温灭酶 1h，浸泡至柿皮复水变软，将浸泡的柿皮用水淋洗干净，捞出沥干。

④ 水解。将灭酶沥干后的碎柿子皮放入反应器中，按干柿皮：水＝1：20 的质量比向反应器中加入蒸馏水，用盐酸调节浸提液的 pH 在 1.3～1.7 之间，在 90～95℃ 保温萃取 40～45min，加热过程中要不断搅拌，以使浸提液受热均匀。

⑤ 过滤。用离心机或板框压滤机等趁热过滤分离，弃去残渣。

⑥ 脱色。在滤液中加入 0.3％～0.5％ 活性炭，在 55～60℃ 脱色 30min。

⑦ 浓缩。脱色后的浸提液中含果胶 1％ 左右，经真空浓缩至 5％ 左右。

⑧ 醇沉。在浓缩液中加入 95％ 的乙醇溶液（加入量为浓缩液体积的 1 倍或稍多）。使果胶沉淀出来，放置 5～7h 后，压滤，收集沉淀。

⑨ 干燥。控制温度 60℃ 以下，将收集到的沉淀真空干燥，干燥失重应小于 12％，然后立即粉碎，过筛，密封包装，即为成品。

2. 方法二

（1）试剂 活性炭、硫酸铝饱和水溶液、浓氨水、95％乙醇、盐酸。

（2）仪器设备 离心机或板框压滤机、真空干燥装置等。

（3）工艺流程 原料→粉碎→灭酶→水解→过滤→脱色→浓缩→盐析、洗脱→干燥→成品。

（4）提取过程

① 此方法只有沉淀析出的方法与方法一不同，其余步骤都可参考方法一。

② 盐析、洗脱。滤液温度在 40～50℃ 时加入硫酸铝饱和水溶液，同时用浓氨水调 pH 至 5 左右。析出沉淀后，静置 1h，将沉淀滤出，干燥，粉碎。用乙

醇：水：盐酸＝7：2：1（体积比）的混合溶液置换金属离子，直至沉淀中黑色消失。过滤，用乙醇洗至中性，干燥，得到果胶成品。

3. 理化性质

果胶呈咖啡色或灰白色，其干粉易溶于热水，浓稠时呈糊状黏度大，胶凝度132～135，色泽灰白。主要指标符合我国食品添加剂果胶的要求，并能制成果冻。干果粉含果胶质60％左右。

三、猕猴桃中果胶的提取技术

1. 方法一

（1）试剂　95％乙醇、浓硫酸、去离子水、活性炭。

（2）仪器设备　烘箱、减压浓缩装置、离心机、真空干燥器、粉碎机、酸度计、酒精计及常规玻璃仪器等。

（3）工艺流程　原料→预处理→提取→过滤→离心→浓缩→脱色→过滤→沉淀→过滤→洗涤→烘干→成品。

（4）提取过程

① 原料。以猕猴桃深加工产品产生的下脚料，特别是提取果汁后的猕猴桃皮渣（达20％～30％）为原料。

② 预处理。取300g新鲜猕猴桃皮渣，用清水漂洗数次后捣碎置于容器内，加入80℃热水浸泡20min以除酶。

③ 提取。经过预处理的猕猴桃皮渣沥干水分放入容器中，同时加入2～3倍体积的水，用浓硫酸调pH为2～2.5，加热至90℃±1℃，保温90min并持续搅拌，使原果胶转变为果胶。

④ 过滤、离心。趁热将得到的提取液倒入白布包压滤，滤液经离心分离后得到澄清的果胶液。

⑤ 浓缩。将果胶液在60℃左右减压浓缩30min后，得到果胶浓缩液。

⑥ 脱色、过滤。向浓缩液中加入0.5％的活性炭，脱色除杂，过滤，冷却至室温。

⑦ 沉淀。向滤液中加入95％乙醇进行沉淀，即有呈絮状物质凝结，乙醇用量以酒精计所测量该混合液的酒精度达到50％左右即可。

⑧ 过滤、洗涤、烘干。滤出果胶纤维体，用乙醇洗涤数次，回收废乙醇，低温烘干，粉碎得茶白色果胶产品，产率3.5％～4.0％。果胶成品应及时密封包装。

2. 方法二

（1）试剂　蒸馏水、浓硫酸、盐酸、乙醇、硫酸铝、NaOH溶液。

（2）仪器设备　离心机、抽滤机、粉碎机、烘箱、减压浓缩装置、酸度计及常规玻璃仪器、真空干燥箱等。

（3）工艺流程　原料→预处理→提取→过滤→离心→浓缩→脱色→过滤→加盐沉析→离心→脱盐→抽滤→洗涤→干燥→成品。

（4）提取过程

① 原料。以猕猴桃深加工产品产生的下脚料，特别是提取果汁后的猕猴桃皮渣（达20％～30％）为原料。

② 预处理。取300g新鲜猕猴桃皮渣，用清水漂洗数次后捣碎置于容器内，加入80℃热水浸泡20min以除酶和水溶性杂质。

③ 提取。经过预处理的猕猴桃皮渣沥干水分放入容器中，同时加入2～3倍体积的水，用浓硫酸调pH为2～2.5，加热至90℃，保温90min并持续搅拌，使原果胶转变为果胶。

④ 过滤、离心。趁热将得到的浆状液体倒入白布包压滤，滤液经离心分离后得到澄清的果胶液。

⑤ 浓缩。将该液体在60℃左右减压浓缩30min后，得到果胶浓缩液。

⑥ 脱色、过滤。向浓缩液中加入0.5％的活性炭，脱色除杂，过滤，冷却至室温。

⑦ 加盐沉析。经脱色处理后的滤液用10％NaOH溶液调节至pH为5，加入6％的硫酸铝，反应一定时间，至沉淀完全为止。

⑧ 离心。用离心机离心分离出沉淀。

⑨ 脱盐。在沉淀中加入60％乙醇和盐酸配制的混合液脱铝，搅拌30min，使沉淀与混合液充分反应。

⑩ 抽滤、洗涤、干燥。将脱盐处理后的沉淀进行抽滤和醇洗，经真空干燥箱干燥后粉碎即得果胶产品。

3. 理化性质

从猕猴桃鲜皮渣提胶，平均得率为3％～4％，其外观色泽为茶白色，胶凝度可达100以上，符合有关商品添加剂的卫生标准。

四、柚子中果胶的提取技术

1. 方法一

（1）试剂　蒸馏水、盐酸、95％乙醇、氨水。

（2）仪器设备　天平、搅碎机、电热恒温水浴锅、抽滤装置、pH计、真空干燥箱等。

（3）工艺流程　原料→预处理→灭酶→漂洗→沥干、粉碎→酸解→过滤→浓缩→沉淀→干燥→粉碎→成品。

（4）提取过程

① 原料。以干柚皮为原料。

② 预处理。将干柚皮浸泡于水中约 2～3h，起到复水和初步除去小分子糖类、芳香物质、苦味素和色素，并除去原料中农药、化肥等有害物质的作用。

③ 灭酶。柚皮中果胶酶的存在，能把不溶性的原果胶变成水溶性的果胶。从而造成部分果胶的流失，因此要进行灭酶处理。将复水后的柚皮或除去油胞层的鲜柚皮浸于 100℃水中 5～7min 可达到灭酶的目的。

④ 漂洗。为了尽可能除去柚皮中的色素、苦味素和小分子糖类等杂质，经浸泡、灭酶后的柚皮要反复漂洗。

⑤ 沥干、粉碎。沥干水分后的柚皮放入打浆机绞成 3～5mm^2 的粒度，增加果胶与 H$^+$ 的接触表面。

⑥ 酸解。在稀酸条件下加热使原果胶转化为果胶而得以提取。提取时酸的种类、pH、加水量、加热温度及提取时间对果胶的提取率及其质量的影响至关重要。经验认为，采用盐酸提取较为理想。在粉碎后的干柚皮中加入 25 倍量的水，用盐酸调节 pH 为 2～3 较为适宜，于 90～95℃温度下，保温酸解 1h，得到提取液。

⑦ 过滤、浓缩。趁热过滤收集滤液，滤液真空浓缩（浓缩比 4∶1）。

⑧ 沉淀。浓缩液冷却后，加入 95％乙醇，浓缩液与乙醇的体积比为 1∶1～1∶1.5，充分搅拌，即可基本沉淀果胶。沉淀后，用氨水调至中性，离心分离或抽滤都可使果胶沉淀与提取液分离。再在沉淀中加入 70％～80％的乙醇洗涤沉淀。

⑨ 干燥、粉碎。沉淀于 60～65℃下干燥，粉碎，可得柚皮固体果胶。

2. 方法二

（1）试剂　蒸馏水、盐酸、乙醇、硫酸铝、氨水。

（2）仪器设备　天平、搅碎机、电热恒温水浴锅、抽滤装置、pH 计、真空干燥箱、离心机、砂芯漏斗等。

（3）工艺流程　原料→预处理→灭酶→漂洗→沥干、粉碎→酸解→过滤→浓缩→盐析→干燥→粉碎→成品。

（4）提取过程

① 此法唯沉淀果胶的方法与方法一不同，其他步骤与方法一相同。

② 盐析沉淀。将浓缩液冷却后用氨水调节浓缩液 pH 在 9.0～10.0 之间。加入电解质金属盐类（硫酸铝），即能与果胶羧基反应生成果胶酸盐沉淀，沉淀析出后，静置 75min，离心过滤将沉淀水洗沥干，粉碎，用 10％盐酸和 60％乙醇混合而成的酸化醇进行洗涤脱盐，充分搅拌使金属离子完全被置换，再用砂芯漏斗抽滤，用中性 60％乙醇反复洗涤沉淀，直到洗液呈中性。

五、苹果中果胶的提取技术

1. 方法一

（1）试剂　蒸馏水、柠檬酸、活性炭或亚硫酸溶液、乙醇。

（2）仪器设备　水浴锅、搅拌器、压滤机、粉碎机、酸度计、烘箱、计时表、温度计、烧杯、250μm 筛等。

（3）工艺流程　原料→预处理→酸法水解→压榨过滤→脱色浓缩→沉淀压榨→干燥冷却→成品。

（4）提取过程

① 原料。以干苹果皮为原料。

② 预处理。将干燥原料放在底面有孔的木桶内，用冷水淋洗，以除去大部分小分子糖类和其他可溶性成分，提高果胶的提取率和果胶的纯度。

③ 酸法水解。将干燥后的苹果皮放入容器中，同时加入 3～10 倍质量的水，煮沸 30min，水中加入 0.1%～0.2% 柠檬酸，以助果胶水解。

④ 压榨过滤。将酸法水解后的原料装入布袋压榨，尽力榨干。水解液经过滤，收集滤液。滤渣可加 2 倍水进行第 2 次酸法水解，压榨过滤。将两次所得滤液混合，脱色浓缩。

⑤ 脱色浓缩。将所得滤液合并，加入 0.3%～0.5% 活性炭或 0.8% 亚硫酸溶液，加热至 55～60℃，脱色去杂 30min。液体在 60～70℃ 下真空浓缩，也可在 95℃ 下常压浓缩至固形物含量在 4%～5% 为止。

⑥ 沉淀压榨。浓缩液冷却至 20℃ 左右，然后一边搅拌一边加入 95% 的乙醇，加入量为浓缩液的 1 倍或稍多一些。加入乙醇后，立即可以看到果胶呈絮凝状沉淀析出，略待片刻后可将絮凝沉淀果胶装入细布袋内，经压榨过滤获得果胶，并回收液体中的乙醇，循环使用以降低生产成本。压榨过滤得的果胶用 1 倍体积的 95% 乙醇洗涤 2 次，稍后压去酒精即可得到果胶固体。

⑦ 干燥冷却。打散果胶固体，置于搪瓷盘中，在 65～70℃ 下烘烤，至含水分≤12% 即可，然后取出冷却。

⑧ 粉碎包装。将果胶在干燥的条件下粉碎研磨，然后过 250μm 筛。经化验后，用塑料袋定量密封包装，即为成品。

2. 方法二

（1）试剂　蒸馏水、磷酸、亚硫酸、活性炭、硫酸铝、氨水、乙醇、盐酸。

（2）仪器设备　250μm 滤布、74μm 筛网、水浴锅、粉碎机、抽滤装置、砂芯漏斗等。

（3）工艺流程　原料→水解→热过滤→脱色→盐析→脱盐→洗涤→干燥→成品。

（4）提取过程

① 原料。以干苹果皮为原料。

② 水解。将苹果渣烘干、粉碎、过 $250\mu m$ 筛，按料液比 $1g:12mL$ 的比例加入蒸馏水并搅拌均匀，用磷酸和亚硫酸（体积比约 $1:2$）的混合酸调 pH 在 2.0 左右，在 90℃下保温浸提 2h。

③ 热过滤。将水解液趁热用 $250\mu m$ 滤布过滤，滤渣用水洗至滤液不黏稠，合并两次滤液，再用 $74\mu m$ 筛网过滤。

④ 脱色。将 $0.3\%\sim0.5\%$ 的粉末状活性炭加入到过滤液中，在适当的温度、时间下脱色，脱色后于 $4000r/min$ 离心 30min 除去活性炭，得到果胶液。

⑤ 盐析。向果胶液中加入硫酸铝盐（每 100mL 果胶液中加入 5g 硫酸铝），充分沉淀 1h，充分搅匀后用浓氨水调 pH 为 4.0，于 60℃下沉淀 1h，趁热抽滤。

⑥ 脱盐。将抽干后的沉淀置于盐酸-乙醇（盐酸 5%、乙醇 60%）溶液中脱盐 0.5h，脱去沉淀中的铝。

⑦ 洗涤、干燥。脱盐后的溶液经砂芯漏斗过滤后，用中性 60% 乙醇洗涤沉淀 2 次，再用无水乙醇脱水，并用 $4mol/L$ 氨水调 pH 为 3.5，于 50℃烘干，得到果胶成品。

3. 理化性质

白色、浅米黄色或黄色粉末。无异味，略带苹果香味，溶于水，但不溶于乙醇等有机溶剂，其水溶液的 pH 为 2.8 ± 0.2。

六、菠萝中果胶的提取技术

（1）试剂　蒸馏水、盐酸、活性炭、焦磷酸钠、95% 乙醇。

（2）仪器设备　蒸煮锅、真空浓缩装置、压滤机、真空干燥箱、$250\mu m$ 筛等。

（3）工艺流程　原料→清洗煮沸→漂洗压榨→水解提取→过滤浓缩→脱色沉淀→干燥粉碎→果胶成品。

（4）提取过程

① 原料。以鲜菠萝皮为原料。

② 清洗煮沸。将鲜菠萝皮放入清水池中冲洗，洗去所附杂质，然后将菠萝皮放入蒸煮锅中加适量水煮沸约 10min，以除去原料中天然存在的果胶酶，防止果胶分解。

③ 漂洗压榨。将煮过的菠萝皮用冷水漂洗至无色，放入布袋中进行压榨。要求尽可能榨干，目的是除去植物组织细胞内的水分，因为这些水分中溶解有色素、苦味物质和小分子糖类等，它们的存在会影响果胶的提取和果胶的纯度。

④ 水解提取。采用酸法提取果胶。可用的酸有盐酸、硫酸、磷酸、柠檬酸

等。本方法以盐酸为例。将榨干的原料放入耐酸碱的容器内，加入原料量 2 倍左右的蒸馏水，用盐酸调节水解液的 pH 为 1.5～2.5，加热至 70～80℃，30min 后升温至 90～95℃，保持温度 60～90min。在该道工序中，水解液的 pH 应严格控制在 1.5～2.5 之间，当 pH＞3.5 时很难得到果胶。另外水解温度和时间也应控制好，因为果胶为热敏性物质，萃取温度过高，会使果胶解聚，降低其凝胶强度，造成品级下降。尤其要避免高酸度、高温、长时间水解。

⑤ 过滤浓缩。用孔径为 20μm 的尼龙布趁热过滤，用 2 倍滤液体积的蒸馏水，分几次洗涤滤渣并过滤，合并滤液。将滤液置于真空浓缩装置中进行浓缩，控制温度 50～60℃，滤液浓缩至原液的 1/5～1/4 倍左右即可。

⑥ 脱色沉淀。在浓缩液中加入 0.3％～0.5％的活性炭，于 80℃保温 30min 进行脱色，然后再过滤。待滤液温度降至室温后，边搅拌边加入 95％乙醇，这时可看到果胶呈絮凝状沉淀析出。乙醇加入量以最终浓度 50％～55％为宜。静置 30min 过滤。沉淀物用 95％乙醇分别洗涤两次，洗涤后送入压滤机中压榨过滤获得果胶。液体中的乙醇可以回收再利用。

⑦ 干燥粉碎。将经过压榨得到的滤饼打散，铺成薄层在温度为 39～40℃、压强为 650～680mmHg（86.66～90.66kPa）状态下干燥，直到含水量达到要求为止。冷却，研磨粉碎过 250μm 筛，得到果胶干品。

（5）理化性质

本品为黄色或白色粉状物，无臭，有黏稠感；不溶于乙醇及一般有机溶剂；若先以乙醇、甘油或糖浆浸润，则极易溶于水；在酸性下稳定，但遇强酸则易分解；于室温与强碱作用，生成果胶酸盐，但已失去胶凝作用。

第二节　色素的提取技术与实例

一、葡萄皮中色素的提取技术

1. 方法一

（1）试剂　蒸馏水、乙醇、柠檬酸。

（2）仪器设备　离心机、搪瓷玻璃反应器、布氏漏斗、恒温水浴锅、减压浓缩装置、喷雾干燥器等。

（3）工艺流程　原料→预处理→浸提→过滤→浓缩→干燥→色素成品。

（4）提取过程

① 原料。以新鲜葡萄的皮渣为原料。

② 预处理。葡萄皮渣用清水洗涤后，用离心机脱水，将脱水物放在搪瓷玻璃反应器中。

③ 浸提。向反应器中加入 2 倍质量的浓度为 70％的乙醇，在室温下边搅拌边加入适量的柠檬酸（或酒石酸）调节 pH，使浸提液 pH 为 3.0 左右，恒温搅拌 4～5h，得到浸提液。

④ 过滤。浸提液经离心机离心后，用双层纱布或布氏漏斗过滤，收集滤液，弃掉滤渣。

⑤ 浓缩。滤液在 50℃以下减压浓缩至呈胶状。

⑥ 干燥。浓缩得到的胶状物经喷雾干燥得到葡萄皮色素成品。

2. 方法二

（1）试剂　蒸馏水、乙醇、盐酸、石英砂、乙酸铅。

（2）仪器设备　研钵、减压过滤装置、减压干燥装置等。

（3）工艺流程　原料→预处理→浸提→过滤→干燥→纯化→成品。

（4）提取过程

① 原料。以新鲜巨峰葡萄的皮为原料。

② 预处理。葡萄清洗干净，剥取果皮放入研钵内，加少量蒸馏水（调 pH＝1）或乙醇（调 pH＝3），再加石英砂少许研磨，将葡萄皮研为浆糊状。

③ 浸提。向葡萄皮浆中加入 2 倍量的酸化水（pH＝1）或酸化乙醇（pH＝3），不断搅拌浸提色素，得到浸提液。

④ 过滤。浸提液经滤纸减压过滤，即得葡萄皮色素粗提液。

⑤ 干燥。葡萄皮色素粗提液经减压干燥形成固形物。

⑥ 纯化。向固形物中加入少量蒸馏水溶解，再加入 50％乙酸铅搅拌，则色素物质形成沉淀。过滤收集沉淀，再将沉淀用 8％盐酸化水或盐酸化乙醇溶解，形成氯化铅白色沉淀。过滤除去白色沉淀，即得纯度很高的葡萄皮色素红色溶液。

3. 理化性质

葡萄皮色素的主要成分是花青素苷。葡萄皮中所含的色素在 pH＝3.0 时呈红色，pH＝4.0 时呈紫色，碱性时呈蓝色，其稳定性随 pH 的降低而增大。因此可用酸化后的乙醇或水从葡萄皮中提取分离。在酸性介质中，葡萄皮色素随 pH 不同会有几种互变异构体，酸度的增加有利于色素的提取，但酸度太高，反而会降低色素提取收率。实验表明调节提取酸度在 pH 为 3～4 的范围内，不仅可以有较高的色素提取收率，还可以得到色泽纯正、鲜艳的葡萄皮天然紫色素。

4. 主要用途

葡萄皮色素常用于高级酸性食品的着色，可以作为水果饮料、碳酸饮料、酒精饮料、蛋糕、果酱等的着色剂。其特点是着色力强，效果好。饮料、葡萄酒、果酱等液体产品中用量为 0.1％～0.3％，粉末食品中添加量为 0.05％～0.2％，冰淇淋中添加量为 0.002％～0.2％。

二、枣中色素的提取技术

1. 方法一

（1）试剂　蒸馏水。

（2）仪器设备　烤炉、压榨机、真空蒸发器、喷雾干燥装置、粉碎机、$420\mu m$ 筛等。

（3）工艺流程　选料→清洗→烘烤→浸提→压滤→浓缩→干燥→粉碎→过筛→包装→成品。

（4）提取过程

① 选料。枣的品种不限，既可用质地优良的好枣，也可用较差的劣等枣，如虫蛀、干瘪、机械伤及做枣酱、枣汁、枣脯过程中的一些不合格枣和枣皮等，都可以进行综合利用。

② 清洗、烘烤。用清水充分洗净枣面的泥沙和杂质，晾干后，放于烤炉中烘烤，温度 $100\sim140℃$，时间 $0.5\sim1h$，烘烤过程中要翻几次，从而利于水分的蒸发。

③ 浸提。烘烤后的枣加水 $3\sim5$ 倍，在 $95\sim100℃$ 下浸提三次。第一次浸提时间要长，第二、第三次浸提时间可短一些。

④ 压滤。将浸提物料粗滤。然后将滤渣放于压榨机内压榨，然后过滤。粗滤的滤液，经细滤除去悬浮物。

⑤ 浓缩。将三次滤液合并转置于真空蒸发器内浓缩。也可用夹层锅直接浓缩。

⑥ 干燥。在 $100\sim105℃$ 下烘至起泡为止。也可用喷雾干燥，但不需粉碎过筛。

⑦ 粉碎、过筛、包装。干燥后使其冷却变脆，用粉碎机粉碎，过 $420\mu m$ 筛。过筛后立即包装，置于密闭瓶中保存。

2. 方法二

（1）试剂　蒸馏水、乙醇、盐酸。

（2）仪器设备　鼓风干燥箱、$590\mu m$ 筛、干燥器、减压蒸馏装置、烘箱、恒温水浴锅等。

（3）工艺流程　原料→预处理→粉碎→浸提→过滤→浓缩→干燥→成品。

（4）提取过程

① 原料。以枣皮为原料。

② 预处理。枣皮经捡选除杂后，用蒸馏水浸泡 24h，以除去枣皮中部分小分子糖类、果胶等物质，然后将枣皮在 40℃ 电热鼓风干燥箱中烘干过筛后，放在干燥器中贮存备用。

③ 粉碎。将枣皮粉碎，过 $590\mu m$ 筛。

④ 浸提。采用 60% 乙醇浸提，料液比为 1g：6mL，用盐酸调 pH＝2，控温 80℃，水浴流浸提 1h。

⑤ 过滤。浸提液趁热过滤，得色素提取液。再次浸提滤渣，过滤后合并两次浸提液。

⑥ 浓缩、干燥。浸提液经减压蒸馏浓缩，浓缩液于 40℃ 恒温烘干后得深红色粉末产品。

3. 理化性质

① 色泽。为砖红色或红褐色。

② 组织形态。固体粉末，可溶于水，但不溶于乙醚、乙醇、丙酮等有机溶剂。对光热稳定性较好。

③ 气味。有焦糖和枣香味。

④ 毒性。无毒，重金属等含量符合国家食品卫生标准。

4. 主要用途

枣红色素的使用广泛。枣酒中添加枣红色素 0.05%，酒色鲜红自然，着色均匀，透明度好，无异味，酒的枣香味突出；浓缩枣汁中添加量为 0.1%，枣汁显红宝石色，着色均匀稳定；枣酱、枣豆蓉、枣羹中添加量为 0.1%～0.2%，产品的色泽和香味都有显著改善。做红烧肉时，枣红色素的用量为焦糖色素的 1/5，所得红烧肉色泽鲜红，香味突出。

三、草莓中色素的提取技术

1. 草莓中红色素的提取技术

（1）试剂　蒸馏水、乙醇、盐酸。

（2）仪器设备　电子恒温水浴锅、离心机、旋转蒸发机等。

（3）工艺流程　原料→预处理→浸提→过滤→浓缩→离心→蒸发→成品。

（4）提取过程

① 原料。以新鲜草莓为原料。

② 预处理。将草莓洗净去蒂，沥干后称重 1kg，搅碎后约得 1L 溶液。

③ 浸提、过滤。在溶液中加入 2L 80% 乙醇浸提 2h，过滤，得到透明的红色滤液。

④ 浓缩。滤液在 40℃ 的水浴上加热约 40min。

⑤ 离心。浓缩液离心分离 20min，取上层清液，加盐酸调节 pH＝2.0。

⑥ 蒸发。将上清液在 50℃ 下旋转蒸发，至溶液膏状为止，即得色素。

（5）理化性质　红色膏体或溶液，无异味。易溶于乙醇、乙酸、丙酮，呈橘红色；溶于水、牛奶，呈橘黄色；溶于糊状奶油，呈橘红色；不溶于乙酸乙酯、花生油、碳酸钠溶液。当 pH＝1～4 时呈深橘红色，pH＝5～6 时呈浅橘红色，

pH＝7 时呈浅粉红色，pH＝8～9 时呈浅肉红色，pH＝10～11 时呈浅紫红色，pH＝12 时呈深紫红色，pH＝13～14 时呈深肉红色。当 pH 在 7 以上时有白色沉淀产生。在酸性和中性条件下比较稳定，而在碱性条件下不稳定。在高温下耐热性不好，在 60℃ 以下时相对稳定，高于 70℃ 时，颜色逐渐变浅，即高温对色素有一定的降解作用。太阳光对草莓红色素也有降解作用，$CaCl_2$、$Fe(NO_3)_2$ 对其颜色稍有影响。

（6）主要用途　作为红色着色剂，可用于食品、饮料、儿童玩具等的着色。

2. 草莓叶中绿色素的提取技术

（1）试剂　蒸馏水、乙酸铜（乙酸锌）、乙醇、乙酸乙酯。

（2）仪器设备　捣碎机、超滤装置、大孔树脂柱、减压浓缩装置等。

（3）工艺流程　原料→预处理→浸提→超滤→萃取→洗脱→浓缩→色素液。

（4）提取过程

① 原料。以新鲜的草莓叶为原料。

② 预处理。将草莓的叶洗净晾干，捣碎。

③ 浸提。在捣碎的叶片中加入乙酸铜与 75％乙醇的混合溶液或乙酸锌与 75％乙醇的混合溶液进行浸提。浸提溶剂量以浸没原料为宜，在室温下浸泡 30min，过滤得浸提液。

④ 超滤。将过滤后的浸提液经超滤除去其中的小分子糖类、有机酸、果胶等杂质。

⑤ 萃取。超滤除杂质后的浸提液用大孔树脂柱（AR-8 交联聚苯乙烯树脂装入玻璃管中）萃取。

⑥ 洗脱。先用水洗去杂质，后用乙酸乙酯洗脱绿色素。

⑦ 浓缩。洗脱液减压浓缩，即得色素浓溶液。

（5）理化性质　主要成分为叶绿素类化合物。易溶于乙酸乙酯，呈墨绿色；溶于乙醇、丙酮、糊状奶油，呈墨绿色；溶于牛奶，呈深绿色；溶于花生油，呈绿色；微溶于乙酸，呈碧绿色；不溶于水、碳酸钠溶液。当 pH＝1～9 时呈亮绿色；pH＝1～14 时呈浅绿色；当 pH 在 8 以上时有白色沉淀产生。在酸性条件下热稳定性极好，耐光性也非常好。

（6）主要用途　绿色着色剂，可用于食品的着色。

四、板栗壳中色素的提取技术

（1）试剂　蒸馏水、氢氧化钠溶液。

（2）仪器设备　粉碎机、电子恒温水浴锅、减压蒸馏装置、喷雾干燥机等。

（3）工艺流程　原料→预处理→浸提→过滤→蒸馏→干燥→成品。

（4）提取过程

① 原料。以新鲜、干净的板栗果实的壳为原料。

② 预处理。将板栗壳用清水冲洗干净，自然晾干后粉碎。

③ 浸提。在粉碎后的板栗壳中加入 5 倍质量的 pH＝8 的稀 NaOH 溶液，于 85～95℃下浸提 1～3h，得到浸提液。

④ 过滤。将浸提液过滤，滤渣再用上述相同方法浸提两次，将三次的滤液合并，得深褐色提取液。

⑤ 蒸馏、干燥。将提取液进行减压蒸馏，再过滤喷雾干燥，得棕色粉末。

（5）理化性质

棕色粉末，无异味。黑褐色粒状或闪光片状团体，易吸潮。易溶于水、碱水、40％以下的乙醇水溶液等极性较强的溶剂，不溶于无水乙醇、无水甲醇、乙酸乙酯、己烷、丙酮、氯仿、苯、四氯化碳等弱极性和非极性溶剂。在 pH＝4～14 范围内色调稳定，pH 低于 4 时逐步呈浅黄色。耐热、耐光性好。铁离子、铝离子对其稳定性有影响，其他金属离子对其较稳定。对氧化剂的耐受能力较差，对还原剂的耐受能力强。食盐、蔗糖和葡萄糖对该色素水溶液的颜色影响较小。

（6）主要用途

为棕色着色剂，可用于食品的着色。

五、橘皮中色素的提取技术

1. 方法一

（1）试剂　蒸馏水、正己烷、氢氧化钾、甲醇、去离子水、无水硫酸钠。

（2）仪器设备　玻璃漏斗、分液漏斗、搅拌器、台式循环真空蒸馏器、蒸汽蒸馏器等。

（3）工艺流程　原料→预处理→抽滤→浓缩→洗涤→精制→橘皮色素。

（4）提取过程

① 原料。以整果皮为原料。

② 预处理。将鲜橘皮除杂，迅速清洗，晾干，切碎，磨细，备用。

③ 抽滤。向经过预处理的橘皮中加入 2 倍体积刚蒸馏过的正己烷（沸程 60～70℃），高速搅拌 10min，用玻璃漏斗抽滤（滤渣可进一步处理），滤液移入分液漏斗中，静置，充分分层。

④ 浓缩。排出下层乳浊液（可进一步处理），将上层己烷萃取液用台式循环真空蒸馏器于 50℃处浓缩至原体积的 1/3。

⑤ 洗涤。浓缩液移入分液漏斗中，用 2 倍体积的氢氧化钾甲醇液（将 100g 氢氧化钾加入到 750mL 95％甲醇中，再加入 250mL 去离子水，搅匀即得）分 2 次进行搅拌洗涤。每次的混料经静置、充分分层，排出下层醇相。上层己烷相再用等体积的去离子水反复搅拌洗涤至 pH＝7.5。每次洗涤皆需经静置、充分分

层，排出下层水相。上层己烷萃取相加入无水硫酸钠干燥，过滤后用台式循环蒸馏器浓缩至黏稠状，得粗品。

⑥ 精制。粗品投入蒸汽蒸馏器中，蒸馏 30～60min，残留物冷却至室温。加入 2 倍体积的正己烷进行萃取，油料移入分液漏斗中，静置，充分分层，排出下层水相。上层己烷相用无水硫酸钠干燥，过滤后再用台式循环蒸馏器浓缩至暗橙红色黏稠状，得精品。该精品在 -20℃ 下贮存备用，可直接用于制取食品饮料。

2. 方法二

（1）试剂　去离子水、丙酮、正己烷、含碱甲醇液。

（2）仪器设备　台式循环真空蒸馏器等。

（3）工艺流程　原料→预处理→压滤→萃取→浓缩→精制→橘皮色素。

（4）提取过程

① 原料。以新鲜外果皮为原料。

② 预处理。将新鲜外果皮切碎，磨细，加入 0.5 倍质量的丙酮，并按丙酮∶水＝35∶65 的质量比加入去离子水，搅匀，静置。

③ 压滤。充分分层后，虹吸弃去上层丙酮水溶液（不含色素，可回收丙酮），将下层沉淀压滤（滤液为丙酮水溶液，不含色素，可回收丙酮），滤渣用等体积的丙酮搅拌分散，静置，充分分层，虹吸弃去上层丙酮清液（不含色素，可回收丙酮），下层沉淀压滤（滤渣待处理），得含色素的滤液Ⅰ。

将滤渣加入丙酮液中，控制物料中丙酮浓度达 95％，搅匀，静置，充分分层，虹吸弃去上层丙酮溶液（不含色素，可回收丙酮），下层沉淀过滤（滤渣回收丙酮后，可作饲料，或加工成其他制品），得含色素的滤液Ⅱ。

④ 萃取。合并滤液Ⅰ、Ⅱ，置于不锈钢容器中，加入总液量3％体积的精制正己烷，搅匀，加入总液量 2 倍体积的去离子水，搅匀，静置，充分分层，排出下层无色的丙酮水溶液（如该溶液发黄，可加入一些正己烷，照上述操作，直至丙酮水溶液为无色，所得己烷溶液与上述操作所得的溶液合并）。

⑤ 浓缩。上层己烷溶液，用台式循环真空蒸馏器于 40℃ 蒸发，浓缩至 1/3 体积，用含碱甲醇液和去离子水先后洗涤，再浓缩至黏稠状，得粗品，可直接用于食品、饮料的着色。

⑥ 精制。同方法一的精制过程。

3. 方法三

（1）试剂　丙酮、去离子水、正己烷、氢氧化钾、甲醇。

（2）仪器设备　打浆机、真空蒸馏浓缩装置等。

（3）工艺流程　原料→预处理→破碎浸提→分离→萃取→浓缩→皂化→洗涤→再浓缩→棕红色黏稠状液体。

（4）提取过程

① 原料。选择颜色纯正的干橘皮为原料。

② 预处理。用清水快速洗净橘皮，晾干备用。

③ 破碎浸提。将橘皮切碎、打浆得橘皮酱。在橘皮酱中加50％丙酮，加去离子水，搅匀后静置，充分分层。

④ 分离。将提取容器中的上层丙酮液和下层沉淀分离，沉淀加丙酮液，搅匀后静置，分离上层丙酮液。合并两次的丙酮液，沉淀压滤，滤液再与丙酮液合并，得色素液。

⑤ 萃取、浓缩。向色素液中加入正己烷，再加入去离子水、搅匀、静置、充分分层，排出下层无色的丙酮液，所得上层溶液于40℃真空蒸馏浓缩得浓缩液。

⑥ 皂化、洗涤。在浓缩液中加入氢氧化钾甲醇溶液，分层搅拌洗涤，每次混合液经静置充分分层，排出下层醇相，将上层溶液用去离子水洗涤至pH＝7.5。

⑦ 再浓缩。将洗涤至pH＝7.5的溶液用真空蒸馏浓缩，至黏稠状后用蒸汽蒸馏30min，残留物冷却至室温，加入萃取溶液进行萃取、静置，取上层溶液，减压浓缩，得棕红色黏稠状液体。

4. 理化性质

① 溶解性。该色素易溶解在强极性和极性溶剂中，不溶解在弱极性和非极性溶剂中，为水溶性色素；且在碱性环境中，色素溶液颜色加深，说明色素和碱发生了反应，有助色基团生成。

② 光谱特性。橘皮黄色素的极稀溶液在可见光区没有明显的吸收峰，在紫外光区有两个吸收峰，其中在226nm处有一个最大吸收峰，在279nm处还有一个吸收峰。

③ pH对色素的影响。在pH＝2～10范围内，色素对酸、碱较稳定；在pH＝12时溶液颜色加深，由亮黄变为橙黄，表明在碱性强时，该色素有变化。

④ 金属离子对色素的影响。各种金属离子的加入对色素的吸光度都有一定的影响，其中 Fe^{3+} 的影响最大，其次为 Cu^{2+}、Mn^{2+}、Mg^{2+}、Ca^{2+}。影响的主要原因是色素的浓度极稀（0.01％），含量很少，当金属离子浓度增大时，多余的金属水合离子有吸收，使其吸光度有所变化。总之，色素抗多种金属离子的干扰能力较强。

⑤ 氧化剂与还原剂对色素的影响。还原剂对色素影响不大，而氧化剂影响较大，说明该色素耐还原能力比耐氧化能力强。

⑥ 食品添加剂对色素的影响。色素对大多数食品添加剂均有一定的耐受能力，其协调作用和拮抗作用不显著。

5. 主要用途

产品可用于食品和化妆品等工业中作天然黄色着色剂。

六、木莓中色素的提取技术

（1）试剂　蒸馏水、盐酸、乙醇。

（2）仪器设备　捣碎机、抽滤机、减压浓缩装置、减压旋转浓缩装置等。

（3）工艺流程　原料→预处理→浸提→抽滤→浓缩→去果胶→浓缩→色素浸膏

（4）提取过程

① 原料。以新鲜木莓果实为原料。

② 预处理。将木莓用水清洗干净，置于捣碎机中捣碎放入容器中备用。

③ 浸提。按料液比 1g∶1mL 的比例向容器中加入酸性乙醇溶液，于 60℃下，浸提 50min，浸提三次，合并三次滤液。

④ 抽滤。用抽滤装置对滤液进行抽滤，得到色素提取液。

⑤ 浓缩。色素提取液经过减压浓缩装置得到色素浸膏粗品。

⑥ 去果胶。向色素浸膏中加入 75％乙醇，有絮状沉淀析出，沉淀完全时，离心去除沉淀，保留上清液。

⑦ 浓缩。将上清液经过减压旋转浓缩装置进行浓缩处理得到紫红色的色素浸膏。

（5）理化性质　色素主要成分为花色素苷类化合物。常温下木莓果实红色素不溶于乙醚、乙酸乙酯、丙酮、环己烷、正丁醇和石油醚等溶剂，能溶于水、乙醇、盐酸-乙醇和乙酸等极性溶剂，表明该色素属水溶性红色素。在不同 pH 下，该色素呈现出不同颜色，当 pH＜4 时，呈现鲜艳的红色，性质稳定，可用于酸性食品着色。木莓果实红色素的耐氧化还原性能差，不适用于发酵食品，贮存时应密封，尽量避免与空气中的氧或还原剂接触。该色素对温度的稳定性较好。光对色素水溶液的稳定性也有影响，应避免直射光照。此外维生素 C 对其稳定性有影响。因此，开发利用过程中，要严加控制，扬长避短，以提高该色素应有的风味、色泽和品质，充分发挥其应用价值。

（6）主要用途　木莓果实红色素是天然植物色素资源之一，可作为食品工业用着色剂。

七、石榴皮中色素的提取技术

（1）试剂　蒸馏水、乙醇、碳酸钠。

（2）仪器设备　粉碎机、电子恒温水浴锅、旋转蒸发器、聚酰胺色谱柱、真空干燥箱等。

（3）工艺流程　原料→预处理→浸提→过滤→浓缩→纯化→浓缩、干燥→色素粉末。

（4）提取过程

① 原料。以石榴的皮为原料。

② 预处理。称取一定量的干石榴皮，水洗后烘干，粉碎成可通过 $74\sim149\mu m$ 筛的粉末。

③ 浸提。以料液比为 1g：4mL 的比例在石榴皮粉末中加入 50％乙醇作为浸提剂，于 80℃下搅拌浸提 1h。

④ 过滤。将浸提液过滤，滤渣按上述步骤再重复浸提至无色为止，合并滤液。

⑤ 浓缩。滤液经旋转蒸发器浓缩，得到浓缩液。

⑥ 纯化。将浓缩液用聚酰胺色谱柱进行纯化处理，以乙醇和碳酸钠（0.05％）水溶液洗柱，得黄色浸取液。

⑦ 浓缩、干燥。将浸取液真空浓缩并干燥，得黄色素粉状产物。

（5）理化性质

① 溶解性。深红色浸膏或固体粉末。溶于水、稀乙醇，不溶于石油醚。

② pH 对色素的影响。当 pH＝2 时呈红色，pH＝4～7 时呈红棕色，pH＝8 时呈深褐色，pH＝9～10 时呈棕黑色，pH＝11～13 时呈黑色。

③ 金属离子对色素的影响。Al^{3+}、Mn^{2+}、Fe^{3+} 对色素有一定的增色作用，其他金属离子对色素影响不大。

④ 光、温对色素的影响。色素耐热稳定性较好，但耐光性较差。

⑤ 其他。葡萄糖和蔗糖对色素稳定性没有影响。维生素 C、柠檬酸、酒石酸对色素有降解作用。

（6）主要用途　天然红色着色剂。国外曾有报道用石榴皮色素作媒染剂对棉布进行染色。

八、柿子中色素的提取技术

1. 柿子红色素的提取技术

（1）试剂　蒸馏水。

（2）仪器设备　烧杯、微波炉、减压蒸馏装置、干燥箱等。

（3）工艺流程　原料→预处理→微波提取→过滤→蒸馏→干燥→成品。

（4）提取过程

① 原料。以新鲜柿子为原料。

② 预处理。新鲜柿子清洗干净、去蒂，破碎后装入烧杯中。

③ 微波提取。按料液比 1g：6mL 的比例向烧杯中加入蒸馏水，搅拌均匀，

放入微波炉中置于 800W 下 1min，取出，稍冷，搅拌后重新放入微波炉中辐射 1min，取出，稍冷搅拌后再放入微波炉中辐射 1min，取出烧杯。

④ 过滤。烧杯中提取液趁热过滤，收集滤液，弃去残渣。

⑤ 蒸馏、干燥。滤液减压蒸馏脱水后，真空干燥，粉碎过筛，包装后即为成品。

（5）理化性质　柿子红色素光谱在 278nm 和 484nm 处出现强吸收。向柿子红色素溶液中加入少许镁粉，振摇后，再加入数滴盐酸，色素液产生气泡，色泽变浅。若不加镁粉，只加盐酸，则无气泡产生。这表明该色素能在盐酸镁粉作用下发生氧化还原反应。向柿子红色素溶液中滴加饱和乙酸铅溶液后，产生棕色沉淀，并随乙酸铅溶液增加沉淀增多，表明该色素中含有酚基。向色素溶液中滴加 1% $FeCl_3$ 溶液，有棕褐色沉淀产生，这是色素分子中的酚羟基与三氯化铁反应的结果。在碱性条件下稳定，在酸性条件下溶解度降低。pH＜6 时，为橙色；当 pH＞7 时，为紫红色，且随 pH 增大而颜色加深。

（6）主要用途　柿子红色素属多酚类色素，适应 pH 较宽，尤其以中性和弱碱性介质效果较佳。该色素着色度高，颜色逼真，感觉舒服，热光稳定性好，在食品、饮料、化妆品、医药上有广阔的应用前景。

2. 柿子皮黄色素提取技术

（1）试剂　蒸馏水、石油醚、无水硫酸钠。

（2）仪器设备　烘箱、逆流浸提液、真空干燥装置、蒸馏装置等。

（3）工艺流程　原料→预处理→浸提→过滤→浓缩→干燥→色素固体。

（4）提取过程

① 原料。以柿子皮为原料。

② 预处理。柿子皮清洗干净，放入烘箱中干燥后备用。

③ 浸提。将干燥的柿子皮置于密闭的逆流浸提罐中，按料液比 1g∶（5～6mL）的比例加入石油醚，于常温（30～60℃）下浸泡至浸出液为深橘红色液体。

④ 过滤。浸提液过滤，收集滤液。滤渣进行第 2 次浸提，过滤。合并两次的滤液。

⑤ 浓缩。滤液中加入无水硫酸钠除去滤液中的水分后，蒸馏回收溶剂，得到黏稠物。

⑥ 干燥。黏稠物经过真空干燥后得到固体色素。

（5）理化性质　柿黄色素易溶于石油醚、正己烷、乙醚、氯仿、丙酮、乙酸乙酯，略溶于乙醇，不溶于水。柿黄色素的石油醚溶液在 pH＝1～12 时没有颜色变化。柿黄色素的醇溶液加入 Fe^{3+}、Fe^{2+}、Cu^{2+} 和 Zn^{2+} 后无变化。色素的石蜡溶液在日光照射处放置数日褪色。溶少许柿黄色素于液体石蜡中呈黄色，加热至 180℃无明显颜色变化，加热至 190℃数分钟颜色变浅。在柿黄色素的氯仿溶液中加入数滴浓硫酸，呈褐绿色，加入三氯化锑呈蓝绿色。

（6）主要用途　该色素在食品、饮料、化妆品、医药上有广阔的应用前景。

九、柚子皮中色素的提取技术

1. 柚子皮中色素的提取技术

柚子果皮色泽金黄，是生产天然色素的优质原料。柚皮中含有两类性质不同的天然色素物质：一类为脂溶性的类胡萝卜素；另一类为水溶性的黄色色素。黄色色素主要包含柚皮苷、橙皮苷、新橙皮苷和柚皮素芸香苷等。其成分与橘皮色素相似。

（1）方法一

① 试剂：石油醚、无水乙醇、氢氧化钠溶液、盐酸溶液、还原剂。

② 仪器设备：电子恒温水浴锅、真空浓缩装置、真空冷冻干燥装置等。

③ 工艺流程：原料→预处理→浸提→浓缩→干燥→柚皮色素产品。

④ 提取过程：

a.原料。以新鲜柚皮为原料。

b.预处理。新鲜柚皮清洗干净，切成细条。

c.浸提。向柚皮中加入石油醚-乙醇（体积比 1∶1）的混合液作提取剂，在 30～32℃下，保温提取 24h。提取时 pH 保持在酸性条件下（用稀的氢氧化钠溶液和盐酸溶液调 pH）。由于氧化剂对色素具有减色作用而还原剂对色素具有增色作用，因此提取时应保证还原性环境，可通过在提取剂中加入还原剂（Na_2SO_3 等）而实现。同时应避免金属离子的存在。色素提取液为亮黄色溶液。

d.浓缩。将色素提取液真空浓缩而成为红色浓缩液。

e.干燥。将浓缩液真空冷冻干燥得柚皮色素产品。

（2）方法二

① 试剂：蒸馏水、乙醇。

② 仪器设备：水蒸气蒸馏装置、电子恒温水浴锅、减压蒸馏装置等。

③ 工艺流程：原料→提取香油→提取水溶性色素→提取脂溶性色素。

④ 提取过程：

a.原料。以新鲜柚皮为原料。

b.提取精油。将新鲜柚皮用水蒸气蒸馏法除去精油类物质。

c.水溶性色素提取。蒸馏去除精油类物质后加入适量的蒸馏水，在 80℃左右恒温浸提 25h；然后过滤，滤液为橙红色色素溶液，经浓缩后得到水溶性红棕色色素胶。

d.脂溶性色素提取。把提取水溶性色素后的柚皮沥干水分，放入 95％乙醇中浸泡 24h，经纱布过滤，得到亮黄色色素提取液，提取液经减压蒸馏回收酒精后，得到脂溶性橙黄色色素胶。

（3）理化性质　柚皮色素中的水溶性色素通常为红色溶液，在酸性条件下非常稳定，但在碱性条件下（pH＝8）颜色为橙黄色，并有絮状沉淀物。氧化剂对柚皮色素有减色作用，还原剂对其有增色作用。柚皮色素在食盐溶液中稳定，在蔗糖溶液中比较稳定。柠檬酸、水杨酸、苹果酸、乙酸、草酸对柚皮色素有减色作用。蔗糖对柚皮色素的吸光度有较大的影响。

（4）主要用途　是天然色素，可用于食品、制药、化妆品及染料工业。也可作为营养添加剂或功能性食品基料，用于特殊营养食品及功能性食品的生产。

2. 葡萄柚皮中柚皮苷的提取技术

（1）试剂　蒸馏水。

（2）仪器设备　真空浓缩装置、离心机、烘箱等。

（3）工艺流程　原料→预处理→浸提→过滤→浓缩→静置、沉淀→分离→干燥→成品。

（4）提取过程

① 原料。以新鲜葡萄柚的果皮为原料。

② 预处理。新鲜果皮最好削去最外层黄色部分，以白皮层作原料，将果皮粉碎。

③ 浸提。粉碎的果皮放入容器中，向容器中加水，水的用量不宜过多。将溶液煮沸 10min。

④ 过滤。滤出浸提液，可以将浸提液多浸几次新鲜原料，尽量提高其中浸提物的含量。合并多次浸提液。

⑤ 浓缩。浸提液真空浓缩 3～5 倍以上，静置冷却。

⑥ 静置、沉淀。最好在 0～3℃ 的低温下静置，使结晶析出，待其充分沉淀后再分离。分出的清液可再用做浸提，以避免其中浸提物的损失。

⑦ 分离。沉淀后用虹吸法除去上层清液，再用离心机将沉淀物中的水分尽量除去。

⑧ 干燥。所得的沉淀以 60℃ 烘干，粉碎后即为粗制成品。

（5）理化性质　柚皮苷（$C_{27}H_{32}O_{14}$）在葡萄柚的果皮中含量最多，味极苦。柚皮苷易溶于水，其溶解度随温度的提高而增大。在稀酸中则易水解。从水中结晶，含有 6～8 个结晶水，熔点约 83℃。在 110℃ 干燥至恒重时含有 2 个结晶水，熔点 171℃，有苦味。溶于丙酮、乙醇、温乙酸。1g 可溶于 40℃ 下 1L 水，75℃ 下 10mL 水。

（6）主要用途　可作为天然色素、风味改良剂和苦味剂用于食品、饮料的生产，又可作为合成高甜度、无毒、低能量的新型甜味剂二氢柚苷查耳酮和新橙皮苷二氢查耳酮的原料。

十、桑椹中色素的提取技术

（1）试剂　蒸馏水、盐酸。

（2）仪器设备　榨汁机、真空干燥箱等。

（3）工艺流程　原料→预处理→煮沸→过滤→浓缩→干燥→紫红色产品。

（4）提取过程

① 原料。以桑科桑属植物桑树的成熟果实，即桑椹为原料。

② 预处理。将桑椹洗净，压汁。

③ 煮沸。在去汁后的果肉中加入 0.5mol/L 的稀盐酸，煮沸浸提 40min。

④ 过滤。浸提液过滤，滤渣按上一步方法再浸提过滤一次，合并两次滤液。

⑤ 浓缩。滤液经精制、浓缩得到色素浓缩液。

⑥ 干燥。浓缩液经过真空干燥或喷雾干燥，可得到粉状的紫红色色素。

（5）理化性质　桑椹红色素主要成分为花色苷类化合物，还含有胡萝卜素、各种维生素、糖类以及脂肪等。易溶于水或稀醇中，不溶于非极性的有机溶剂。桑椹红色素为稠状液体。当 pH$\leqslant$5.2 时，该色素呈红色；pH＝5.7 时，呈无色状；pH＞7.0 时，呈黄绿色。Fe^{2+}、Cu^{2+}、Zn^{2+} 和 Fe^{3+} 对桑椹色素无影响，而 K^+、Na^+、Ca^+、Mg^{2+} 和 Al^{3+} 则对其有护色作用。对光也有很好的稳定性，在 20～100℃时稳定。

（6）主要用途　桑椹红色素用于果酒、果汁型饮料、糖果、果冻、山楂糕等的着色，为红色至紫红色着色剂。还可用作酸碱指示剂。

十一、苹果皮中色素的提取技术

（1）试剂　蒸馏水。

（2）仪器设备　电子恒温水浴锅、漏斗等。

（3）工艺流程　原料→预处理→水浸提→过滤→色素溶液。

（4）提取过程

① 原料。以紫红色苹果的皮为原料。

② 预处理。苹果用水清洗干净，削下苹果皮备用。

③ 水浸提。苹果皮放入容器中，按料液比 1g：3mL 的比例加入蒸馏水，将容器置于恒温水浴锅中，在 80～90℃下浸提 20min。

④ 过滤。浸提液经纱布过滤，收集滤液得到紫红色的色素溶液。

（5）理化性质　苹果皮色素，易溶于水、甲醇、乙醇等极性较强的溶剂，不溶于苯、石油醚等非极性溶剂。当 pH＝4.0～4.5 时呈肉红色，随着 pH 的升高，颜色变为浅绿色，在碱性范围内变为亮绿色。常见的金属离子（Fe^{2+}、

Cu^{3+}、Al^{3+}、Zn^{2+}、Sn^{2+}、Na^+、K^+、Ca^{2+}）对其颜色和吸光度没有影响，自然光照射对其影响很小。耐热性差，随着温度的升高及时间的增长，苹果皮色素的颜色褪变速度逐渐加快。空气中的氧对苹果皮色素的稳定性没有影响。十二烷基硫酸钠对苹果皮色素有较好的护色作用。有一定的耐氧化性，但耐还原性较差。苹果皮色素对蔗糖、葡萄糖和糖精钠稳定，且颜色不改变。

（6）主要用途　天然紫红色着色剂，可用于酸性食品的着色。

第三节　油类物质的提取技术与实例

一、核桃中油类物质的提取技术

1. 方法一

（1）试剂　蒸馏水、NaOH 溶液。

（2）仪器设备　破壳机、电子恒温水浴锅、旋转式炒锅、磨浆机、兑浆搅油机等。

（3）工艺流程　原料→破壳→去杂→去皮→炒料→磨浆→兑浆搅油→震荡分油→静置沉淀→核桃油。

（4）提取过程

① 原料。以果实饱满、无霉烂变质的核桃为原料。

② 破壳、去杂。用破壳机破除核桃的壳，分出的核桃仁通过筛理和分拣，除去壳、隔膜及霉变的核桃仁。

③ 去皮。去杂后的净核桃仁浸入 70℃左右、0.6%～0.8%的 NaOH 溶液中，浸泡 15～20min，然后用清水反复冲洗直至洗液呈中性。

④ 炒料。去皮后的核桃仁晾干水分，放入旋转式炒锅中炒料，开始炒料温度 100℃左右，当达到八成熟时，随时检查核桃仁的熟化程度，出锅时温度达到 130℃左右。一般炒料时间为 30min 左右，炒后的核桃仁含水量要求在 5%以下。炒料的目的是使核桃仁中蛋白质变性，分布于细胞中的油滴聚集。因此，炒料的好坏直接影响到出油的多少。

⑤ 磨浆。料水比为 1g∶0.8mL，核桃仁磨细后成为浆状。要求磨得越细越好。把料浆涂于薄纸上，对着太阳光不显黑点者，即达到细度要求。

⑥ 兑浆搅油。将沸水加入料浆中，随之搅拌，把油从料浆中取代出来。兑浆时加入的沸水量为料浆的 80%左右，边加水边搅动，转速为 30r/min。连续搅拌 40～50min 后，大部分油浮至表面，底部呈流质状，此时将表层的油取出。取油时应保持 7～9mm 的表面油层，以利于料浆中油滴上浮凝集。

⑦ 振荡分油。兑浆搅油后，还有部分油包含在料浆中。此时，将兑浆搅油

机上的搅拌器换成振动油葫芦，在料浆中作上下振动，转速为10r/min左右。经40～50min左右振荡再取出料浆中分出的油脂。

⑧ 静置沉淀。提取的核桃油静置沉淀10～12h，分离出不溶性杂质，得到核桃油。此水代法制取核桃油的出油率可达90％。

2. 方法二

（1）试剂　NaOH溶液、乙酸或盐酸、无水乙醚。

（2）仪器设备　电子恒温水浴锅、烘箱、组织捣碎机、蒸馏装置、旋转蒸发器等。

（3）工艺流程　原料→去皮→烘干→捣碎→萃取→静置分层→过滤→蒸馏回收溶剂→成品油。

（4）提取过程

① 原料。以新鲜核桃仁为原料。

② 去皮。先用80℃左右的热水浸泡核桃仁5～8min，然后将其放入已加热到80℃左右的0.8％～1％的NaOH溶液中，并不断地搅拌，2～6min后，取样看其去皮效果，待可完全去皮后，将核桃仁取出，边冲洗边揉搓，并准备好相同浓度的乙酸或盐酸溶液浸泡去皮的核桃仁，最后用清水冲洗干净。

③ 烘干。将去皮的核桃仁置于烘箱中在50～60℃下烘干至水分含量为7％～8％。

④ 捣碎。用组织捣碎机将核桃仁捣碎。颗粒越小，萃取越充分，出油率越高。

⑤ 萃取。用无水乙醚作萃取溶剂，因其沸点低，容易被蒸馏除去。有机溶剂与核桃仁的比例为2∶1（质量比）。

⑥ 静置分层。为使溶剂与核桃料浆充分接触，提高萃取率，静置时间要足够，一般约为12h。

⑦ 过滤。通过过滤除去核桃油中的残渣，否则会影响其质量。

⑧ 蒸馏回收溶剂。共分为两步，首先采用常压蒸馏回收溶剂，直到油中只含有少量的溶剂，再采用旋转蒸发器蒸馏回收剩余的溶剂。采用此法不但可以回收大量溶剂，而且可以除尽核桃油中有机溶剂。蒸馏后得到核桃毛油。

3. 方法三

（1）试剂　蒸馏水、NaOH溶液、磷酸、活性白土。

（2）仪器设备　电子恒温水浴锅、烘箱、焙炒锅、螺旋压榨机、滤油机、真空干燥箱等。

（3）工艺流程　原料→去皮→烘干→焙炒→螺旋压榨→过滤→脱酸→脱胶→干燥→脱色→真空脱臭→混合→灌装→成品精制核桃油。

（4）提取过程

① 原料。以干燥、无病虫害、无霉变的新鲜核桃仁为原料。

② 去皮。将去杂后的净核桃仁浸入 70℃左右、浓度为 0.6～0.8% 的 NaOH 溶液中，浸泡 15～20min，然后用清水反复冲洗直至洗液呈中性。

③ 烘干、焙炒。将去皮的核桃仁放入恒温烘箱在 80℃左右的温度下进行干燥处理至水分含量 2%～5%，然后送入焙炒锅在 130℃的温度下进行炒料，以促进油脂的排出和核桃油香气的产生，至 80% 的核桃仁炒熟。

④ 螺旋压榨、过滤。将经过焙炒的核桃仁均匀连续地送入螺旋压榨机，核桃油在压力作用下被挤压出来，螺旋轴的转速在 8～10r/min。压榨出的油用滤油机过滤，除去其中的固体杂质，得核桃毛油。

⑤ 脱酸。使用碱炼脱酸，加碱量为理论用碱量和超碱量之和（理论用碱量为 $7.13 \times 10^{-4} \times$ 油重 × 酸值，超碱量为油重的 0.5%）。碱液浓度为 11% 左右，碱炼初温在 40℃。加碱时搅拌速度 60r/min，待油皂分离时降低搅拌速度，并升高油温至 60～65℃，然后在 5000r/min 下进行离心处理，即得脱酸油。

⑥ 脱胶。将核桃脱酸油预热至 60℃左右，然后加入油重 0.2% 的浓度为 85% 的磷酸，充分混合均匀后加入 3% 的 60℃的热水，以 55r/min 的转速开始搅拌。当磷脂质结成点（小粒子）时，放慢搅拌速度至 15r/min。当磷脂质凝聚呈明显分离状态时，停止搅拌，利用离心分离机除去已呈胶团状的磷脂，即得澄清的脱胶油。

⑦ 干燥、脱色。核桃油的脱水干燥采用真空干燥，水分由 0.5% 降至 0.1% 以下。脱色锅内雾气消失表明达到了脱水要求。脱色条件：油温 90℃左右，真空度 93.3kPa 以上，活性白土加入量为油重的 3%～5%，脱色时间为 30min。脱色完成后使油温迅速冷却到 40℃以下，用过滤机尽快将油与脱色剂分离。

⑧ 真空脱臭。采用间歇脱臭法，脱臭时油温保持在 170～180℃，真空度保持在 101.2kPa 以上，脱臭时间为 3～5h，可比较理想地脱除异味。

⑨ 混合、灌装。精炼后的核桃油虽然保质期可明显提高，但由于核桃油中所富含的亚油酸、亚麻酸易于氧化酸败，所以必须添加抗氧化剂来进一步提高其保质期。最后将合格精制核桃油用自动定量灌装机灌装入清洗干净并干燥的容器并封口得成品。

4. 方法四

（1）试剂　二氧化碳。

（2）仪器设备　烘箱、840μm 筛、超临界 CO_2 萃取装置。

（3）工艺流程　原料→预处理→超临界 CO_2 萃取→核桃油。

（4）提取过程

① 原料。以新鲜核桃仁为原料。

② 预处理。将新鲜核桃仁充分烘干并将其粉碎至约 840μm 备用。

③ 超临界 CO_2 萃取。最佳工艺条件：萃取压力 30MPa，萃取温度 50℃，萃取时间 4h，二氧化碳流量 25kg/h。

5. 理化性质

精炼后的核桃油质量指标完全达到了高级烹调油的质量标准，色泽（罗维朋比色计 2.54cm）≤黄 20：红 1。具有核桃油固有的气味和滋味，无异味。酸价（以 KOH 计）≤0.25mg/g；水分及挥发物≤0.05％；杂质≤0.05％；含皂量≤0.01％；加热试验（280℃）油色不变深，无析出物。

超临界 CO_2 萃取得到的核桃油色淡、酸值低、皂化值低、碘值高，油品质量优于乙醚萃取油样，符合食用油的标准。

6. 主要用途

核桃油中的不饱和脂肪酸含量高达 85％，其中含亚油酸 54％、亚麻酸 17％、油酸 20％，这些不饱和脂肪酸除本身有利于人体调节血压、促进新陈代谢外，还是功能性油脂 EPA、DHA 和 AA 的前体。有研究发现核桃油中有两种类型的脂质体可以用作药品和化妆品的活性成分。此外核桃油还可以用于高级清漆和绘画颜料。

二、葡萄籽和皮中油类物质的提取技术

1. 葡萄籽油的提取与精制技术

葡萄籽油的亚油酸含量可与红花籽油媲美。目前还没有任何报道发现葡萄籽油中存在有毒物质，动物的急性毒性、蓄积毒性、亚急性毒性、致突变及致畸等试验亦证明了葡萄籽油的食用安全性。葡萄籽油含有的较丰富的生理活性成分，如亚油酸、维生素 E、植物甾醇等，使其具有不同于普通食用油脂的一些生理功能。

（1）方法一

① 试剂：蒸馏水。

② 仪器设备：双对辊式破碎机、软化锅、平底炒锅、压饼圈、榨油机等。

③ 工艺流程：原料→筛选→破碎→软化→炒坯→制饼→压榨→粗滤→毛油。

④ 提取过程：

a.原料。以葡萄籽为原料。

b.筛选。用风力或人力筛选，使葡萄籽中不含皮渣、果渣等杂质。

c.破碎。用双对辊式破碎机对所有成熟的葡萄籽种子进行破碎，以利于提高出油率。

d.软化。将葡萄籽投入软化锅中，放进 15％左右的蒸馏水，升温至 65～70℃，保温 40min，使破碎的葡萄籽全部软化。

e.炒坯。软化的葡萄籽转移到平底炒锅进行炒坯。操作时火候必须均匀，使料温达到110℃，水分8%～10%，时间约20min，炒熟炒透的葡萄籽必须不焦煳，否则会影响成品葡萄籽油的质量。

f.制饼。炒后立即倒入压饼圈内进行压饼，动作迅速，用力均匀，所制饼中间厚，四周稍薄，趁热装入榨油机，饼温在100℃为好。

g.压榨。将饼进行堆垛，饼垛必须装直以防倒垛。应轻压勤压，使油流不断线，车间温度保持在35℃左右，避免因冷风吹入降低温度而影响出油率。

h.粗滤。出油口处安装一个2～3层的滤布，以清除油饼渣沫等杂质，得到葡萄籽毛油。

（2）方法二

① 试剂：正丁烷。

② 仪器设备：烘箱、粉碎机、250μm筛、索氏提取器、旋转蒸发器等。

③ 工艺流程：原料→烘干→粉碎→提取→旋转蒸发→毛油。

④ 提取过程：

a.原料。以经筛选除去灰尘、磁性金属等杂质的葡萄籽为原料。

b.烘干。将葡萄籽清洗干净置于45℃烘箱烘干，使葡萄籽含水量在7%。

c.粉碎。用粉碎机将籽破碎，粒度利于葡萄籽油浸出、过滤。粉碎的葡萄籽粉过250μm筛，备用。

d.提取。在索氏提取器中按料液比1kg∶6L的比例加入正丁烷作为提取剂，于65℃的温度下浸提3h。

e.旋转蒸发。浸提液过滤除去杂质后，放入旋转蒸发器中，蒸馏回收溶剂，同时得到葡萄籽毛油。

（3）方法三

① 试剂：CO_2。

② 仪器设备：420μm筛、超临界CO_2萃取装置等。

③ 工艺流程：原料→预处理→超临界CO_2萃取→葡萄籽油。

④ 提取过程：

a.原料。以经筛选除去灰尘、磁性金属等杂质的葡萄籽为原料。

b.预处理。葡萄籽清洗干净，粉碎过420μm筛备用。

c.超临界CO_2萃取。最佳工艺条件：萃取压力20MPa，萃取温度为45℃，萃取时间6h，CO_2流量为60kg/h。

（4）方法四：葡萄籽油的精制技术

① 试剂：氯化钠、纯碱、烧碱、蒸馏水、活性白土、活性炭。

② 仪器设备：油泵过滤机、电子恒温水浴锅、脱臭罐等。

③ 工艺流程：毛油→过滤→水化→分离→脱水→碱炼→脱皂→洗涤→干燥→脱色→过滤→脱臭→加抗氧化剂→精炼油。

④ 精制过程：

a.过滤。用油泵过滤机过滤葡萄籽毛油，以去除油中的固体物质。

b.水化。将油温升至50℃，加入浓度为0.5%～0.7%的煮沸食盐水，用量为油量的15%～20%，随加随搅拌，终温约80℃，直至出现胶粒均匀分散为止，时间约15min。

c.分离。保温静置6～8h，油水分离层明显时进行分离。

d.脱水。分离后的葡萄籽油转入水浴锅中，加热，使油温达105～110℃，直至无水泡为止。

e.碱炼。首先将油温保持在30～35℃之间，加入质量分数为30%的纯碱，防止溢锅，以转速为60r/min进行搅拌，待泡沫落下再加入20%～22%的烧碱，搅拌，终温80℃。

f.脱皂。碱炼完毕后保温静置，待油皂分离层清晰，皂脚沉实时分离。

g.洗涤。用80～85℃蒸馏水雾状喷洒到温度为80℃左右的油面，水量为油重的10%～15%，并不断搅拌，直至洗净为止。

h.干燥。间接加温至95～105℃，时间约10～15min，水分蒸发完毕即可。

i.脱色。用活性白土和活性炭等混合脱色剂在常压及80～95℃的条件下进行处理。操作时要充分搅拌，时间可持续30min。

j.过滤。在70℃温度下过滤，或自然沉降后再过滤。

k.脱臭。以蒸汽间接加热脱臭罐中的油至100℃，喷入直接蒸汽。真空度为0.8～1.0kPa，时间4～6h，蒸汽量为40kg/t油。

l.加适量抗氧化剂。经过精炼的葡萄籽油外观色泽淡黄，晶莹透亮。经食用卫生检测及其他理化指标分析，其中含水分0.11%、酸价（KOH）0.22mg/g、杂质0.01%、过氧化值0.043%、砷0.047mg/L，相对密度0.92，加热试验时280℃油色不变，无析出物，符合国家食用油质量标准。

（5）理化性质（功能性油脂） 葡萄籽毛油呈浅绿色，精制后为无色或浅黄绿色，无异常气味，不含胆固醇和钠，热稳定性好。葡萄籽油的颜色依精炼程度从深黄色至清亮浅黄色不等，应具有葡萄籽油固有的香气、滋味，无异味。水分及挥发物、杂质、含皂量、加热试验等指标应符合有关级别食用油脂的相关标准。

（6）主要用途 葡萄籽油中含有13%～15%的油脂，不饱和脂肪酸质量分数高达90%，其中亚油酸高达75%以上，这些物质具有防止血栓形成、扩张血管等作用。另外，葡萄籽油中还含有钾、锌、铁、钙等20多种矿物元素和维生素A、维生素D、维生素E、维生素P、维生素K等多种维生素，特别是维生素E含量较高。

葡萄籽油是一种高级营养油，是饮食健康的最佳选择，可作为高级色拉油和烹调油，也可制成软胶囊吞服，还可用作中成药或保健品的添加剂和助效剂。

2. 葡萄皮精油的提取技术

葡萄中所含芳香物质分布于葡萄的果肉、果皮、叶片、茎等不同部分，葡萄果皮中芳香物质含量多于果肉中。遵循绿色制造和循环经济新理念，葡萄皮精油的高效提取和二次开发必将成为葡萄高效转化增值的新的发展方向。

葡萄皮中含有里那醇、香叶醇、橙花醇等葡萄典型芳香物质。研究表明，葡萄皮中典型游离态芳香物质的总量为 1.992mg/kg，而葡萄汁典型游离态芳香物质的总量为 1.796mg/kg。这意味着在葡萄加工过程中所利用的游离态芳香物质只占总游离态芳香物质（葡萄皮＋葡萄汁）的 47.41％，大部分的游离态芳香物质随葡萄皮渣一起浪费掉了，所以葡萄皮渣的综合利用的研究更为重要。

（1）试剂 CO_2。

（2）仪器设备 真空冷冻干燥机、177μm 筛、超临界 CO_2 萃取装置等。

（3）工艺流程 原料→预处理→超临界 CO_2 萃取→葡萄皮精油。

（4）提取过程

① 原料。以葡萄皮为原料。

② 预处理。葡萄剥皮，真空冷冻干燥 30h（含水量 5.53％，部分经吸湿处理含水量为 7.26％），粉碎，过 177μm 筛，备用。

③ 超临界 CO_2 萃取。最佳工艺条件：萃取压力 20MPa，萃取温度为 35℃，萃取时间 30min，CO_2 流量为 1.5mL/min。

（5）理化性质 葡萄皮精油中含有里那醇、橙花醇、香叶醇、香茅醇等萜烯类化合物。

（6）主要用途 葡萄皮精油可以用于制造天然葡萄香精。

三、柑橘中油类物质的提取技术

1. 柑橘皮油的提取技术

（1）方法一

① 试剂：蒸馏水、NaOH 溶液。

② 仪器设备：粉碎机、蒸馏器、玻璃瓶等。

③ 工艺流程：原料→去杂浸水→粉碎→蒸馏→油水分离→除碱→成品。

④ 提取过程：

a. 原料。以干燥的柑橘皮为原料。

b. 去杂浸水。将干燥的柑橘皮，除去异物、霉烂部分，洗净后浸入蒸馏水中，使其吸足水分（新鲜柑橘皮可直接用于生产）。

c. 粉碎。经水浸后的柑橘皮即可用粉碎机粉碎，尽可能破坏柑橘皮表皮油泡。注意粉碎程度要适当，过细将影响蒸馏，降低柑橘皮油产率。

d. 蒸馏。柑橘皮粉碎后应及时装入清洁的布袋中，放入蒸馏器，开足蒸汽。蒸汽通过装有柑橘皮的布袋，即将其中柑橘皮油一齐蒸出，经冷凝器冷却，通过油水分离，即得柑橘皮油粗制品。

e. 油水分离。按粗橘皮油体积加入 1 倍 3.7% 的 NaOH 溶液，在玻璃瓶中混合振荡 15min，静置片刻后，油水分离去掉水分。

f. 除碱。柑橘皮油经碱处理后，加入 5 倍蒸馏水，振荡 5min，除去残存的碱，得柑橘皮油。

（2）方法二

① 试剂：蒸馏水、石灰水、明矾。

② 仪器设备：水压机、高速离心机、角虹吸管、漏斗、棕色玻璃瓶或陶坛等。

③ 工艺流程：原料→浸石灰水→漂洗→压榨过滤→分离→静置抽滤→包装。

④ 提取过程：

a. 原料。选新鲜无霉变的柑橘皮，摊放在阴凉通风处，风干保存。

b. 浸石灰水。将柑橘皮浸在浓度为 7%～8% 的石灰水中（pH 在 12 以上），浸泡 16～24h，其间翻动 2～3 次，以浸泡果皮呈黄色，脆而不断为宜。为了不使橘皮上浮，上面可加压筛板。

c. 漂洗。将浸过石灰水的橘皮用流动清水漂洗干净，捞起沥干。

d. 压榨过滤。先将橘皮破碎至 3mm 大小，用水压机进行压榨，形成油水混合物。橘皮汁含有杂质，必须经过沉淀过滤，以减轻分离机的负荷。通常加明矾使之沉淀，用布袋过滤，除去糊状残渣。

e. 分离。采用 6000～8000r/min 高速离心机分离。混合液进入离心机的流量要保持稳定。流量过大易出现混油，流量过小则产量低。在正常情况下，从离心机出来的柑橘皮油是澄清透明的。分离完毕后，停止加料，让离心机转 2～3min，冲入大量的清水，把残存油冲出。

f. 静置抽滤。分离出的柑橘皮油往往带有少量杂质，应放在 5～10℃ 的冷库中静置 5～7d，让杂质与水下沉，然后用角虹吸管吸出上层澄清油，减压抽滤，所得橘皮油为黄色油状液体。

g. 包装。将澄清的柑橘皮油装于干净的棕色玻璃瓶或陶坛中（尽量装满），加盖，最后用硬脂蜡密封，贮藏在阴凉处，尽可能在低温下贮存。

（3）理化性质　冷榨橘皮油为黄色液体，香气近于鲜橘果香；蒸馏油为淡黄色液体，香气稍差。

（4）主要用途　柑橘皮油是香精油中的一大类，广泛应用于食品、日用化工、医药等行业，是轻工业发展的重要原料，市场潜力比较大，随着科学技术的发展和人们生活水平的不断提高，应用前景广阔。香精油和果胶对胆固醇有极强的抑制作用，可以作为降血脂和减肥食品。

2. 柑橘籽油的提取技术

（1）柑橘籽粗油的提取

① 试剂：蒸馏水、稻草。

② 仪器设备：木桶或水池、炒锅、粉碎机、风选机、蒸料锅、液压榨油设备、贮油缸等。

③ 工艺流程：原料→预处理→炒籽→粉碎去壳→加水拌和→蒸料→作坯→压榨→下榨→取出油饼→原油澄清→柑橘籽粗油。

④ 提取过程：

a. 原料。以柑橘籽为原料。

b. 预处理。将收集到的柑橘籽放在木桶或水池中，用流动水洗去柑橘籽表面上附着的果肉碎屑或污物，直接晒干或烘干。将干籽进行风力或人工筛选，仔细除净杂质。

c. 炒籽。将选好的柑橘籽倒入炒锅中进行炒制，控制其温度，炒至籽外表面呈均匀的橘黄色为度，不得炒焦。

d. 粉碎去壳。炒制的熟籽冷凉后，用粉碎机进行粉碎，再用 $840\mu m$ 粗筛或风选机除去干壳。

e. 加水拌和。按照已经粉碎好的柑橘籽粉质量的 8% 左右加入清水，仔细地拌和均匀。

f. 蒸料。通入蒸汽（无锅炉设备，可用土灶及蒸笼）蒸料，蒸至籽粉用手能捏成团为佳。

g. 作坯。选用无霉烂、干净的稻草，切取叶片及根部。将榨油机上所配套的铁圈 5 个重叠放平，铺上稻草，再用木圈压放好（稻草铺在铁圈与木圈之间）。将蒸好的籽粉倒入木圈内压下，取出木圈，然后包好稻草，压紧。压紧后取下 3 个铁圈，把坯上留下的 2 个铁圈弄均匀，以便上榨。在榨油机槽内铺上少许稻草，然后将做好的油坯逐个放入。每一次上榨约准备 22~25 个坯。

h. 压榨。当油料坯上至 10~12 个时即可开始压榨，利用液压系统逐渐升高压力；压榨至出现有 1/2 的空位时，继续上坯，这样一直到把油坯上完为止。最终压力应增加至 $380\sim400\mathrm{kgf/cm}^2$（$37.27\sim39.23\mathrm{MPa}$）。在上述压榨过程中，当压力出现下降时，可再施压至 $380\sim400\mathrm{kgf/cm}^2$，维持此压力 2~3h 后，即为压榨操作终点。

i. 下榨。待油分出完后即可下榨。将榨机压力逐渐下降，使活塞退回原位，压力表恢复零位。

j. 取出油饼。将榨机打开，取下一个个油饼。将油饼上的 2 个铁圈取下，剥下稻草。这种草可用作下轮"作坯"的补充稻草，油饼可作为饲料。

k.原油澄清。将所得的柑橘籽原油送入贮油缸中，待其自然澄清，除去下部沉淀出的杂质，即可得到柑橘籽油粗品。

（2）柑橘籽粗油的精炼

① 试剂：NaOH 溶液、活性炭、硅藻土。

② 仪器设备：板框压滤机、真空脱臭器等。

③ 工艺流程：柑橘籽粗油→粗油的碱炼→脱色压滤→精炼脱水→真空脱臭→柑橘籽精油。

④ 精炼过程：

a.粗油的碱炼。先按测定出的柑橘籽原油的酸价（通常为 2.29mg/g 左右）加入 5% 的 NaOH 溶液（通常为油量的 20% 左右）充分搅拌、乳化，使原油中的杂质发生皂化作用而析出。碱炼操作一般需要 40min 左右。当油温升高至 50～55℃时，则碱炼操作可缩短至 15～20min 完成。然后让其自然澄清，并充分沉降析出皂化物，仔细分离出上层澄清的碱炼油。

b.脱色压滤。在充分搅拌条件下往上述清油中加入油量 4%～5% 的粉状活性炭和少量的助滤剂（如硅藻土等），必要时升温至 80～85℃，进行脱色处理 1～2h。取样检查脱色合格后，采用板框压滤机进行过滤（注意：待滤出的清油呈微黄色时方能收集，否则还应继续进行循环压滤），以除去色泽、苦味、杂质等。

c.精炼脱水。将上述清油加热至 105～110℃，并维持此温度 30～40min，以除去清油中所含的少量水分和低沸点杂质成分。

d.真空脱臭。趁热将上述精炼好的清油送入真空脱臭器中进行脱臭处理（液温 60～65℃，真空度为 -0.065～0.070MPa，脱臭时间 30～35min）后，即可制得合格的柑橘籽油成品（食用级）。

（3）理化性质　柑橘籽油与菜籽油的性质十分接近，它们同属于半干性植物油。

（4）主要用途　从柑橘籽中提取的柑橘籽油，粗油可用作化工产品和纺织品、皮革加工的原料；精油无异味，不仅可供食用，还可用于糕点类食品的加工。

第四节　多糖的提取技术与实例

一、大枣中多糖的提取技术

1.方法一

（1）试剂　蒸馏水、乙醇、丙酮、乙醚、NaOH 溶液、盐酸、三氯乙酸、正丁醇、活性炭、乙酸钾溶液、DEAE（二乙氨基乙基)-纤维素、苯酚、硫酸。

（2）仪器设备　索氏提取器、电热恒温水浴锅、真空干燥箱、分液漏斗、透析袋、离心机等。

（3）工艺流程　原料→脱脂→水浸提→过滤、浓缩→醇沉→离心→洗涤→脱蛋白质→脱色→分级→多糖。

（4）提取过程

① 原料。以市场购买的大枣渣干燥品为原料。

② 脱脂。称取大枣渣干燥品 100g，以 95％乙醇作为溶剂回流脱脂三次，将脱脂后的大枣渣置通风处晾干。

③ 水浸提。向晾干后的大枣渣中加水浸提三次，加水量分别为 10 倍量、8 倍量、6 倍量，于 90～100℃依次提取 3.5h、2.5h、2.0h。

④ 过滤、浓缩。将三次浸提液合并、过滤，除去不溶性杂质，将滤液浓缩至约 400mL。

⑤ 醇沉。在浓缩液中加入 95％乙醇，使含醇量为 80％，静置过夜。

⑥ 离心、洗涤。离心，收集沉淀。将收集的沉淀依次用无水乙醇、丙酮、乙醚洗涤，干燥得粗多糖。

⑦ 脱蛋白质。脱蛋白质采用三氯乙酸-正丁醇法。准确称取一定量的粗多糖，缓慢加水，加热直至完全溶解，得多糖水溶液。按多糖水溶液的体积，加入 1∶1 体积比的 5％三氯乙酸-正丁醇液，摇匀，在分液漏斗中静置分层后，分出下层清液，除去上层正丁醇层及中层杂蛋白。下层清液用 2mol/L NaOH 溶液中和至中性。

⑧ 脱色。脱蛋白质后多糖水溶液用盐酸调 pH 为 4.0～6.0，加粉末活性炭 1％（对粗多糖干物质），于 80℃保温 30min，然后过滤。

⑨ 分级。采用 DEAE-纤维素法。将 DEAE-纤维素用 0.5mol/L 乙酸钾溶液处理成乙酸盐形式，装柱并用蒸馏水平衡。将纯化好的多糖液浓缩至 2％～5％，以 10mL 上柱，先用蒸馏水洗脱，流速 1.2mL/min，用苯酚-硫酸法检测，至无糖流出。再以 0～0.4mol/L 乙酸钾溶液 500mL 分段洗脱或梯度洗脱。分管收集洗脱液，每管收集 4mL。按出峰收集组分，分别浓缩、透析、干燥得到多糖纯品。

2. 方法二

（1）试剂　碳酸钠溶液、乙醇、丙酮、无水乙醚、石油醚、三氯乙酸、正丁醇、NaOH 溶液、盐酸、活性炭、乙酸钾、DEAE-纤维素、苯酚、硫酸。

（2）仪器设备　电热恒温水浴锅、抽滤机、索氏提取器、真空干燥箱、分液漏斗、透析袋、离心机等。

（3）工艺流程　原料→碱浸提→过滤、浓缩→醇沉→洗涤→脱脂→脱蛋白→脱色→分级→多糖。

（4）提取过程

① 原料。以市场购买的大枣渣干燥品为原料。

② 碱浸提。将大枣渣与 20 倍体积的 0.5mol/L 碳酸钠溶液混合均匀，于 80℃温浸 3h。

③ 过滤、浓缩。将浸提液进行过滤，滤液中和至 pH＝7，减压浓缩至 1∶2 [原料质量（g）∶浓缩液体积（mL）]。

④ 醇沉。在浓缩液中加入 4 倍量的 95％乙醇，静置过夜，抽滤得粗多糖沉淀。

⑤ 洗涤。沉淀用无水乙醇、丙酮、无水乙醚依次洗涤，真空干燥，得粗多糖。

⑥ 脱脂。粗多糖用滤纸包好放入索氏提取器内，以石油醚为溶剂进行提取，于 80℃恒温水浴回流 6h，挥干石油醚，得褐色粗多糖。

⑦ 脱蛋白。脱蛋白采用三氯乙酸-正丁醇法。准确称取一定量的粗多糖，缓慢加水，加热至完全溶解，得多糖水溶液。按多糖水溶液的体积，加入 1∶1 体积比的 5％三氯乙酸-正丁醇液，摇匀，在分液漏斗中静置分层后，分出下层清液，除去上层正丁醇层及中层杂蛋白。下层清液用 2mol/L NaOH 溶液中和至中性。

⑧ 脱色。脱蛋白后多糖水溶液用盐酸调 pH 为 4.0～6.0，加粉末活性炭 1％（对粗多糖干物质），于 80℃保温 30min，然后过滤。

⑨ 分级。DEAE-纤维素法，将 DEAE-纤维素用 0.5mol/L 乙酸钾处理成乙酸盐形式，装柱并用蒸馏水平衡。将纯化好的多糖液浓缩至 2％～5％，以 10mL 上柱，先用蒸馏水洗脱，流速 1.2mL/min，用苯酚-硫酸法检测，至无糖流出。再以 0～0.4mol/L 乙酸钾溶液 500mL 分段洗脱或梯度洗脱。分管收集洗脱液，每管收集 4mL。按出峰收集组分，分别浓缩、透析、干燥得到多糖纯品。

3. 理化性质

大枣多糖呈灰白色固体，经硫酸-苯酚颜色反应为棕红色，与硫酸-蒽酮试剂反应呈深绿色。

4. 主要用途

大枣多糖是大枣中重要的生物活性物质，可作为免疫促进剂，可在一定程度上调节细胞的生长。经检测，大枣多糖具有明显的抗补体活性和促进淋巴细胞增殖作用，对提高肌体免疫力具有重要的作用。可广泛应用于医药、保健品及功能食品，作为绿色生物医药产品具有广阔的市场前景。

二、无花果中多糖的提取技术

1. 方法一

（1）试剂　蒸馏水、无水乙醇、丙酮、果胶酶等。

（2）仪器设备 组织捣碎机、低速离心机、旋转蒸发器、循环水真空泵、超声波清洗器、真空冷冻干燥机、电子天平等。

（3）工艺流程 原料→预处理→酶解→超声波浸提→过滤、浓缩→醇沉→醇沉物清洗→冻干→粗多糖。

（4）提取过程

① 原料。以无花果干果为原料。

② 预处理。无花果干中加入一定比例水，常温浸泡 12h，然后用组织捣碎机打成匀浆。

③ 酶解。在无花果匀浆中加入 0.12g/L 果胶酶。于 pH＝4.5、50％水浴下酶解 2h 后，碱液中和。

④ 超声波浸提。将无花果酶解液放入超声波清洗器中进行超声波提取。并进行料液比、提取时间、提取温度等多因素实验，确定最佳提取工艺。

⑤ 过滤、浓缩。浸提后滤液离心过滤除去残渣，清液采用旋转蒸发仪，真空条件下去除大部分水分。

⑥ 醇沉。以 3 倍体积的量将无水乙醇加入浓缩液中，至无沉淀形成。

⑦ 醇沉物清洗。用无水乙醇多次清洗醇沉物，并用丙酮洗去残渣中脂类物质。

⑧ 冻干。冷冻干燥清洗后的醇沉物，得到无花果多糖粗品。

2. 方法二

（1）试剂 乙醇、三氯乙酸、丙醇、双蒸水。

（2）仪器设备 恒温水浴锅、高速万能粉碎机、旋转蒸发器、离心机、快速混匀器、冷冻干燥器等。

（3）工艺流程 原料→预处理→热水浸提→除蛋白质→浓缩→醇沉→去色→冷冻干燥→无花果多糖。

（4）提取过程

① 原料。以无花果残渣为原料。

② 预处理。将无花果残渣粉碎，然后采用超临界 CO_2 萃取技术进行脱脂处理。

③ 热水浸提。将萃取脱脂处理后的萃余物在干燥器中贮放 3d 后，取出，加入 18 倍的双蒸水，在沸水浴中提取 2h，离心，得多糖提取液。

④ 除蛋白质。在冰浴中搅拌的情况下缓缓于提取液中加入 15％～30％三氯乙酸，直至溶液不再继续浑浊。在低温下（4℃）放置 4h。离心除去沉淀即得无蛋白质的多糖提取液。

⑤ 浓缩。采用旋转蒸发器对得到的无蛋白质的多糖提取液进行浓缩。

⑥ 醇沉。向浓缩液中加入 95％的乙醇，充分混匀，离心。

⑦ 去色。依次用适量 80％乙醇、无水乙醇及丙酮各洗 2 次脱色。

⑧ 冷冻干燥。将脱色处理后的产品放入冷冻干燥箱中进行冷冻干燥得无花果粗多糖。

3. 理化性质

经过除蛋白质、脱除小分子杂质后的无花果多糖为浅灰色疏松状粉末，无味，易溶于水，其水溶液 pH＝4.2，难溶于甲醇、乙醇、丙酮、乙醚等有机溶剂。碘-碘化钾试验为阴性，Molish 反应为阳性，茚三酮反应为阴性。

4. 主要用途

有报道以荷 S180 实体瘤及艾氏腹水癌（EAC）实体瘤和腹水瘤小鼠为模型，在小鼠右肢腋部皮下或腹腔内接种活瘤细胞，荷瘤前 10d 连续灌胃给药，观察其抑瘤率、动物存活时间及免疫器官重量的变化，发现无花果多糖能显著抑制肿瘤的生长，对荷瘤造成的脾和胸腺指数的降低有一定恢复作用，说明无花果多糖预防性给药对实体瘤有明显的抑制作用。

还有人采用荷瘤的方法建立免疫抑制小鼠动物模型，利用巨噬细胞吞噬中性红细胞、MTT 方法及淋巴细胞转化实验、迟发型超敏反应，检测无花果多糖对荷瘤小鼠免疫反应的影响。结果显示无花果多糖可提高荷瘤小鼠吞噬细胞的功能，增加抗体形成细胞数，促进淋巴细胞的转化，说明无花果多糖具有免疫增强功能。

研究结果表明：无花果多糖可用于新型抗癌药物的研发。

三、桂花中多糖的提取技术

（1）试剂　酶缓冲液、三氯乙酸、乙醇。

（2）仪器设备　酸度计、紫外分光光度计、离心机、水浴恒温摇床等。

（3）工艺流程　原料→粉碎、过筛→酶解→高温灭活→离心→浓缩→除蛋白质→醇沉→冷冻干燥→桂花多糖。

（4）提取过程

① 原料。以烘干至恒重的桂花为原料。

② 粉碎、过筛。精确称取 5.0g 烘干至恒重的桂花用粉碎机粉碎，并过 $149\mu m$ 筛。

③ 酶解。按实验所得最优酶解条件（料液比、酶解温度、酶解时间、酶添加量），在 180r/min 摇床上进行酶解提取。

④ 高温灭活。将酶解液在 90℃条件下进行灭活。

⑤ 离心。将灭活之后的酶解液进行离心分离沉淀，取上清液。

⑥ 浓缩。将上清液进行抽滤浓缩。

⑦ 除蛋白质。采用三氯乙酸法除蛋白质。

⑧ 醇沉。向浓缩液中加入 95％的乙醇，充分混匀，离心。

⑨ 冷冻干燥。将离心分离后的产品放入冷冻干燥器中进行冷冻干燥得桂花多糖。

（5）理化性质　桂花多糖无甜味，在水中不能形成真溶液，只能形成胶体，无还原性，无变旋性，但有旋光性。与硫酸-苯酚颜色反应呈棕红色，与硫酸-蒽铜试剂反应呈深绿色。

（6）主要用途　桂花多糖作为天然生物体大分子物质，具有多种多样的生物活性，如增强机体免疫功能、抗氧化等，并在抗肿瘤方面发挥着重要的生物活性作用，可用于制药或生产食品添加剂。

第五节　功能性物质的提取技术与实例

一、菠萝中纤维的提取技术

1. 菠萝叶中纤维的提取技术

（1）方法一

① 试剂：蒸馏水。

② 仪器设备：发酵池、真空干燥箱等。

③ 工艺流程：原料→预处理→发酵→洗涤→干燥→粗纤维。

④ 提取过程：

a. 原料。以鲜菠萝叶为原料。

b. 预处理。将菠萝叶用水清洗干净，沥干水分。

c. 发酵。处理过的菠萝叶浸泡在 30℃左右的流水或封闭式发酵池中，发酵7～10d。

d. 洗涤、干燥。取出粗纤维洗净，干燥，即得粗纤维成品。

（2）方法二

① 试剂：1％纤维酶液、蒸馏水。

② 仪器设备：真空干燥箱等。

③ 工艺流程：原料→预处理→酶解→洗涤→干燥→粗纤维。

④ 提取过程：

a. 原料。以新鲜菠萝叶为原料。

b. 预处理。将菠萝叶用水清洗干净，沥干水分。

c. 酶解。将菠萝叶浸入 1％纤维酶液或其他酶液中，酶液的 pH 为 4～6，在40℃下处理 5h。

d. 洗涤、干燥。取出粗纤维洗净，干燥，即得粗纤维成品。

（3）理化性质　菠萝叶纤维具有外观洁净、颜色雪白、质地柔软、强度高、易于吸湿和脱湿等特点，且有很好的纺织性能。其织物凉爽吸汗、不贴身、透气性好、挺括。菠萝叶纤维长度在 $500\sim700$mm 之间，细度在 $0.015\sim0.024$mm 之间（剑麻纤维细度在 $0.1\sim0.24$mm 之间），一般可纺制 30 支纱。

（4）主要用途　如果对菠萝叶纤维进一步精加工，可纺出高支数的纱条（40～50 公支甚至高达 80 公支纱），也可与化学纤维进行混纺，以改善化学纤维的不足之处。用菠萝叶纤维纺制的纱条可制作高级布料。

2. 菠萝渣中纤维的提取技术

菠萝渣系生产浓缩菠萝汁后的废弃物，实际上菠萝渣中含有大量可以利用的膳食纤维。

（1）方法一

① 试剂：蒸馏水、盐酸、磷酸、乙醇。

② 仪器设备：多功能粉碎机、电热恒温水浴锅、漏斗、电热真空干燥箱等。

③ 工艺流程：原料→预处理→酸水解→过滤→沉析→洗涤→干燥→水溶性纤维。

④ 提取过程：

a. 原料。以生产浓缩菠萝汁后的菠萝废渣为原料。

b. 预处理。将菠萝废渣烘干后破碎至 $0.3\sim0.4$cm 的大小，以利于水溶性成分的溶出，并漂洗以除去色素和小分子糖类。

c. 酸水解。按料液比 1：10 的质量比向预处理过的残渣中加入蒸馏水，并用含 0.05％磷酸的盐酸溶液调节 pH 至 2.0，于 90℃的条件下，恒温提取 90min。

d. 过滤。酸水解后的提取液用双层纱布或布氏漏斗过滤，收集滤液。

e. 沉析。向滤液中加入 95％乙醇溶液，有沉淀析出，静置一段时间，至沉淀完全析出时为止。为了尽量减少乙醇溶液的用量，可以先对滤液进行浓缩，再用乙醇溶液进行沉析。

f. 洗涤。将沉淀用 70％乙醇洗涤 2 次，除去杂质。

g. 干燥。沉淀放入真空干燥箱中干燥得到水溶性膳食纤维。

（2）方法二

① 试剂：蒸馏水、盐酸、磷酸、NaOH 溶液。

② 仪器设备：多功能粉碎机、电热恒温水浴锅、漏斗、电热真空干燥箱、微波炉等。

③ 工艺流程：原料→预处理→酸水解→过滤→碱浸泡滤渣→酸水解→洗涤→干燥→水不溶性纤维。

④ 提取过程：

a. 采用的原料及预处理、酸水解、过滤方法与方法一中相同。

b. 碱浸泡滤渣。取过滤后的滤渣，按料水比 1：4 的质量比向滤渣中加入蒸馏水，加 NaOH 溶液调 pH 为 12，浸泡 30min，过滤，去除滤液，滤渣用蒸馏水漂洗至中性。

c. 酸水解。按料水比 1∶2 的质量比向滤渣中加入蒸馏水，加盐酸调 pH 为 2，于 60℃的水浴中恒温水解 1h，过滤，去除滤液保留滤渣。

d. 洗涤。滤渣用蒸馏水冲洗至中性。

e. 干燥。将洗涤过的滤渣放入微波炉中快速干燥，得到水不溶性膳食纤维。

（3）理化性质　水溶性膳食纤维呈焦糖色，其溶胀性、持水力较高；水不溶性膳食纤维呈浅黄色，其表面显出多孔蜂窝状结构，也具有一定的持水力、持油力、溶胀力。

（4）主要用途　菠萝膳食纤维可作为食品添加剂应用到焙烤食品中，可以改善人们的膳食结构，降低疾病的发生率。

二、银杏叶中功能性物质的提取技术

（1）试剂　蒸馏水、乙醇、聚酰胺树脂。

（2）仪器设备　组织捣碎机、天平、恒温水浴锅、抽滤装置、减压浓缩装置、色谱柱、真空低温干燥机等。

（3）工艺流程　原料→预处理→浸提→过滤→抽滤→浓缩→沉降离心→柱色谱分离→浓缩→干燥→银杏叶提取物成品。

（4）提取过程

① 原料。以采摘的银杏叶为原料。

② 预处理。银杏叶采摘后放入烘箱 60～65℃烘干，干燥后的银杏叶用高速组织捣碎机粉碎放干燥器中备用。

③ 浸提、过滤。称取干燥粉碎的银杏叶 100g，加入 900mL 70%乙醇水浴加热浸提，水浴温度控制在 70～75℃，间隔搅拌浸提 2h，纱布过滤。滤渣再加入 600mL 70%乙醇水浴加热浸提 2h，纱布过滤。合并浸提液。

④ 抽滤。浸提液经过抽滤装置进行减压抽滤处理，收集滤液，弃去滤渣。

⑤ 浓缩。滤液经过减压蒸馏装置回收乙醇，得到浓缩液约 200mL。

⑥ 沉降离心。浓缩液加 3 倍量的蒸馏水自然沉降 4～6h，离心分离，得澄清透明离心液。离心时间为 15min，离心机转速为 1.2×10^4 r/min，温度为 16℃。

⑦ 柱色谱分离。为使提取物中黄酮含量进一步提高，采用聚酰胺树脂对离心液进行分离精制。按树脂体积的 4 倍量取离心液过聚酰胺柱，待离心液流过后，用蒸馏水过柱洗涤，至流出液清亮为止，再加入 25%乙醇洗涤，用量与树脂体积等同，流干洗涤液，然后用 80%乙醇洗脱。收集颜色较深部分，可用 1%$FeCl_3$ 检验。

⑧ 浓缩、干燥。洗脱液减压浓缩，真空低温干燥，得到淡黄色的成品，其黄酮含量稳定在 33％。

（5）理化性质　目前已从银杏叶中分离出 46 种黄酮类化合物，包括黄酮苷、黄酮苷元、双黄酮、桂皮酸酯黄酮苷和儿茶素等几类。

（6）主要用途　银杏叶黄酮具有显著的药理活性，目前对其进行了广泛的研究。银杏叶黄酮具有较强的清除活性氧自由基、抗脂质氧化的作用，能够调节超氧化物歧化酶（SOD）、过氧化氢酶，可预防和治疗与活性氧自由基有关的疾病，如心脑血管病、老年性痴呆、衰老、神经性疾病、帕金森病等。类黄酮是癌促进剂的拮抗物质，能消灭发癌因子，阻止癌细胞增生。银杏黄酮还可镇痛、治疗糖尿病等疾病，对肝组织具有保护作用。利用银杏叶黄酮清除自由基、维持 SOD 水平、抗氧化的功效，已开发出多种护肤品和保健品。

三、葡萄中蛋白质的提取技术

1. 葡萄籽中蛋白质的提取技术

葡萄籽中含有丰富的粗蛋白，含量达到 85％以上。葡萄籽中所含的氨基酸有 16 种，其中人体必需氨基酸有 7 种，且氨基酸总量较高，为 7.76％。葡萄籽中常量元素 K、Ca、P 元素含量较高，而 Na 元素含量低；微量元素中 Fe、Mn、Zn 等营养元素含量均较高，而无 Pd、Cd 等重金属。这表明葡萄籽中的蛋白质是一种高质量营养品，具有较高的开发利用价值。

（1）试剂　NaOH 溶液、盐酸。

（2）仪器设备　$297\mu m$ 筛、恒温磁力搅拌器、离心机、烘箱、便携式 pH 计等。

（3）工艺流程　原料→预处理→浸提→离心→过滤→沉淀→离心→干燥→葡萄籽蛋白质。

（4）提取过程

① 原料。以葡萄籽为原料。

② 预处理。将葡萄籽清洗干净，自然晒干，清除葡萄籽中的杂质。经粉碎机粉碎后过 $297\mu m$ 筛。

③ 浸提。按料液比 1g：15mL 的比例向过筛后的葡萄籽粉中加入浓度为 $1\times10^{-5}mol/L$ 的 NaOH 溶液，于 40℃条件下恒温搅拌浸提 40min，得到浸提液。

④ 离心。浸提液放入离心机中以 2000r/min 的转速，离心 15min，去除沉淀，收集上清液。

⑤ 过滤。上清液经过纱布过滤或布氏漏斗过滤，收集滤液。

⑥ 沉淀。向滤液中加入盐酸调节 pH 至蛋白质等电点，静置至蛋白质沉淀完全。

⑦ 离心。离心分离出沉淀，去除清液。

⑧ 干燥。将沉淀放入烘箱中，烘干水分，得到葡萄籽蛋白质。

（5）理化性质　比色分析确定葡萄籽蛋白质的等电点（pI＝3.8）。

（6）主要用途　葡萄籽中提取的蛋白质营养丰富，可作复合蛋白质，用于强化食品、滋补剂、保健药物等。此外，其中谷氨酸的含量为 19.62%，较大豆高，可用于生产味精。

2. 葡萄皮中蛋白质的提取技术

葡萄皮占浆果总重的 3%～5%，皮中蛋白质含量为 13%～15%，皮中多酚的含量比种子低得多，有很好的前景。

（1）试剂　NaOH 溶液、盐酸。

（2）仪器设备　297μm 筛、恒温水浴锅、电热鼓风干燥箱、便携式 pH 计等。

（3）工艺流程　原料→预处理→浸提→过滤→沉淀→过滤→干燥→葡萄皮蛋白质。

（4）提取过程

① 原料。以葡萄皮为原料。

② 预处理。葡萄皮晒干、粉碎后过 297μm 筛，备用。

③ 浸提。按料液比 1g∶1000mL 向葡萄皮粉末中加入浓度为 0.8mol/L 的 NaOH 溶液，在 70℃ 条件下，恒温提取 80min，得到浸提液。

④ 过滤。浸提液经纱布过滤或布氏漏斗过滤，收集滤液。

⑤ 沉淀。以盐酸调节滤液 pH 以达到蛋白质等电点，有沉淀析出，静置一段时间使沉淀完全析出。

⑥ 过滤。过滤去除滤液，保留固体沉淀物。

⑦ 干燥。将沉淀物放入烘箱，在 80～90℃ 条件下烘干至恒重，得到葡萄皮蛋白质。

（5）理化性质　葡萄皮中提取的粗蛋白中总氮质量分数为 11.42%，粗蛋白中蛋白质质量分数约为 71.38%。葡萄皮中蛋白质的氨基酸组成与葡萄种子中蛋白质的氨基酸组成相似。在提取液中，含量最多的是谷氨酸（约 12%），其次是天冬氨酸和亮氨酸（约 10%）。数据表明，葡萄皮中蛋白质的微量成分，与葡萄种子有一些差异。葡萄皮蛋白质中含量少的氨基酸有色氨酸、甲硫氨酸和胱氨酸，还有组氨酸和脯氨酸含量也少。在所有提取物中，鸟氨酸的含量都很少。与种子蛋白质相反，葡萄皮蛋白质富含丙氨酸（约 7%，种子中约 1.5%）。

（6）主要用途　葡萄皮蛋白质中赖氨酸含量水平较高（6.5%），可以作为食物蛋白质的补充或用作食品添加剂。

四、猕猴桃中超氧化物歧化酶的提取技术

（1）试剂　蒸馏水、磷酸缓冲液、硫酸铵、聚乙二醇。

（2）仪器设备　天平、捣碎机、超声波振荡器、离心机、透析袋、色谱柱等。

（3）工艺流程　原料→预处理→粉碎→过滤→离心→沉淀→溶解沉淀物→透析→浓缩→柱色谱分离→沉淀→溶解→浓缩、干燥→粉末状酶。

（4）提取过程

① 原料。以鲜猕猴桃为原料。

② 预处理。天平称取猕猴桃500g，用蒸馏水洗净、沥干，−20℃冷冻过夜。

③ 粉碎。将冷冻猕猴桃置于室温下逐渐溶化，加pH＝7.8的磷酸缓冲液（内含1mmol/L EDTA）200mL，捣碎机捣碎，超声波破壁（冰水盐浴，防止升温）。

④ 过滤。将粉碎物经过多层纱布过滤，收集滤液。

⑤ 离心。将滤液置于冷冻离心机中离心20min，上清液为酶粗提液。

⑥ 沉淀。取上清液，加入固体硫酸铵达到50％饱和度，静置过夜，然后离心，分离出沉淀物。再向清液中连续添加硫酸铵，每增加5％的硫酸铵饱和度就离心1次，直到85％的饱和度为止。

⑦ 溶解沉淀物。所得各级沉淀物用2.5mmol/L、pH＝7.8的磷酸缓冲液溶解，分别测定其SOD的活性，合并其活性较大的部分。

⑧ 透析。用2.5mmol/L的磷酸缓冲液透析，充分去除硫酸铵，并再以2×10^4r/min转速离心15min，收集上清液。

⑨ 浓缩。上清液经聚乙二醇浓缩，得到浓缩液。

⑩ 柱色谱分离。取上清液用DEAE-纤维素DE-52（1.5cm×60cm）柱色谱分离。先用250mmol/L、pH＝7.8的磷酸缓冲液充分平衡，再以2.5～300mmol/L、pH＝7.8的磷酸缓冲液线性梯度洗脱，部分收集器收集，每管5mL，流速20mL/h。各管测超氧化物歧化酶活性，合并有超氧化物歧化酶活性的洗脱液。

⑪ 沉淀。向洗脱液中加入硫酸铵至50％的饱和度，搅拌30min后，1.5×10^4r/min离心20min去沉淀。再加硫酸铵至75％的饱和度，搅拌30min，1.5×10^4r/min离心取沉淀。

⑫ 溶解。沉淀物用2.5mmol/L、pH＝7.8的磷酸缓冲液溶解，用2.5mmol/L的磷酸缓冲液透析，充分去除硫酸铵，再以2×10^4r/min离心去沉淀，收集上清液。

⑬ 浓缩、干燥。上清液浓缩后真空干燥，得粉末状酶。

（5）理化性质　猕猴桃超氧化物歧化酶的最大吸收波长为254nm，该酶最适温度为25℃，在70～80℃时酶活性全部丧失。

（6）主要用途　超氧化物歧化酶作为一种临床治疗药物，早在1988年就已获批准。其作用主要表现在：清除过量的超氧化自由基，具有很强的抗氧化、抗突变、抗辐射、消炎和抑制肿瘤的功能，不仅能延缓由于自由基侵害而出现的衰老现象，提高人体对抗自由基诱发疾病的能力，而且对抗疲劳、恢复体力、减肥、美容护肤也有很好的效果。

临床试用超氧化物歧化酶预防和治疗下列疾病：①急性炎症和水肿、风湿病；②氧中毒；③自身免疫性疾病；④肺气肿；⑤辐射病；⑥老年性白内障；⑦冠心病、动脉硬化、脑细胞老化等老年性疾病。

超氧化物歧化酶作为食品的添加剂，其作用在两个方面。其一，作为抗氧剂。超氧化物歧化酶可作为罐头食品、果汁罐头的抗氧剂，防止过氧化酶引起的食品变质及腐烂现象。其二，作为食品营养的强化剂。由于超氧化物歧化酶有延缓衰老的作用，可大大提高食品的营养强度，尤其是作为抗衰老的天然添加剂，已被国外广泛应用。

作为化妆品的添加剂，经临床验证和长期应用表明，超氧化物歧化酶不仅有抗皱、祛斑和祛色素等显著功效，还有抗炎、防晒和延缓衰老等作用。已上市的产品有 SOD 蜜、SOD 面膜等。

五、无花果中蛋白酶的提取技术

（1）试剂　蒸馏水、乙醇、磷酸。

（2）仪器设备　粉碎机、离心机、超滤膜等。

（3）工艺流程　原料→预处理→提取→离心→沉淀→离心→超滤→干燥→粉末状无花果蛋白酶。

（4）提取过程

① 原料。以无花果青果为原料。

② 预处理。无花果青果用蒸馏水清洗干净，沥干水分，放入粉碎机中粉碎。

③ 提取。向粉碎物中加入等体积的 30％乙醇，搅拌成匀浆。

④ 离心。匀浆放入离心机中以 3000r/min 的转速离心 10min，弃去残渣，收集上清液。

⑤ 沉淀。上清液加入乙醇至乙醇含量达到 70％，充分混匀，得到混合液。

⑥ 离心。混合液放入离心机，以 4000r/min 离心 10min，弃上清液，沉淀备用。

⑦ 超滤。沉淀以 pH＝7.8 磷酸液稀释后，首先经 50000 分子量超滤膜超滤，弃截留物，收集滤过物，再经 10000 分子量超滤膜超滤，收集截留物。

⑧ 干燥。截留物经过冷冻干燥装置干燥后，得到灰白色粉末状无花果蛋白酶。

（5）理化性质　经半胱氨酸激活和 $HgCl_2$ 抑制实验表明，无花果蛋白酶为巯基蛋白酶。该酶的最适 pH 为 8.0，在 pH 为 5～10 之间 0.5h 内活性稳定；最适温度为 40℃，在温度 50℃以内活性稳定。

（6）主要用途　植物蛋白酶有广泛用途，在医药、食品、轻工、化妆品、饲料和生命科学研究方面应用很广。如在医药上用蛋白酶制成消炎药，用于治疗关节炎等症，亦可做成助消化药物。在食品工业上可用于肉类嫩化和啤酒澄清，也有用于制造鱼酱、果酱及各种保健食品的生产。目前饲料工业也在开始将蛋白酶作为饲料添加剂。无花果蛋白酶主要应用于肉类的软化、乳液的凝固剂、焙烤食品调节剂、啤酒抗寒等，也可作为杀虫剂和化妆品的添加剂。

六、木瓜中功能性物质的提取技术

1. 齐墩果酸的提取技术

（1）方法一

① 试剂：蒸馏水、乙醇、NaOH 溶液、盐酸。

② 仪器设备：粉碎机、渗漉装置等。

③ 工艺流程：原料→预处理→浸提→渗漉提取→热水洗涤→碱化除杂→酸化沉淀→结晶洗涤→重结晶→齐墩果酸。

④ 提取过程：

a.原料。木瓜果实。

b.预处理。木瓜用粉碎机粉碎。

c.浸提、渗漉提取。将木瓜粗粉与 95％的乙醇按 1g：5mL 的比例先后加入提取槽中，搅拌均匀。在密闭状态下浸泡提取 10h。其间间隔搅拌以使物料与溶剂充分接触促进齐墩果酸的溶解。然后将物料与溶剂一起倒入渗漉装置中，接收渗漉液，然后在渗漉装置上方缓缓加入 95％乙醇，继续接收渗漉液直至渗漉液接近无色为止。渗漉过程中加入的乙醇量与浸提时的加入量相同。齐墩果酸被提取到乙醇溶液中，挥发除去乙醇后齐墩果酸浓集成膏状物。

d.热水洗涤。齐墩果酸不溶于热水，因此可用热水洗涤将水溶性杂质除去。收集沉淀物。

e.碱化除杂。沉淀物经乙醇溶解脱色后，用 NaOH 溶液调 pH 为 12，齐墩果酸以酸碱盐的形式溶解于碱性溶液中，而在碱性条件下不溶解或发生变性成为不溶解状态的杂质则沉淀下来。可通过过滤而除去。

f.酸化沉淀。滤液用盐酸调 pH 为 1，齐墩果酸盐又转化为齐墩果酸。由于齐墩果酸在酸性溶液中的溶解度很小，所以沉淀析出，过滤。由于滤液中尚有少量的齐墩果酸溶解，所以可将滤液浓缩而使齐墩果酸进一步从滤液中沉淀而析出。合并过滤后的沉淀。碱化、酸化和水洗操作可多次进行，以将杂质除尽。

g.结晶洗涤。用水将沉淀中所含的 Cl^- 洗涤除尽。

h.重结晶。用 95％乙醇溶解沉淀，再挥发而重结晶，进一步纯化齐墩果酸。得到齐墩果酸纯品。

（2）方法二

① 试剂：蒸馏水、乙醇、石油醚、乙醚。

② 仪器设备：粉碎机、渗漉装置、色谱柱、真空干燥箱等。

③ 工艺流程：原料→预处理→浸提→渗漉提取→热水洗涤→色谱分离→重结晶→齐墩果酸纯品。

④ 提取过程：

a. 原料。木瓜果实。

b. 预处理。木瓜用粉碎机粉碎。

c. 浸提、渗漉提取。将木瓜粗粉与95％的乙醇按1g：5mL的比例先后加入提取槽中，搅拌均匀。在密闭状态下浸泡提取10h。其间间隔搅拌以使物料与溶剂充分接触促进齐墩果酸的溶解。然后将物料与溶剂一起倒入渗漉装置中，接收渗漉液，然后在渗漉装置上方缓缓加入95％乙醇，继续接收渗漉液直至渗漉液接近无色为止。渗漉过程中加入的乙醇量与浸提时的加入量相同。齐墩果酸被提取到乙醇溶液中，挥发除去乙醇后，齐墩果酸浓集成膏状物。

d. 热水洗涤。齐墩果酸不溶于热水，因此可用热水洗涤将水溶性杂质除去。收集沉淀物，干燥后进行色谱分离。

e. 色谱分离。齐墩果酸渗漉提取的干燥物用硅胶色谱柱分离，先后用石油醚、乙醚洗脱，收集洗脱液，得到较纯的齐墩果酸。再挥发除去洗脱液。

f. 重结晶。用95％乙醇溶解产物，进行重结晶，最终制得齐墩果酸纯品。

（3）理化性质　齐墩果酸是五环三萜类化合物。纯品齐墩果酸为白色针状结晶，熔点为308～310℃。不溶于水，可溶于甲醇、乙醇、乙醚等。

（4）主要用途　齐墩果酸具有消炎、抑菌、降转氨酶作用，在保护大鼠免受因四氯化碳引起的急性损伤方面有明显的作用，还有促进肝细胞再生、防止肝硬化、强心、利尿、降血脂、降血糖、增强有机体免疫功能、抑制变态反应等作用，是当前治疗肝炎的有效药物之一，近年又证明有抗癌活性，可用于制药。

2. 木瓜蛋白酶的提取技术

（1）试剂　饱和食盐水、乙醇。

（2）仪器设备　乳汁收集盘、离心机、真空冷冻干燥机、球磨机等。

（3）工艺流程　原料选择→乳汁采割→盐析→离心分离→提纯→干燥→粉碎→过筛→调整→包装→成品。

（4）提取过程

① 原料选择。选择2.5～3月龄已充分长大的青绿果实为原料。

② 乳汁采割。采乳选择18～22℃、无光照的条件，用锋利竹刀将原料纵向割破表皮，乳汁仅在果皮下1～2mm深的乳管中。因此割线不宜深，每次割2～

3 条线为宜，环绕茎干设置倒伞形收集盘，接取并收集流下的乳汁。采收过程中避免杂质及微生物污染。乳汁收集完后注意木瓜割线伤口的消毒和愈合，每个木瓜约可采乳 10 次，每次采乳约 2g，果子于最后 1 次采乳后摘下。管理好的果园，每亩可收集乳汁 80kg。

③ 盐析。在新鲜木瓜乳液中加入饱和的食盐水搅拌均匀，静置后木瓜蛋白酶即沉淀析出。饱和食盐溶液还可对乳汁起到防腐作用，不能及时加工时将加盐乳汁置于低温下可保存较长时间。

④ 离心分离。盐析后的乳液沉淀混合物用离心机在 4000r/min 以上的转速下分离出沉淀，食盐水溶液基本被分离除尽。

⑤ 提纯。将沉淀物溶于 85％的乙醇中以除去醇溶性杂质，木瓜蛋白酶不溶于乙醇而沉于底部。离心过滤后重复操作 3～4 次，得到较纯的木瓜蛋白酶。

⑥ 干燥。离心得到的沉淀物进行真空冷冻干燥，使木瓜蛋白酶的含水量在3％以下，此时酶的活力高。

⑦ 粉碎、过筛、调整、包装。木瓜蛋白酶干制品用球磨机粉碎，过 420μm 筛，每批酶粉进行活力测定后混合调整酶活力使产品酶活力均一化。然后采用真空充惰性气体进行包装，置于低温下保藏。

（5）理化性质　木瓜蛋白酶为白色至浅棕黄色无定形粉末，有一定吸湿性，溶于水和甘油，水溶液无色至淡黄色，几乎不溶于乙醇、氯仿、乙醚等有机溶剂。由木瓜制得的商品木瓜蛋白酶制剂中包括木瓜蛋白酶、木瓜凝乳蛋白酶和溶菌酶，其中木瓜蛋白酶约占可溶性蛋白酶的 10％，木瓜凝乳蛋白酶约占可溶性蛋白酶的 45％，溶菌酶约占可溶性蛋白酶的 20％。商品木瓜蛋白酶制剂的主要作用是对蛋白质有极强的降解能力，最适的作用温度是 65℃，pH 为 5.0～7.0。

（6）主要用途　木瓜蛋白酶在未成熟的木瓜中含量较为丰富。木瓜蛋白酶是应用最为广泛的巯基蛋白酶，不仅可作为食品添加剂而且也可用于医学和化妆品。在食品行业中 80％的木瓜蛋白酶用于发酵工业作澄清剂，还可作为肉类的嫩化剂。木瓜蛋白酶可以改善蛋白质的食用和加工性能，提高其消化率，增加蛋白质的溶解度，可以用于改善食品产品中的蛋白质。在医药上，木瓜蛋白酶可作为消化助剂，特别适用于治疗慢性消化不良和胃炎；可用于外科轻微创伤及感染和过敏性疾病，以控制炎症和水肿；还能促进白喉膜软化和溶解，可用于手术后减少血块的生成；用于治疗慢性腹泻及顽咳、支气管炎、喉炎等症；可用作驱虫剂。在化妆品上，木瓜蛋白酶可用于制作雪花膏、面部清洁剂、面部皱纹消除剂及牙膏等。

第四章 蔬菜的提取
技术与实例

04 Chapter

第一节 果胶的提取技术与实例

一、胡萝卜中果胶的提取技术

（1）试剂 蒸馏水、磷酸缓冲液、硅藻土、乙醇、盐酸。

（2）仪器设备 不锈钢夹层锅、平板式超滤器、压滤机、真空干燥机等。

（3）工艺流程 原料→预处理→提取→过滤→超滤（或浓缩）→沉析→压滤→干燥→粉碎→产品。

（4）提取过程

① 原料。胡萝卜榨汁后的残渣干品或新渣残鲜均可作为原料。

② 预处理。在胡萝卜残渣干品中，加20倍质量的蒸馏水，在30~40℃，用磷酸缓冲液控制 pH=7.5 条件下，浸泡一夜，煮沸 7~10min，钝化果胶酶，漂洗、压榨过滤，弃去滤液。若用榨汁后的新鲜废渣，不再灭酶，只需用蒸馏水漂洗、过滤，弃去滤液。

③ 提取。按湿原料∶水＝1∶2（干料∶水＝1∶12）（质量比）的量加蒸馏水，用10%的盐酸调 pH 为 1.5~2.5，控制温度 85~95℃，在不锈钢夹层锅中，搅拌提取 90~120min。

④ 过滤。用20μm孔径的尼龙滤布趁热将果胶提取液过滤，然后用蒸馏水洗涤几次用水量相当滤液的 3~5 倍。再过滤，合并滤液，在滤液中加入 1%~3%硅藻土作助滤剂，再次过滤，弃去滤渣。

⑤ 超滤（或浓缩）。采用国产平板式超滤器处理前面所得滤液，操作压力 0.1~0.3MPa，控制温度在 35~45℃，达到提纯和浓缩的目的。也可采用旋转

薄膜蒸发浓缩，并比较它们的效果。

⑥ 沉析。将浓缩后果胶溶液温度降到室温，于密闭容器中在搅拌下将果胶液以多股线状注入95%的乙醇中。最终乙醇浓度要达到50%～55%。沉淀前要在乙醇中加0.3～0.5mol/L盐酸。

⑦ 压滤。待果胶沉淀完全后，将乙醇-果胶沉淀混合物静止4～8h，送入压滤机压滤，将滤饼打散后，用95%的乙醇洗涤脱水，再压滤，这样进行3次。

⑧ 干燥、粉碎。将脱水滤饼打散，铺层，在60℃以下、真空度650mmHg（约86.66kPa），干燥至含水量达到合格为止。干燥后的果胶随即磨碎过250μm筛，得到果胶干品。

（5）理化性质　颜色类白到棕色，水分≤2%，灰分≤10%，pH＝2.9～3.2，半乳糖醛酸72%～84%，甲氧基≥7%，酯化80%～180%；砷（以As计）≤0.0002%，重金属（以Pd计）≤0.002%；细菌总数≤1000个/g，霉菌总数≤300个/g，致病菌未检出。

二、甜菜渣中果胶的提取技术

1. 方法一

（1）试剂　蒸馏水、盐酸、硅藻土、离子交换树脂、95%乙醇。

（2）仪器设备　恒温水浴锅、蒸馏装置、真空干燥机等。

（3）工艺流程　原料→粉碎→预处理→提取→过滤→树脂去杂→浓缩→沉淀→干燥→粉碎→成品。

（4）提取过程

① 原料。以甜菜加工厂的废料甜菜渣为原料。

② 粉碎。一般将甜菜渣破碎成4mm的小颗粒。若颗粒太小，浸提液的过滤比较困难，颗粒太大，果胶的提取率下降。

③ 预处理。预处理可使六偏磷酸可溶性果胶转化为盐酸可溶性果胶，即将甜菜渣浸入0.02～0.06mol/L盐酸溶液中，控制温度在30～40℃再浸泡15～20min。通过预处理还可除去甜菜渣中的小分子糖类、有机酸和色素，即将甜菜渣浸入85℃热水中浸泡20min。经过预处理的甜菜渣晒干备用。

④ 提取。在预处理后的甜菜渣中加入3倍量的水，用酸（盐酸或硫酸）调节pH，使pH控制在1.4～1.8之间，在90～95℃的温度下保温提取45～60min。

⑤ 过滤。果胶提取液的过滤是果胶生产中较困难的工序。过滤效果好坏对果胶质量影响很大。为了便于过滤，一方面要趁热过滤，同时要在提取液中加入4%硅藻土作助滤剂。

⑥ 树脂去杂。在滤液中加入占滤液质量1%的离子交换树脂，搅拌30min

后过滤除去树脂，即可得到清亮透明的果胶液。

⑦ 浓缩。将过滤除杂后的果胶液倒入蒸馏装置内，在 60℃ 左右真空浓缩至固形物含量达 8% 左右。

⑧ 沉淀。在浓缩液中加入 95% 乙醇，使乙醇终浓度达到 68%，边加边搅拌，至沉淀完全析出为止。用纱布过滤，收集沉淀。

⑨ 干燥、粉碎。将所得沉淀低温真空干燥、粉碎，得果胶成品。

2. 方法二

（1）试剂 蒸馏水、磷酸钠缓冲液、蛋白酶、草酸铵溶液、乙醇。

（2）仪器设备 研钵、250μm 筛、恒温水浴锅、离心机、冷冻干燥机等。

（3）工艺流程 原料→预处理→草酸铵浸提→过滤→沉淀→洗涤→干燥→成品果胶。

（4）提取过程

① 原料。以经过脱脂处理的甜菜渣为原料。

② 预处理。甜菜渣经冻干、磨碎后过 250μm 筛。称取脱脂处理的甜菜渣 1g，加入 pH＝7.5，浓度为 0.1mol/L 的磷酸钠缓冲液 50mL，并加入 5mg 蛋白酶，在 37℃ 下保温 12h，用 20μm 尼龙网过滤，弃去滤液，滤渣备用。

③ 草酸铵浸提、过滤。在滤渣中加入 200mL 0.25% 草酸铵溶液，在 pH＝3.5 条件下，于 75℃ 在水浴槽中振荡 1h。浸提后，用 20μm 尼龙网过滤，弃去残渣。

④ 沉淀。滤液加体积为其 4 倍的 95% 乙醇，静置 1h，使其沉淀完全。并置于离心机中离心约 20min。收集沉淀。

⑤ 洗涤。收集的沉淀用 2 倍量的 45% 乙醇洗涤 2 次。洗涤后的沉淀用若干水溶解。

⑥ 干燥。将溶解液冷冻干燥，即得成品果胶。

3. 理化性质

原果胶在甜菜废粕中以某种形式与纤维素和半纤维素结合，在水中加热时有胀溶性，能与纤维素、半纤维素分离开来，水解成可溶性果胶质。可溶性果胶质是一种无定形物质，它的浓稠溶液很黏，具有胶体性质。同时，它也是一种混合物，可分为能溶于和不溶于 70% 乙醇的部分。前一部分约占可溶性果胶质的 25%，为阿聚糖和少量聚半乳糖；后一部分约占可溶性果胶质的 75%，即果胶本身。

甜菜果胶的粗制品通常是深色的，这与果胶中存在较高含量的酚类物质有关，纯化后的果胶呈浅灰白色粉末状，溶于水。在加酸完全水解时，主要生成 D-半乳糖醛酸、半乳糖、鼠李糖和阿拉伯糖等。甜菜果胶属于高甲氧基中等分子量的高持水性果胶，胶凝能力较低。

4. 主要用途

甜菜果胶有很大的持水性，有应用在研制低热量、高纤维饮料中的潜力。但甜菜果胶分子量较小，乙酰基含量较高，因此影响胶凝能力和用途。如何能够较经济地解决这些问题正是研究的一个方向。一旦解决，从甜菜废粕中提取果胶将前景可观。

三、马铃薯中果胶的提取技术

1. 马铃薯中高甲氧基果胶的提取技术

（1）试剂　蒸馏水、盐酸、活性炭、硫酸铝溶液、浓氨水、乙醇。

（2）仪器设备　恒温水浴锅、离心机、真空干燥器等。

（3）工艺流程　原料→加水混合→酸性水解→过滤→脱色→盐沉→离心过滤→脱盐→干燥→果胶成品。

（4）提取过程

① 原料。取自马铃薯在提取淀粉后留下的滤渣。

② 加水混合。取 50g 马铃薯渣加入 15 倍量水中，搅匀，将混合液加热至 50℃，保温搅拌 0.5h，沥干水分备用。

③ 酸性水解。沥干后加入定量水中，用 6mol/L 的盐酸调 pH＝2，于 90℃ 温度下搅拌水解 1h。

④ 过滤。将水解液趁热过滤，滤液静置冷却至室温。

⑤ 脱色。在冷却后的滤液中加入一定量活性炭（100mL 萃取液中加入 0.5g 活性炭为宜），于 40℃脱色 30min。

⑥ 盐沉。经脱色处理后的滤液中加入 20% 的硫酸铝溶液，用浓氨水调 pH＝5，析出沉淀后静置 1h，使沉淀尽量完全。

⑦ 离心过滤。将液体经离心机离心，滤出沉淀。

⑧ 脱盐、干燥。将滤出的沉淀经水洗后沥干，加酸化乙醇搅拌至金属离子完全置换为止，再过滤，用碱性 60% 乙醇反复洗涤至洗涤液中不出现盐酸为止，沉淀在 40℃的真空干燥器中干燥，得到果胶成品。

2. 马铃薯中低甲氧基果胶的提取技术

（1）试剂　蒸馏水、硫酸、盐酸、乙醇。

（2）仪器设备　恒温水浴锅、真空干燥器等。

（3）工艺流程　原料→预处理→酸性水解→脱酯转化→真空浓缩→沉淀分离→干燥粉碎。

（4）提取过程

① 原料。采用马铃薯淀粉生产过程中产生的副产品湿渣为原料。

② 预处理。取 30g 马铃薯渣加入定量 50～60℃水中，浸泡 30min 除去天然

果胶酶，沥干备用。

③ 酸液水解。将除酶后的马铃薯渣加水，加硫酸调至 pH＝2，在 90℃保温水解 60min。趁热用布过滤或抽滤，所得滤液即水溶性果胶。

④ 脱酯转化。将滤液冷却后加入酸化乙醇在 30℃下保温 6～10h，进行脱酯转化，将高甲氧基果胶转化为低甲氧基果胶。

⑤ 浓缩沉淀。将上述果胶液经真空浓缩后冷却至室温，加入乙醇溶液中，最终乙醇的浓度应控制在 50％左右。此时得白色絮状的果胶沉淀，分离得低甲氧基果胶体。

⑥ 干燥粉碎。将低甲氧基果胶体在 60℃下真空干燥 4h，粉碎成 60～80 目，可得 3.39g 低甲氧基果胶。

3. 理化性质

利用马铃薯渣提取果胶，其产品色泽好，胶凝作用强，质量符合食品化学标准。其提取率平均约为 10.8％，高于胡萝卜渣（提取率 1.04％）和西瓜皮（提取率 2.21％）的果胶提取率。

四、西兰花茎叶中果胶的提取技术

（1）试剂　蒸馏水、盐酸、乙醇、活性炭、稀氨水。

（2）仪器设备　420μm 筛、台式电热干燥箱、电子天平、离心机、电热恒温水浴锅等。

（3）工艺流程　原料→预处理→灭酶→酸水解提取→脱色→乙醇沉淀→干燥→果胶。

（4）提取过程

① 原料。以西兰花茎叶为原料。

② 预处理。将市场上购买的西兰花清洗、晾干，除去花球，45℃烘干后粉碎，过 420μm 筛。

③ 灭酶。取制备好的西兰花茎叶粉加入一定量的水，加热至 90℃保温 5～10min，使酶失活。

④ 酸水解提取。加入 0.2mol/L 盐酸，调 pH 为 1.0～3.0 之间，在一定温度下恒温水浴水解一定时间，待水解完全后，趁热抽提，收集合并滤液。

⑤ 脱色。在滤液中加入 0.5％～1％的活性炭，加热至 80℃，脱色 20min，趁热抽滤。

⑥ 乙醇沉淀。待提取液冷却后，用稀氨水调节 pH 为 3.0～4.0，在不断搅拌下加入乙醇，加入乙醇的量约为抽提滤液体积的 1.2 倍，使酒精浓度达 50％～60％，静置于冷水中 30min，离心分离果胶，并回收乙醇。

⑦ 干燥。置于 60℃烘箱中干燥 10h。

（5）理化性质　本品为黄色或白色粉状物，不溶于乙醇及一般有机溶剂，质量好、凝胶性能好。

五、南瓜中果胶的提取技术

1. 方法一

（1）试剂　蒸馏水、盐酸、乙醇、硫酸铝、NaOH 溶液、活性炭。

（2）仪器设备　酸度计、低速离心机、电热鼓风干燥箱、电热恒温水浴锅、分析天平、磁力加热搅拌器、组织捣碎机等。

（3）工艺流程　原料→预处理→调酸→加热萃取→过滤→脱色→加盐沉析→离心分离→脱盐（铝）→离心、烘干、粉碎→成品。

（4）提取过程

① 原料。以市售南瓜为原料，去瓤留皮。

② 预处理。将南瓜皮用清水漂洗，除去泥沙、尘土等杂质，在温度 80℃下烘 10h，然后取出，用研钵进行粉碎，再过 420μm 筛。

③ 调酸。精确称取干南瓜皮粉 2g，以南瓜皮粉与水的质量比为 1∶30～1∶110 加蒸馏水，并在室温下用 5％的盐酸调 pH 为 1.0～3.0，制成果胶萃取样液。

④ 加热萃取。将样液放入恒温水浴锅中加热萃取，萃取温度控制在 60～100℃，萃取时间为 30～110min。

⑤ 过滤。趁热将浆状液体置于 8 层纱布中压滤，得浅黄色滤液，弃去滤渣，即得果胶萃取液。

⑥ 脱色。在果胶萃取液中按 2.0％比例加入活性炭，在温度 80℃下保温 30min，再用低速离心机离心（转速 4000r/min）10min，分离出果胶-活性炭混合液，取上清液，即得色泽浅淡澄清的果胶萃取液。

⑦ 加盐沉析。将果胶萃取液加热至 75℃，然后按其 6％的比例加入硫酸铝并搅拌使其充分溶解，然后用质量分数为 10％的 NaOH 溶液调节萃取液 pH 为 4.5 左右，静置 30min。

⑧ 离心分离。在低速离心机下离心（转速 3000r/min）5min，并用蒸馏水洗涤 2 次，去掉上清液，即得白色的果胶酸铝。

⑨ 脱盐（铝）。以 100mL 脱盐液中含 3mL 盐酸、60mL 乙醇和 37mL 蒸馏水的比例配制脱盐液。再以每克果胶 20mL 脱盐液的比例洗涤果胶酸铝，并搅拌 35min。

⑩ 离心、烘干、粉碎。在 3000r/min 转速下离心 5min，分离后再用无水乙醇洗涤 2 次，再离心分离；最后再用蒸馏水洗涤 3 次，再离心分离。将离心沉淀取出，在温度 60～70℃条件下干燥 8～10h，粉碎后即得果胶成品。

2. 方法二

（1）试剂　盐酸、乙醇。

（2）仪器设备　数控超声波清洗器、循环水式多用真空泵、真空干燥箱、高速台式离心机、电子天平等。

（3）工艺流程　原料→预处理→调 pH→超声水浴提取→脱色→醇沉→抽滤、干燥→成品

（4）提取过程

① 原料。以市售南瓜为原料。

② 预处理。取新鲜南瓜去瓤、籽，切片，置于沸水中煮约 5min，使果胶酶失活，于 60℃烘干，粉碎，备用。

③ 调 pH。用盐酸调节 pH 至 2.0。

④ 超声水浴提取。选取料液比 1g∶15mL、温度 65℃、时间 1.5h，在超声波清洗器中进行超声水浴提取。

⑤ 脱色。将提取液过滤，取滤液，加入活性炭脱色，再次过滤。

⑥ 醇沉。边搅拌滤液边加入等体积的 95％乙醇。

⑦ 抽滤、干燥。采用布氏漏斗抽滤后得到沉淀，将沉淀置于干燥箱中干燥，得到粗果胶制品。

3. 理化性质

南瓜果胶在 pH 为 2.0 时，酸度适宜，有利于使不溶性果胶降解为水溶性果胶。pH 过高则水解不完全；而 pH 过低，酸度过大，易使果胶结构被破坏。

4. 主要用途

南瓜果胶为天然低甲氧基果胶，品质高，成本低，含量占干物质的 7％～17％。南瓜表皮中果胶含量高达 20％，是生产果胶的优质原料。

近年来，人们发现南瓜不但营养丰富，而且具有保健和防病治病的功效。研究表明，南瓜具有一定的降血糖作用。其中一个可能的原因是南瓜中富含的膳食纤维成分（主要为果胶）食入后可与人体摄入的食物结合，降低食物的血糖生成指数。

第二节　色素的提取技术与实例

一、胡萝卜中色素的提取技术

1. 方法一

（1）试剂　蒸馏水、乙醇、盐酸、果胶酶、白皮白心萝卜汁。

（2）仪器设备　高压锅、真空浓缩装置、喷雾干燥机等。

（3）工艺流程　原料→预处理→浸提→浓缩→去果胶→除生味→浓缩→喷雾干燥→色素粉末。

（4）提取过程

① 原料。应选择颜色深、质地紧密、不空心、不发软、无虫蛀、色素含量高的胡萝卜为原料。

② 预处理。将胡萝卜洗净切丝。

③ 浸提。以 50% 的乙醇作为浸提剂，使用量为乙醇：胡萝卜＝1.2mL∶1g，用 1mol/L 的盐酸调节 pH＝4，浸提温度 60℃，浸提时间 1h，连续提取 3 次，然后过滤，合并滤液。

④ 浓缩。滤液放入真空浓缩装置中，浓缩回收乙醇，浓缩至原体积的 6.5%～10%。

⑤ 去果胶。用果胶酶水解果胶，酶用量 0.15%～0.2%，酶解条件为 pH 在 3～4，温度 30～40℃，时间 3～5h。随后用等量乙醇沉淀除胶。

⑥ 除生味。将去掉果胶的色素液加入 3% 白皮白心萝卜汁，调节 pH 至 3.5，在 35℃下处理 1h，然后把色素液放入高压锅内，在尽量短的时间内升温至 121℃，然后停止加热，立即放出全部蒸汽。

⑦ 浓缩。除生味后的色素液真空浓缩至原来的 1/5 左右。

⑧ 喷雾干燥。将浓缩液用喷雾干燥设备进行干燥，得到色素粉末。

2. 方法二

（1）试剂　蒸馏水、NaOH 溶液、丙酮、石油醚、硫酸钠溶液、氯仿、甲醇。

（2）仪器设备　匀浆机、密闭容器、压榨机、油水分离器、平板式超滤器、真空干燥机等。

（3）工艺流程　原料→预处理→萃取→过滤→浓缩→干燥→胡萝卜素结晶。

（4）提取过程

① 原料。以新鲜胡萝卜为原料。

② 预处理。将胡萝卜洗净，在 4% NaOH 溶液中于 95℃处理 1min，取出，水洗去碱液，去皮，修整，切成 3～5mm 厚的薄片，于 100℃漂煮 10min（钝化果胶酶），送入匀浆机（筛孔直径 0.5mm）加 1 倍量的蒸馏水匀浆。

③ 萃取。将匀浆液送入密闭容器中，加入 1/2 体积的丙酮-石油醚（3∶7）混合溶剂，密闭，振摇，于暗处放置 24h。

④ 过滤。将上述悬浮液压榨过滤，滤液转入盛有 5% 硫酸钠溶液的油水分离器中，振摇，弃去水层，反复洗涤，直至水层清亮为止。滤渣留作提取果胶。

⑤ 浓缩。将上一步得到的萃取液送入平板式超滤器中处理，得到胡萝卜素浓缩液。

⑥ 干燥。将胡萝卜素浓缩液置于真空干燥机中干燥，再将胡萝卜素结晶溶于氯仿中，用甲醇再沉淀，过滤，洗涤，真空干燥，得胡萝卜素紫红色结晶。

3. 方法三

（1）试剂　蒸馏水、二水氯化钙、氢氧化钙、石油醚。

（2）仪器设备　电动切磨机、抽滤机、电热恒温套等。

（3）工艺流程　原料→磨碎→抽滤→沉淀→萃取→分离→胡萝卜素。

（4）提取过程

① 原料。以新鲜胡萝卜为原料。

② 磨碎。新鲜胡萝卜清洗干净后，切成小块（块的大小根据切磨机要求而定），放入电动切磨机中切磨打碎成浆糊状物。

③ 抽滤。糊状物放入抽滤装置中，进行压滤，得到橙红色胡萝卜汁液。

④ 沉淀。向胡萝卜汁液中加入一定量浓度为 0.70% 的氯化钙溶液，并用氢氧化钙调节溶液的 pH 为 6～7，用电热恒温套控制温度在 40℃，时间 5min，然后取出置于室温下静置 30min，过滤即得到橙红色沉淀。

⑤ 萃取、分离。称取橙红色沉淀，加入石油醚，固液比为 1g∶8mL～1g∶15mL。充分混合后，进行恒温回流，温度控制为 40℃，回流时间为 30min，然后冷却静置。萃取分离后，蒸出石油醚，即得到精制胡萝卜色素。

4. 理化性质

红褐至红紫或橙色至深橙色糊状或黏稠液体，略有特殊味。微溶于乙醇和油脂，不溶于水。溶于油脂后呈黄至黄橙色。其溶液在 pH＝4、pH＝7、pH＝8 时有沉淀产生，在碱性溶液中保存较好，且有一定的增色作用。Na^+、K^+、Ca^{2+}、Mg^{2+}、Cu^{2+} 等金属离子对胡萝卜色素颜色几乎无影响，但 Fe^{3+} 可导致胡萝卜色素褪色，因此，实际生产过程中要避免与铁接触。胡萝卜色素乙醇溶液的吸光度随氧化剂 H_2O_2 的浓度增大而减小，说明其耐氧化性较差。胡萝卜色素乙醇溶液的吸光度随还原剂 Na_2SO_3 的浓度增大略有减小，说明其抗还原性较好。胡萝卜色素随温度升高，吸光度降低，在 30～60℃ 之间较为稳定，当温度大于 60℃ 时不稳定。

5. 主要用途

主要用于面条类、人造奶油、起酥油、饮料、冷饮、糕点、饼干、面包、糖果、保健食品等，为橙色着色剂和营养强化剂。

二、萝卜中色素的提取技术

1. 萝卜中红色素的提取技术

红心萝卜，属十字花科，在我国大部分地区都有栽培，常用作蔬菜。常用的萝卜红色素是存在于肉质根中的花色苷。

（1）方法一

① 试剂：蒸馏水、盐酸、果胶酶、无水乙醇、白皮白心萝卜汁。

② 仪器设备：匀浆机、高压锅、真空浓缩装置、喷雾干燥机等。

③ 工艺流程：原料→预处理→浸提→浓缩→去果胶→除异味→浓缩→干燥→萝卜红粉剂。

④ 提取过程：

a.原料。选择肉为深红色的新鲜萝卜。切开后，应根肉质地紧密，红色均匀一致，不空心，不发软，无虫蛀，色素含量高。

b.预处理。将选好的红心萝卜用清水洗净，稍晾干后进行切分，然后用匀浆机打浆。

c.浸提。以水为浸提剂，浸提剂体积与红心萝卜质量之比为 1.2mL∶1g，以盐酸调节 pH＝4，在 60℃条件下保温提取 1h。此步操作重复 3 次，浸提后将浸提液过滤，合并滤液待用。

d.浓缩。浸提液放入真空浓缩装置中进行浓缩，真空度 500mmHg（66.66kPa）以上，温度应低于 80℃，浓缩至浸提液体积的 1/15～1/10。

e.去果胶。向浓缩液中加入果胶酶水解果胶。加入酶量为 0.15％～0.2％，酶解条件是 pH＝4，温度 30～40℃，时间 3～5h。调节酶解液 pH＝2，酶解液中加入等量乙醇溶液，静置 1h，使果胶完全析出，过滤除去果胶。

f.除异味。将去掉果胶的滤液加入 3％白皮白心萝卜汁，调节 pH＝3.5，在 35℃下处理 1h，然后把色素液放入高压锅内，在尽量短的时间内升高温度至 121℃，然后立即放出全部蒸汽。

g.浓缩。除异味以后的色素液浓缩至色素液含花色苷 20％左右。浓缩最好在真空条件下进行，真空度要求在 500mmHg（66.66kPa）以上，温度应低于 80℃。

h.干燥。将浓缩后的色素液在喷雾干燥设备上进行干燥即成萝卜红色素粉剂。

（2）方法二

① 试剂：蒸馏水、乙醇。

② 仪器设备：离心机、恒温水浴锅、烘箱、布氏漏斗等。

③ 工艺流程：原料→预处理→浸提→过滤→离心→浓缩→干燥。

④ 提取过程：

a.原料。以新鲜红心萝卜为原料。

b.预处理。新鲜红心萝卜洗净晾干、去皮、擦丝捣碎，放入容器中。

c.浸提。向容器中加入 60％的乙醇作为浸提液，按萝卜碎屑质量与浸提液体积比为 1g∶2mL 加入浸提液，避光浸泡 24～48h，得到浸提液。

d.过滤。浸提液用纱布或布氏漏斗过滤，收集滤液。

e.离心。滤液放入 3000r/min 的离心机中，离心 15min，收集上清液。

f.浓缩、干燥。上清液放入 70℃水浴中加热浓缩，浓缩后的样品在 100℃的烘箱中烘干，得棕褐色黏稠状有甜味的固体物。

（3）理化性质　主要成分为报春花色素。萝卜红色素在可见光区的最大吸收波长为 514nm。在 pH＝1～12 范围内，随着 pH 的逐渐增大，色素溶液的颜色发生改变：橘红→紫红→蓝紫→黄色。不同的 pH 不但影响色素的颜色变化，而且其吸收光谱也发生明显的改变，主要因为色素结构发生变化而致。不同金属离子的存在，主要影响了溶液的 pH，特别是在水溶液中较易水解的金属离子 Fe^{3+}、Sn^{2+}、Cu^{2+}、Al^{3+}，可使溶液的酸性不同程度增大，因而可使萝卜红色素溶液的最大吸收峰发生偏移，由 530nm 移向 520nm，吸光度增强，溶液的颜色也由淡紫红到红直到橙红色。其次萝卜红色素与 Fe^{3+}、Sn^{2+}、Cu^{2+}、Al^{3+} 形成了金属络合物也是造成颜色变化及吸收增强的原因之一。但 Na^+、Ca^{2+}、Zn^{2+}、Mn^{2+} 的存在对萝卜红色素均无不良影响，Zn^{2+}、Mn^{2+} 存在使其吸光度略微减小，但不影响色素溶液的颜色。萝卜红色素耐氧化性和耐还原性都很差，应避免与氧化还原性较强的物质共存。在 20～60℃温度范围内，当 pH≤5 时，萝卜红色素吸光度基本不变，即该色素能耐 20～60℃的温度。pH＞5 时，吸光度减小。温度越低萝卜红色素越稳定。萝卜色素经过曝晒后，其颜色和吸光度变化都很小，表明其对光氧化具有一定的抵抗能力。蔗糖对萝卜红色素的稳定性无影响。柠檬酸、维生素 C 使萝卜红色素的吸收峰有一定程度的增加，溶液颜色由粉红色变为橘红色。苯甲酸钠、磷酸钠使萝卜红色素的吸收峰有一定程度的衰减，溶液颜色由粉红色变为紫红色。

（4）主要用途　萝卜红色素可用于食品、药物及其他产品的着色。

2.萝卜缨绿色素的提取

（1）试剂　蒸馏水、丙酮、石油醚。

（2）仪器设备　减压浓缩装置、恒温干燥箱等。

（3）工艺流程　原料→预处理→浸提→过滤→浓缩→萃取→干燥→粉末状色素。

（4）提取过程

① 原料。萝卜缨选用水萝卜的绿色茎叶。

② 预处理。将萝卜缨子用水洗净风干后切碎放入容器中。

③ 浸提。向容器中加入萝卜缨 10 倍质量的 30％丙酮，在常温下搅拌浸提 6h，静置。

④ 过滤。将浸提液通过滤布包裹挤压过滤，滤渣再浸提、过滤 1～2 次。将滤液合并得到澄清深绿的色素提取液。

⑤ 浓缩。色素提取液经过减压浓缩，得到浓缩液。

⑥ 萃取。将浓缩液中加入石油醚进行萃取处理。

⑦ 干燥。萃取处理后的色素液在 $1.33\sim4.00$ kPa 下减压蒸发，去除萃取液。$39\sim40℃$ 条件下恒温干燥，得粉末状色素。

（5）理化性质 所得深绿色粉末状色素在碱性溶液及丙酮中溶解性良好，在酸性溶液及乙醇中溶解颜色变黄，不溶于乙醚和烷烃，属于水溶性色素。色素溶液的颜色随 pH 的变化而改变。pH＞7 时呈鲜绿色，pH＜6 时呈黄绿色，强酸性下呈黄色，碱化后恢复成草绿色溶液，但强碱性放置 2h 以上后碱化不能变绿。萝卜缨色素遇 K^+、Na^+、Ca^{2+}、Ba^{2+}、Mg^{2+}、Al^{3+} 颜色无变化，遇 Fe^{2+} 呈黑色并伴有大量的黑色沉淀。遇 Fe^{3+} 呈红黄色。该色素在碱性条件下对热较为稳定。萝卜缨色素在 pH＞7 时对日光较为稳定，并且耐短时紫外线。

（6）主要用途 萝卜缨绿色素在中性或碱性条件下，对光、热较为稳定。适宜做中性饮料及食品的着色剂。此外，据萝卜缨的营养价值还可用于医药、保健品行业。萝卜缨色素是一种用途广泛，成本低，易于大量提取的绿色色素。

三、辣椒中色素的提取技术

1. 方法一：乙醇-硅胶法

（1）试剂 乙醇、正己烷。

（2）仪器设备 粉碎机、$840\mu m$ 筛、回流装置、色谱柱等。

（3）工艺流程 原料→预处理→提取→柱色谱分离→色素。

（4）提取过程

① 原料。以干辣椒为原料，如果是新鲜辣椒要先清洗干净、晾干备用。

② 预处理。干辣椒去籽及梗，将辣椒皮用粉碎机粉碎，过 $840\mu m$ 筛，得到辣椒粉。

③ 提取。将辣椒粉倒入回流瓶中，向回流瓶中加 1.5 倍量 95％乙醇，在 40℃下回流 $3\sim4h$，收集紫红色油膏状的乙醇提取物。

④ 柱色谱分离。将乙醇提取物通过硅胶柱色谱分离，用正己烷作洗脱剂，收集橙红色油状物，油状物中包含辣椒橙和辣椒红提取物。

2. 方法二：丙酮-石油醚法

（1）试剂 丙酮、石油醚。

（2）仪器设备 粉碎机、$840\mu m$ 筛、回流装置、搪瓷桶等。

（3）工艺流程 原料→预处理→提取→结晶→辣椒红色素。

（4）提取过程

① 原料、预处理步骤与方法一相同。

② 提取。将辣椒粉倒入回流瓶中，往回流瓶中加入 $1.5\sim2$ 倍体积的丙酮反

复抽提 3～4h，收集丙酮提取液。

③ 结晶。将丙酮提取液移入搪瓷桶中，加入石油醚搅匀，放置于 4℃下过夜，收集结晶物，即为辣椒红色素产品。

3. 方法三：乙醇-盐析法

（1）试剂　乙醇、精盐。

（2）仪器设备　粉碎机、840μm 筛、回流装置、搪瓷桶等。

（3）工艺流程　原料→预处理→提取→盐析→再提取→产品。

（4）提取过程

① 原料、预处理和提取步骤与方法一相同。

② 盐析。将乙醇提取物移入搪瓷桶中，边搅拌边加入精盐盐析 3～4h，除去辣味，收集盐析物，得到色素粗品。

③ 再提取。将盐析物倒入另一搪瓷桶中，加入 2 倍量的 95％乙醇，搅拌 2h 左右，然后回流回收乙醇，沉淀用少量无水乙醇（食用）洗 1 次，最后干燥即得精品。

4. 方法四：正己烷法

（1）试剂　蒸馏水、正己烷、NaOH、盐酸、无水乙醇。

（2）仪器设备　粉碎机、840μm 筛、回流装置、搪瓷桶等。

（3）工艺流程　原料→预处理→提取→碱处理→调节 pH→提取→粗品→洗涤→产品。

（4）提取过程

① 原料、预处理步骤与方法一相同。

② 提取。将辣椒粉倒入回流瓶中，在回流瓶中加入 2 倍体积的正己烷，在 50～55℃条件下回流 3～4h，然后过滤回收提取液。

③ 碱处理。把滤液移入搪瓷桶中，并向滤液中加入等量的 30％ NaOH 溶液，加热至 80℃，保温 30min，冷至室温。

④ 调节 pH。用 1∶1 的盐酸调节 pH 至 2～3，静置过夜，排出水相。

⑤ 提取。加入 1.5 倍量正己烷，室温下搅拌提取 3～4h，静置分层后，回收正丁烷，得粗品。

⑥ 洗涤。将粗品用 95％的乙醇及无水乙醇分别洗涤几次，即得产品。

5. 方法五：水蒸气蒸馏法

（1）试剂　蒸馏水、无水乙醇、盐酸、NaOH、氢氧化钙。

（2）仪器设备　烘箱、粉碎机、离心机、水蒸气蒸馏装置、真空蒸馏装置、真空干燥机等。

（3）工艺流程　提取辣椒油→烧碱溶液处理→提取→蒸馏→辣椒色素。

（4）提取过程

① 提取辣椒油。将成熟的辣椒果实烘干粉碎后，投入提取罐内，在室温条件下，用有机溶剂（如乙醇、丙酮、2-丙醇、三氯乙烯、己烷等）连续浸提。从提取液中馏出有机溶剂，再用低级脂肪族醇类溶剂（如甲醇、乙醇、丙醇、异丙醇等）萃取辣椒油，添加量相当于辣椒油的 10 倍左右。温度为室温至醇类的沸点之间，搅拌时间 1～10h，之后，静置，采取倾析或液-液离心分离出含辣椒色素相。然后在常压或真空状态下，进行水蒸气蒸馏，馏去残余的醇类。

② 烧碱溶液处理。蒸馏后的液体，加入烧碱溶液处理，烧碱溶液的浓度为 45% 左右，添加量相当于蒸馏后液体质量的 3～5 倍，温度为 80℃，搅拌时间为 3～10h。然后调 pH 在 4～6.5 之间，使辣椒油中的脂肪酸类，从水溶性盐的形式，转化成游离脂肪酸类，pH 调节剂为常用的无机酸（如盐酸）或有机酸类。调酸后，缓缓加入沉淀剂，使游离脂肪酸类转化成难溶性或不溶性的盐，生成沉淀物。沉淀剂有氢氧化钡、氢氧化镁、氢氧化钙等，其用量相当于调酸后辣椒油质量的 2～8 倍。沉淀后，通过离心或过滤的方法，得到皂碱状的固形物。

③ 提取。将固形物放在提取罐中，加入有机溶剂进行连续提取。常用的有机溶剂有丙酮、丁酮、乙酸甲酯、乙酸乙酯、甲醇、乙醇、丙醇、戊烷、苯、甲苯、二乙醚等。有机溶剂的添加量相当于固形物质量的 1～15 倍，温度控制在室温，提取时间根据选用溶剂不同在 1～15h 左右。

④ 蒸馏。提取液（去掉残渣的）经常压或真空条件下蒸馏，馏去有机溶剂，得到辣椒色素。如所得色素仍有辣椒特有的异味，再将其在约 26.7kPa 下减压水蒸气蒸馏 4h，可脱去异味。滤掉水分后在真空干燥器中干燥，得到浓缩精制的色素。也可经低温烘干，得到粉末状的辣椒色素。

6. 理化性质

辣椒红色素为目前使用最为广泛的天然食品着色剂之一，具橙红、橙黄色调，属类胡萝卜素类色素，主要成分为辣椒红素、辣椒玉红素、玉米黄质、β-胡萝卜素、隐辣椒质等。辣椒红色素是暗红色的油状液体，或深胭脂红色针状晶体。95% 乙醇作为溶剂时，最大吸收峰波长是 449nm，石油醚中为 474nm。辣椒红色素溶于植物油、乙酸乙酯、乙醇，不溶于水。辣椒红色素本身 pH＝5～7，色度不因 pH 变化而改变。pH 的变化只造成吸光强度的改变而不影响色素的分子结构。辣椒红色素耐光性较好，与浓无机酸作用显蓝色，在室温下避光放置 15 个月，色度无明显变化。对可见光稳定，对紫外光损失大，在 8～10 月阳光下曝晒 336h，色度降低到 20%。

7. 主要用途

从辣椒中提取的天然色素，其安全性已得到世界公认。联合国粮农组织（FAO）和世界卫生组织（WHO）将辣椒红色素列为 A 类色素，在使用中不加以限量。根据我国食品卫生法，辣椒红色素可用于油性食品、调味剂、水产品加工、蔬菜制品、果冻、冰淇淋、奶油、人造奶油、干酪、色拉、调味酱、米制品、烘烤食品等食品中，还可广泛应用于化妆品和制药业中。美国、英国、加拿大、日本、墨西哥以及一些东南亚国家的农业部门也广泛采用辣椒红色素作为天然食品添加剂。

四、番茄中色素的提取技术

1. 方法一

（1）试剂　氯仿。

（2）仪器设备　捣碎机、恒温水浴锅、真空干燥机、减压浓缩装置等。

（3）工艺流程　原料→预处理→浸取→过滤→浓缩→真空干燥→色素。

（4）提取过程

① 原料。以新鲜番茄果实为原料。

② 预处理。将新鲜番茄果实用水清洗干净，放入捣碎机中捣碎成糊状，放入容器中。

③ 浸取。按料液比1g∶5mL的比例向容器中加入氯仿作为提取剂，在35℃条件下恒温搅拌提取7h。

④ 过滤。将提取液用过滤装置进行过滤，收集滤液。

⑤ 浓缩。将滤液进行减压浓缩得到浓缩液。

⑥ 真空干燥。将浓缩液真空干燥得到色素粉末。

2. 方法二

（1）试剂　蒸馏水、稀盐酸、果胶酶、纤维酶。

（2）仪器设备　高速搅拌机、离心机、真空干燥机等。

（3）工艺流程　原料→去皮→打浆→灭酶→去果胶、纤维素→过滤→离心→干燥→色素粉末。

（4）提取过程

① 原料。以新鲜番茄果实为原料。

② 去皮。新鲜的番茄果实放入100℃的热水中进行热烫处理，处理时间5～7s，热烫处理后去除番茄皮。

③ 打浆。去皮后的番茄放入高速搅拌机中打成浆状物。

④ 灭酶。浆状物放入容器中加入适量水，在85℃条件下加热处理10min使酶钝化。

⑤ 去果胶、纤维素。灭酶后的处理液冷却到45℃，用稀盐酸调节pH为3.5，向处理液中加入0.05%果胶酶和纤维酶处理4h，去掉果胶与纤维素。

⑥ 过滤。酶处理液用过滤装置进行过滤，收集滤液。

⑦ 离心。滤液放入离心机在4000r/min条件下离心10min。将离心后的液体过滤，收集滤液。

⑧ 干燥。滤液于70℃条件下真空干燥得到色素样品。

3. 方法三：超临界 CO_2 萃取法

（1）试剂　CO_2。

（2）仪器设备　超临界 CO_2 萃取装置等。

（3）工艺流程　原料→预处理→超临界 CO_2 萃取→番茄红素。

（4）提取过程

① 原料。以番茄皮为原料。

② 预处理。将番茄皮烘干后粉碎。

③ 超临界 CO_2 萃取最佳工艺条件：压力15～20MPa，温度40～50℃，流量20kg/h，时间1～2h，可提取90%以上的番茄红素。

4. 理化性质

番茄红素的吸光度在480nm处有一吸收峰，在350～480nm逐渐升高，而在480～550nm迅速下降。可溶于脂肪、油脂、乙醚、石油醚、己烷和丙酮，其溶解度随温度增高而明显增大；易溶于氯仿、二硫化碳、苯等有机溶剂；不溶于水；难溶于甲醇、乙醇。酸对番茄红素稳定性破坏不大，而碱的影响较大，番茄红素对酸比较稳定。番茄红素对 Fe^{3+} 和 Cu^{2+} 的稳定性差，而 Fe^{2+}、Al^{3+} 引起的损失较少，其他金属离子如 K^+、Mg^{2+}、Zn^{2+} 对番茄红素影响不大。因此贮存或加工番茄红素时应尽量避免光照及与 Fe^{3+}、Cu^{2+} 接触。

番茄红素对氧化剂和还原剂都比较稳定。抗氧化剂［如2,6-二叔丁基-4-甲基苯酚（BHT）和维生素C］能延缓番茄红素的损失。番茄红素在50℃以下受热时，吸光度与颜色无明显变化；在50℃以上时，吸光度明显降低，颜色变淡。说明番茄红素在50℃以下时，其热稳定性能良好。番茄红素对光十分不稳定，尤其是在日光直射下1d即损失完毕，紫外光下3d后损失40%，在暗处保存较好。处于番茄原果和有机溶剂中的番茄红素较稳定，分离出来的纯番茄红素易发生变化。防腐剂对番茄红素的稳定性影响非常小。

5. 主要用途

番茄红素的浓缩物和提取物主要用于制药行业或者生产保健食品，目前已有美国公司及日本公司生产出了以番茄红素为主要活性成分的药品，其主要作用包括降低血压，治疗高胆固醇血症、高脂血症，降低癌细胞数量等，具有较显著的疗效。国内未见应用番茄红素作为食品或者药品原料的报道。

在生产各种番茄加工制品的同时，利用有机溶剂萃取残渣中的番茄红素，再在脱除溶剂后进行调配，可得到不同浓度的番茄红素制品。日本科学家制成的番茄红素油，已广泛用于饮料、冷食、肉制品和焙烤制品。由于番茄红素的特殊功能，应将其定位为一种功能性食品添加剂，可制成抗氧化保健胶囊，或与其他药用植物配伍后制成药膳罐头。根据番茄红素的特性，在番茄红素制品的生产、贮藏和流通等环节，应尽量选择低温酸性条件，避免物料与铜制或铁制容器接触，采用抽真空或充氮包装，包装材料应为避光材料。适当添加抗氧化剂可减少制品中番茄红素的损失。

五、莴笋叶中色素的提取技术

（1）试剂　蒸馏水、丙酮、石油醚。

（2）仪器设备　减压抽滤装置、真空浓缩装置、恒温干燥箱等。

（3）工艺流程　原料→预处理→浸提→过滤→抽滤→浓缩→萃取→蒸干→干燥→色素粉末。

（4）提取过程

① 原料。以新鲜莴笋叶为原料。

② 预处理。将新鲜莴笋叶用水清洗干净，沥干水分，切碎备用。

③ 浸提。将切碎的莴笋叶放入容器中，向容器中加入相当于莴笋叶 10 倍质量的 30％丙酮溶液，于室温下搅拌浸提 6h。

④ 过滤。将提取液用纱布包裹挤压过滤，收集滤液，滤渣用 30％丙酮溶液继续浸提 1～2 次，将滤液合并。

⑤ 抽滤。合并后的滤液通过减压抽滤装置得到澄清的深绿色色素清液。

⑥ 浓缩。色素清液放入真空浓缩装置中，浓缩至原体积的一半。

⑦ 萃取。将浓缩液中加入适量的石油醚进行萃取处理，除去溶于石油醚的杂质。

⑧ 蒸干、干燥。将萃取处理后的色素液在 1.33～4.00kPa 下减压蒸干，在 39～40℃的恒温下干燥，得到粉末状色素。

（5）理化性质　绿色粉末状色素在强碱性溶液、无水乙醇及丙酮中的溶解性良好，不溶于乙醚和烷烃，属于水溶性色素。该色素在可见光区域有两个峰，在碱性溶液中的两个最大吸收波长为 410nm 和 660nm，在丙酮溶液中的最大吸收波长为 410nm 和 670nm。随着 pH 的变化，色素的最大吸收波长不变，可见区的最大吸收值有所减弱。莴笋叶绿色素遇 K^+、Al^{3+}、Na^+、Ca^{2+} 时，颜色无变化；遇 Cu^{2+} 时生成蓝绿色絮状沉淀；遇 Fe^{2+} 时呈颗粒状黑色沉淀；遇 Zn^{2+} 则出现灰绿色颗粒状沉淀。该色素在碱性条件下对热比较稳定。该色素在 pH＞7 时，对日光较稳定，可以耐短时紫外光。莴笋叶绿色素对糖类物质较稳定，而在有机酸中的稳定性较差。

（6）主要用途　莴笋叶绿色素在中性或碱性条件下，对光、热较为稳定，在糖类溶液中的稳定性也较好，适于作为中性饮料及食品的着色剂。此外，基于莴笋叶的营养价值，还可用于医药、保健品、化妆品行业，是一种用途广泛、成本低廉、易于大量提取的天然绿色色素。

六、苋菜中色素的提取技术

（1）试剂　蒸馏水、柠檬酸。

（2）仪器设备　过滤器、薄膜式蒸发器、喷雾干燥器等。

（3）工艺流程　原料→修整、清洗→切碎→浸提→压榨过滤→浓缩→喷雾干燥→色素粉末。

（4）提取过程

① 原料。选色素含量高的品种，以保证产品质量，对于退化品种不宜采用，最好用生长中期的材料。

② 修整、清洗。在浸提前应修理清洗，以去除原料中的泥沙及杂质。

③ 切碎。为加大固相与液相的接触面，以利于提高浸提率，应在浸提之前将已洗净的原料切细。但不能切得过细，否则会增加后工序的分离工作量。

④ 浸提。用水作浸提溶剂，并加适量的食用酸（如柠檬酸）作稳定剂。浸提的固液比为 1g：5mL，温度 100℃，时间 4min。

⑤ 压榨过滤。以上所得浸提物装入布袋或过滤器，进行加压过滤，滤液送入浓缩工序。所得滤渣因含有钙、磷、铁、纤维素等成分，可作动物饲料。

⑥ 浓缩。滤液经薄膜式蒸发器或真空浓缩至原体积的 1/3，浓缩温度为 60～75℃。

⑦ 喷雾干燥：浓缩液送入离心式喷雾干燥器内喷雾干燥，即得含水量约 1.4% 的玫瑰紫红色粉状色素。收率 2.5%～3.0%。

（5）理化性质　苋菜红色素不溶于乙醚、丙酮和无水乙醇，在醇-水溶液中稍溶，易溶于水，在水中提取效果最好。苋菜红色素在 400～600nm 的波长范围内有两个吸收峰，其波长分别为 360nm 和 530nm，最大吸收峰在 360nm。

苋菜红色素在 pH≤1 和 pH≥13 时颜色由玫瑰红变黄色，在可见区无吸收峰；在 3≤pH≤11 之间，最大吸收峰均在一处，且颜色无明显变化。由此可见，苋菜红色素在弱酸、弱碱和中性条件下比较稳定，而在强酸、强碱下不稳定，其颜色的变化可能是色素的结构发生变化所致。

微量元素 Na^+、K^+、Ca^{2+}、Mg^{2+} 对苋菜红色素影响很小，Fe^{3+}、Fe^{2+}、Al^{3+} 对苋菜红色素有明显的影响，所以在提取、贮存、应用过程中应避免使用铁器和铝器。还原剂和氧化剂对苋菜红色素的稳定性有一定影响，且氧化、还原能力越大，对其稳定性影响越大。在弱酸性条件下，将苋菜红色素加热到 30～60℃，最大吸收波长和吸光度几乎不变，色素颜色也不变；当温度达到 70℃ 以上时，苋菜红色素的吸光度发生明显改变，紫红色也明显变浅。说明苋菜红色素对热稳定性较好，可以耐受一般食品热影响。苋菜红色素对太阳光不稳定，有降解作用。

（6）主要用途　用于偏酸性食品，如饮料、碳酸饮料、配制酒、糖果、糕点上彩装、红绿丝、青梅、山楂制品、果冻等的着色，为红色着色剂。

七、紫菜薹茎皮中色素的提取技术

1. 方法一

（1）试剂　蒸馏水、盐酸、乙醇、环糊精。

（2）仪器设备　组织捣碎机、减压浓缩装置、旋转蒸发器、真空干燥机等。

（3）工艺流程　原料→预处理→浸提→过滤→浓缩→去果胶→加环糊精→浓缩→干燥→浸膏。

（4）提取过程

① 原料。以紫菜薹的茎皮为原料。

② 预处理。取新鲜紫菜薹的茎皮，经清洗，切碎后置于高速组织捣碎机中捣碎，取 70g 捣碎物。

③ 浸提。加水 210mL，用 5％盐酸调 pH 至 2.5～3.0，在 70℃提取 15min，得到提取液。

④ 过滤。提取液过滤，滤渣再用 140mL 水提取 2 次。过滤，滤液合并。

⑤ 浓缩。合并的滤液减压浓缩至一定体积。

⑥ 去果胶。在浓缩液中加入乙醇至一定浓度，冷却，沉淀果胶。过滤去除果胶。

⑦ 加环糊精。滤液加少量环糊精，温热，静置，过滤。

⑧ 浓缩。将滤液旋转蒸发浓缩得到浓稠状红色素溶液。

⑨ 干燥。将浓稠的红色素溶液在 50～60℃下真空干燥，得深红色浸膏，收率 5.8％。

2. 方法二

（1）试剂　蒸馏水、甲醇。

（2）仪器设备　组织捣碎机、旋转蒸发器、真空干燥机等。

（3）工艺流程　原料→预处理→浸提→过滤→浓缩→干燥→浸膏。

（4）提取过程

① 原料。以紫菜薹的茎皮为原料。

② 预处理。取新鲜紫菜薹的茎皮，经清洗，切碎后置于高速组织捣碎机中捣碎，取 70g 捣碎物。

③ 浸提。在捣碎物中加入 140mL 甲醇，在室温下提取 30min，得到提

取液。

④ 过滤。提取液过滤，滤渣再以 70mL 甲醇提取 1 次过滤，滤液合并，冷至约 5℃，过滤除去沉淀物。

⑤ 浓缩、干燥。滤液经旋转浓缩，在 50～60℃下真空干燥，得深红色浸膏，收率 6.2%。

3. 理化性质

花色苷色素是水溶性的天然色素，是由不同糖类与多酚类化合物所形成的糖苷，在水、甲醇、乙醇中均具有很大的溶解度。该色素在酸性条件下呈鲜红色，pH<3 时具有最大的吸光度，最大吸收峰一般多在 465～550nm 范围内。花色苷类色素的颜色随 pH 的变化而变化，反映了其多酚结构在不同 pH 条件下呈现不同的结构形式，一般在酸性条件下为红色的阳离子，碱性条件下为蓝色的醌型结构。在酸性条件下随 pH 的增大，吸光度减小。随着 pH 的升高，颜色变化为：红色（酸性）→红紫色（中性）→绿色（碱性）。紫菜薹色素可适于短时间的加热过程，颜色变化不大；对日光具有较好的稳定性，但不宜长时间日光直射。

4. 主要用途

紫菜薹色素是天然着色剂。在碱性条件下为翠绿色，异常鲜艳，作为绿色天然色素使用将有较好的应用前景；而在 pH 为 2～4 时其色调鲜红，可用于酸性饮料的着色。

八、紫甘蓝中色素的提取技术

（1）试剂　蒸馏水、盐酸。

（2）仪器设备　减压浓缩装置、常规玻璃仪器等。

（3）工艺流程　原料→预处理→浸提→过滤→浓缩→色素胶质。

（4）提取过程

① 原料。以十字花科紫甘蓝为原料。

② 预处理。将紫甘蓝洗净，切碎。

③ 浸提。以 5 倍质量的 0.05mol/L 盐酸水溶液作为浸提剂，在 80℃浸提 2 次。

④ 过滤、浓缩。将浸提液过滤，在 50℃左右减压浓缩，得到色素胶质，得率为 5.35%。

（5）理化性质　紫甘蓝中色素主要成分为矢车菊苷等多种花色素苷，还含有少量黄酮和单宁等。深红色粉末、糊状或液体，略有特殊气味。溶于水、含水乙醇、乙酸、丙二醇等极性较强的溶剂，不溶于苯、乙酸乙酯、石油醚、油脂等非极性溶剂。该色素色调随 pH 而变化，在酸性溶液（如 1%柠檬酸溶液）中呈红至紫红色，在 pH<3 时呈鲜明紫红色；在碱性溶液中呈不稳定的暗绿色；在中

性溶液中呈紫至紫蓝色。

在柠檬酸、酒石酸等的水溶液中有良好的耐热、耐光性；在 pH＜3 时的乳酸饮料中能保持稳定的红色，但维生素 C 影响其稳定性。在食盐浓度达到 10％以上时，生成沉淀物。但在一般的食盐水溶液中能保持稳定，尤其在酸性条件下稳定性更佳。染色性不强。遇蛋白质会变成暗紫色。还原剂对紫甘蓝色素的稳定性有较大的影响。葡萄糖、蔗糖、柠檬酸对紫甘蓝色素有增色作用。紫甘蓝色素的突变性、诱发性试验及急性毒性试验呈阴性。

（6）主要用途　用于糖果、色拉、乳酸菌饮料、碳酸饮料、粉末清凉饮料、果酒、果汁、汽水、胶姆糖、冰淇淋、话梅等的着色，为红紫色着色剂。不宜用于蛋白质类食品。与其他天然色素相比，紫甘蓝色素具有抗氧化、捕获氧自由基的能力，是一类具有保健功能的天然活性物质。除了作为天然色素使用外，还能防治某些疾病，具有较高的保健价值。

九、甜菜中色素的提取技术

（1）试剂　蒸馏水、去离子水。

（2）仪器设备　压榨机、冷冻干燥机、真空浓缩装置等。

（3）工艺流程　原料→预处理→浸提→压榨→过滤→浓缩→喷雾干燥→成品。

（4）提取过程

① 原料。以红甜菜为原料，选取含色素量高的原料品种，品种退化者（内有花心）不宜采用。

② 预处理。采集的原料先除去生长冠，并用水洗涤至不带泥沙及杂质。然后进行热烫，按红甜菜的大小分别选取适当的热烫温度和时间。热烫不够时，不能完全钝化红甜菜中所含的多酚氧化酶及甜菜花青素褪色酶，从而导致褐变或使甜菜花青素被破坏；热烫过度时，则可使甜菜苷降解增多。90℃下热烫 15min 为宜。冷却后将其切成 3～5mm 粗的菜丝，以提高浸出率，缩短浸提时间。

③ 浸提。加水浸提，甜菜丝与浸提液质量比为 1∶1，在室温下浸提 30～40min，浸提过程中，间歇搅拌。也可用 pH＝5 的去离子水以 5∶1 的质量比提取 50min（干样则 120min 为宜）。

④ 压榨、过滤。将浸提的甜菜丝放入滤布袋内，置压榨机内压榨，滤液为所需产品，继续加工。经过第一次浸提、压榨后的滤渣，再经过第二次浸提和压榨再弃去。二次浸提后的滤液可作为下一批原料的一次浸提液使用，以提高滤液的浓度。

⑤ 浓缩。在真空蒸发的条件下，使溶液浓缩至含干物质 40％左右。在真空浓缩条件下，甜菜苷几乎没有损失，这是由于甜菜汁对甜菜苷的保护作用。

⑥ 干燥。采用离心喷雾干燥或冷冻干燥，将浓缩液干燥成粉。成品应避光、防潮、密封保存。每100kg鲜甜菜约可制得甜菜红色素粉6kg，其甜菜苷含量为0.45％～0.80％。

（5）理化性质 甜菜红色素包含甜菜花青素和甜菜黄素，其中甜菜花青素中包括甜菜苷、甜菜红素、前甜菜苷；甜菜黄素中又包含甜菜黄素Ⅰ和甜菜黄素Ⅱ。甜菜红色素色泽鲜艳、着色均匀、无异味。

甜菜红色素溶于水及乙醇的50％水溶液，几乎不溶于无水乙醇，不溶于乙醚、丙酮、氯仿及苯等有机溶剂。甜菜红色素水溶液呈红色至紫红色，色调受pH影响：$pH<4.0$ 和 $pH>7.0$ 时溶液颜色由红变紫；$pH=3.0～7.0$ 时为红色，较稳定；$pH=4.0～5.0$ 时最稳定；$pH>10.0$ 溶液颜色迅速变黄。

某些金属离子对其稳定性有一定影响，如 Fe^{3+}、Cu^{2+}、Mn^{2+} 等。此外含氯化合物如漂白粉、次氯酸钠等都可使其褪色。氧化剂对甜菜红色素稳定性的影响较大，还原剂次之，甜味剂等对该色素稳定性基本没有什么影响。甜菜红色素对光的稳定性尚好，但不耐热，pH 在 4.0～5.0 之间时热稳定性最好。

（6）主要用途 甜菜红色素是一种应用范围较广的水溶性食用红色素。可用于果味水、果味粉、果汁露、汽水、配制酒、糖果、糕点彩装、红绿丝、罐头、浓缩果汁等食品、饮料特别是低温食品、饮料的着色。其用量分别为：水果硬糖0.5～2g/kg，琼脂软糖0.3～0.8g/kg，糕点0.1～0.25g/kg，威化饼干6.4g/kg，冰棍0.1～0.4g/kg，果汁露2g/kg。用于糖衣药品着色也很好，用量为0.5～5g/kg。此外还可用于火腿肠着色，用量为32mg/kg并添加500mg/kg的维生素C，产品的色泽与风味与加50mg/kg亚硝酸盐相仿，可代替亚硝酸盐使用，减少致癌风险。

十、茄子皮中色素的提取技术

（1）试剂 蒸馏水、盐酸、无水乙醇。

（2）仪器设备 组织捣碎机、恒温水浴锅、抽滤机、减压蒸馏装置等。

（3）工艺流程 原料→预处理→浸提→过滤→抽滤→浓缩→色素浓缩液。

（4）提取过程

① 原料。以成熟茄子的皮为原料。

② 预处理。取成熟茄子，削取茄子皮，捣碎后放入烧杯中备用。

③ 浸提、过滤。按茄子皮质量的 4 倍加入 2mol/L 盐酸-无水乙醇溶液，水浴恒温 38℃，搅拌萃取 4h，过滤，滤渣再按上述方法浸提一次，将两次浸提液合并。

④ 抽滤。合并后的浸提液放入抽滤装置中，进行减压抽滤，得到紫红色澄清提取液。

⑤ 浓缩。将紫红色澄清提取液在 60℃ 条件下进行减压蒸馏，回收乙醇，浓缩至呈暗紫色稠状物，为色素浓缩液。

（5）理化性质　茄子皮红色素可溶于纯水、无水乙醇、0.1mol/L 盐酸和 0.1mol/L NaOH 中，但不溶于乙酸乙酯、乙醚、苯和菜油中，说明该色素是水溶性色素。用 4% 柠檬酸提取的茄子皮色素液为红色，最大吸收波长为 520nm。

茄子皮色素在不同的 pH 时，呈现不同的颜色：在 pH<9 范围内，其吸收峰值随 pH 的升高而向长波长方向移动；当 pH≤5 时，呈稳定的红色，且 pH 愈小，红色愈深；当 pH>5 时，由红变紫再变成黄绿。因加工食品的 pH 多在 3～5 范围内，故该色素用作食品着色剂，可呈现稳定的红色。

不同温度及相同温度受热时间不同都不会影响茄子皮色素的吸收峰。茄子皮色素在较长时间高温时，稳定性下降。为减少对色素的破坏，使用时应尽量避免高温和长时间的受热。该色素在不同种光照条件下照射后，其特征吸收峰不变，仍为 520nm，但吸光度有变化。避光暗处放置时，茄子皮色素降解很慢；而强光照射时，降解较快。所以使用该色素应尽可能避免强光及长时间照射。

配制不同浓度的含有蔗糖及淀粉的茄子皮色素溶液，目测观察，均为红色。测定其吸光度，其中含蔗糖的色素溶液，随蔗糖浓度的增大吸光度增大，说明蔗糖对该色素有增强作用。而不同浓度淀粉-色素溶液的吸光度随淀粉浓度的增加略有衰减，但无明显不良影响。

（6）主要用途　可作为天然着色剂用于食品工业。

十一、南瓜中色素的提取技术

1. 南瓜叶绿色素的提取技术

（1）试剂　蒸馏水、乙醇、丙酮、石油醚、乙醚、甲醇。

（2）仪器设备　色谱柱等。

（3）工艺流程　原料→预处理→浸提→过滤→浓缩→精制→色素精制品。

（4）提取过程

① 原料。以新鲜南瓜叶片为原料。

② 预处理。将收集的南瓜叶片清洗干净，自然晒干，粉碎。

③ 浸提。在粉碎的叶片中加入 90% 乙醇或 80% 丙酮浸提（可进行数次浸提），将数次浸提液合并。

④ 过滤。浸提液过滤，收集滤液，弃去滤渣。

⑤ 浓缩、精制。将滤液浓缩，然后加石油醚沉淀，即得粗制叶绿素 A 和叶绿素 B 的混合物。经用乙醚、石油醚数次溶解精制后可得精制品。亦可将叶绿素混合物分离，得叶绿素 A 和叶绿素 B，即将混合物溶于乙醚、石油醚的等量混合液中，再加 60% 甲醇搅拌，则大部分的叶绿素 B 均溶于甲醇层中，再结合

色谱分离法进行分离精制。

（5）理化性质　南瓜叶片中提取的叶绿素在中性或碱性条件下，对光、热较为稳定，在糖类溶液中稳定性较好。

（6）主要用途　南瓜叶片提取的叶绿素，主要用于食品的染色等，亦用于香脂及其他化妆品中。

2. 南瓜黄色素的提取技术

（1）试剂　蒸馏水、乙醇。

（2）仪器设备　减压浓缩装置等。

（3）工艺流程　原料→预处理→浸提→过滤→浓缩→色素。

（4）提取过程

① 原料。以葫芦科草本植物南瓜为原料。

② 预处理。将南瓜清洗干净，切成 0.5～1mm 的薄片。

③ 浸提。用 10 倍量的 95% 乙醇作溶剂，在 70℃下提取 40min。

④ 过滤。浸提液过滤，滤渣再在同样的条件下提取 1 次，滤液合并。

⑤ 浓缩。滤液减压浓缩，回收溶剂，得色素。

（5）理化性质　南瓜黄色素主要成分为胡萝卜素类色素，主要为 β-胡萝卜素（16.84%），还有 α-胡萝卜素、γ-胡萝卜素、玉米黄质、番茄红素、叶黄素等。易溶于丙酮、石油醚、氯仿、苯、植物油等，溶于乙醇，不溶于水。Fe^{3+}、Al^{3+}、Cu^{2+}、Sn^{2+} 对色素有破坏作用；Ca^{2+}、Ba^{2+}、Zn^{2+}、K^+、Na^+ 对色素没有破坏作用。

南瓜黄色素对温度较稳定。40℃下处理 35d，吸光度仅下降 15%；处理 20d，吸光度下降不到 25%。该色素在低温条件下更稳定，在 −10℃ 条件下，经过 20d，其吸光度下降仅 2%。其色调在 100℃ 以下的温度范围内较稳定。该色素对直射光不够稳定，5d 的阳光直射其吸光度下降近一半，20d 后几乎全部褪色。20℃ 以上为橙黄色油状液体，20℃ 以下为黄色半凝固状油状物。不同的 pH 对该色素的色调没有影响。该色素对氧化剂稳定。

（6）主要用途　南瓜黄色素为天然黄色着色剂，可用于人造奶油、冰淇淋、冰棍、果汁、饼干等的着色。该黄色素安全、无毒，且属于 β-胡萝卜素类物质，既有天然色素的作用又有营养强化的功效，符合天然食品添加剂"天然""营养""多功能"的发展方向。

十二、芹菜叶舌中色素的提取技术

（1）试剂　蒸馏水、无水乙醇、乙醚、盐酸。

（2）仪器设备　真空干燥机、常规玻璃仪器等。

（3）工艺流程　原料→预处理→提取→干燥→酸解→过滤→洗涤→干燥→芹

菜素。

（4）提取过程

① 原料。以芹菜的叶舌为原料。

② 预处理。将芹菜的叶舌清洗干净，放入粉碎机中粉碎，粉碎后的芹菜叶舌放入容器中。

③ 提取。向容器中加入水∶无水乙醇为 7∶3（体积比）混合而成的提取液，提取液的用量以完全覆盖固体为宜，在 40℃温度下保温提取 7h。提取液蒸发至干，向容器中加入 500mL 乙醚，在室温剧烈搅拌 24h 后过滤，弃去滤液，保留滤饼。

④ 干燥。滤饼用 50mL 乙醚洗涤后在真空干燥，得黄色粉末。

⑤ 酸解。向黄色粉末中加入 500mL 10％盐酸，加热回流约 10h。

⑥ 过滤、洗涤。在 50℃过滤得到滤饼，滤饼用蒸馏水洗至中性。

⑦ 干燥。滤饼放入真空干燥机中干燥，得到芹菜素固体。

（5）理化性质　芹菜素为黄色的针状结晶。熔点 345～350℃。溶于稀氢氧化钾溶液，呈鲜艳的黄色；可溶于热乙醇；可溶于水。

（6）主要用途　芹菜素作为一种天然存在的黄酮类化合物，对肿瘤的化学预防有积极作用，而近年来芹菜素的其他药理药效作用也得到日益广泛的关注和研究。芹菜素的抗肿瘤作用还表现在抑制肿瘤细胞的生长、侵袭、转移、新生血管形成。此外，芹菜素还具有抗炎症、降血压、抗动脉硬化和血栓症、抗焦虑、抗菌、抗病毒以及抗氧化作用等多方面的生物学活性，而且其致畸变毒性与其他黄酮类化合物相比相对较低。然而，芹菜素药理学作用的研究大多处于体外实验和动物模型阶段，许多作用机理仍不清楚，对芹菜素的研究还须进一步深入，使其能够早日进入临床应用。

十三、黄姜中色素的提取技术

（1）试剂　无水乙醇、95％乙醇、石油醚。

（2）仪器设备　旋转蒸发仪、数显恒温水浴锅、电子天平等。

（3）工艺流程　原料→预处理→浸提→过滤→减压浓缩→精制→浓缩→干燥→姜黄色素。

（4）提取过程

① 原料。以鲜黄姜为原料。

② 预处理。将鲜黄姜清洗干净，切成片状，在鼓风干燥箱中烘干，放在植物粉碎机中粉碎，得到的黄姜粉末过 177μm 筛，备用。

③ 浸提。将预处理后的黄姜粉末放入装有 95％乙醇的容器中浸泡提取。

④ 过滤、减压浓缩。先用纱布过滤，去掉滤渣，再通过减压过滤得到滤液，也可根据需要做多次过滤。

⑤ 精制。利用乙醇与石油醚在一定程度上可互溶,但当乙醇中含一定量水时,可分层为两相的原理,精制黄姜色素。采用定量的石油醚萃取粗提物浓缩液,可以将粗提物中70%以上的色素萃取出来。剩余色素可对其采用大孔树脂吸附的方法分离纯化。

⑥ 浓缩、干燥。所得醚层溶液采用旋转蒸发仪进行减压浓缩,再经真空干燥后得色素成品。

(5) 理化性质 姜黄色素为橙黄色结晶性粉末,具有特殊的芳香味,熔点为179～182℃,有淡淡的绿色荧光,呈弱酸性。不溶于水,可溶于乙醇、丙二醇,易溶于碱性溶液和冰乙酸。

(6) 主要用途 姜黄色素产物中含有多种人体所需的氨基酸和多种微量元素成分,是天然食用色素行业中极具开发前景的黄色素之一。

十四、牛蒡叶中色素的提取技术

(1) 试剂 蒸馏水、乙醇、盐酸。

(2) 仪器设备 离心机、恒温水浴锅、浓缩装置、真空干燥箱等。

(3) 工艺流程 原料→预处理→浸提→过滤→离心→浓缩→干燥→成品。

(4) 提取过程

① 原料。选取新鲜,无杂色的牛蒡叶作为原料。

② 预处理。用清水洗净牛蒡叶,使之在阴凉处风干,再切碎。

③ 浸提、过滤。将切碎后的牛蒡叶放入装有75%乙醇的大容器中浸泡,用1:1盐酸调节pH至3左右,浸泡40h,至牛蒡叶碎末由绿色变为黄色,浸提液由无色变为深绿色。过滤,取滤液。滤出的滤渣作二次浸提,时间7h,使绿色素充分提出。过滤,合并两次滤液。

④ 离心。将滤液倒入离心管中,置于离心机中,将转速调节至3000r/min,离心15min,得到上层澄清溶液。

⑤ 浓缩。过滤、离心后的澄清液放到烧杯中,置于水浴锅中蒸馏,水浴锅温度为38.7℃,蒸馏时间为56h,成黏稠状物。

⑥ 干燥。蒸馏后的黏稠状物置于真空干燥箱中干燥,温度为38℃。真空干燥成粉末状。

(5) 理化性质 制成的产品为深绿色粉末状,水溶性良好,能以任何比例溶解于水,溶液稳定,对酸、碱、光、热都具有良好的适应性。

(6) 主要用途 作为天然食品着色剂应用于食品加工业。

十五、荸荠皮中色素的提取技术

(1) 试剂 蒸馏水、无水乙醇。

（2）仪器设备 粉碎机、天平、恒温水浴锅、减压浓缩装置等。

（3）工艺流程 原料→预处理→称量→提取→浓缩→色素胶质。

（4）提取过程

① 原料。以下脚料荸荠皮为原料，将腐烂、发霉的材料去除。

② 预处理。将荸荠皮在清水中浸泡，去除泥沙灰尘，在自然条件下风干或晒干，将干燥的荸荠皮粉碎并研磨成细粉。

③ 称量。用天平准确称取 10g 荸荠粉末，放入容器中。

④ 提取。向盛有荸荠粉末的容器中加入 70％的乙醇溶液 100mL，将容器放在水浴锅上加热回流提取 2h，趁热将提取液用纱布过滤，收集滤液。将滤渣放回容器中，再加入 70％乙醇溶液对滤渣进行第 2 次提取，在水浴中加热回流 1h，趁热过滤，收集滤液。将 2 次提取的滤液合并。

⑤ 浓缩。合并后的滤液，减压浓缩得到黏稠性棕色色素胶质，得率为 38％。

（5）理化性质 荸荠皮色素在乙醇、氨水、热水中速溶，在冷水、甲醇中溶解，不溶于食用油、丙酮、石油醚、氯仿、乙酸乙酯、冰乙酸、四氯化碳等。荸荠皮色素在可见光区无吸收峰。荸荠皮色素对光的稳定性也较好，在室外放置 6 个月仍未完全褪色。荸荠皮色素的颜色与 pH 有一定关系。可溶性淀粉、蔗糖及食盐的加入对荸荠皮色素的影响不大，都是对该色素稳定的介质，有利于荸荠皮色素在食品中的加工利用。

（6）主要用途 荸荠皮色素适宜作酸性饮料及食品的着色剂，还可用作医药保健品和化妆品的着色剂，是一种用途广泛、易于大量提取的天然色素。

第三节 油类物质的提取技术与实例

一、大蒜中油类物质的提取技术

1. 方法一

（1）试剂 蒸馏水、Fe^{2+}、蒜酶。

（2）仪器设备 组织捣碎机、水蒸气蒸馏装置、冷凝器、油水分离器等。

（3）工艺流程 原料→预处理→酶解→水蒸气蒸馏→油水分离→蒜油。

（4）提取过程

① 原料。选择成熟、无病虫害、无机械破损的优质大蒜。

② 预处理。将大蒜用水浸泡，剥去皮壳，淘洗干净，然后在组织捣碎机上加水捣碎成浆状。

③ 酶解。酶解是提高大蒜油产率的关键工艺，它是利用蒜酶分解蒜氨酸，

产生大蒜素，为此可加入酶激活剂 Fe^{2+}。酶解条件为：pH＝6.5，酶解温度控制在 35℃，酶解时间 1h，料液比为 1∶3，Fe^{2+} 浓度为 10mmol/L 时出率高。其中酶解温度和 Fe^{2+} 浓度对提取效果有显著的影响，而料液比、酶解时间和 pH 的影响不显著。

④ 水蒸气蒸馏。将捣碎好的蒜浆投入蒸馏装置内，按 1kg 大蒜加水 3.5～4.5L 的比例加入清水。然后用蒸汽直接加热，蒜油即随着水蒸气而不断蒸馏出来，其蒸出液通过水冷凝器冷却。

⑤ 油水分离。蒸出液经冷凝器冷却后，经水油分离器，分出大蒜油（大蒜素），水分仍流入罐内，保持恒定水分平衡。蒸馏和分离完毕即得大蒜油，产率在 0.2％～0.3％之间（若不酶解则为 0.1％～0.2％）。

2. 方法二

（1）试剂　蒸馏水、无水乙醇。

（2）仪器设备　离心机、真空浓缩装置等。

（3）工艺流程　原料→预处理→浸提→过滤→浓缩→净化处理→蒜油。

（4）提取过程

① 原料。选用成熟、无病虫害、无机械破损的大蒜。

② 预处理。将大蒜用水浸泡，剥去皮衣，淘洗干净，然后离心甩水或充分沥干，并送入热风干燥机中进行热风干燥或在自制烘房中烘干。其干燥温度控制在 65～70℃，充分除去蒜体水分。将烘干的蒜粉碎，粒度不可过小，似碎米花为限。

③ 浸提。在碎蒜粉中加入事先预热至 65～75℃的 95％乙醇或无水乙醇（乙醇与蒜粉的质量比为 1∶4～1∶6）。搅拌，在此温度下充分浸取。

④ 过滤。浸提液过滤。此过程很重要，若过滤不彻底，将给精炼造成麻烦。

⑤ 浓缩。将所得滤液进行真空浓缩，即可制得蒜油。浓缩时温度控制在 40～50℃，真空度在 0.08～0.10MPa。注意回收溶剂，可将回收的溶剂再用于下次浸取或前次蒜渣浸取。

⑥ 净化处理。将所得蒜油进行净化处理，以进一步除去以蛋白质胶性物质。在蒜油中直接通入水蒸气 4～10min，然后进行离心分离（高速离心机最佳），取其表层油质，经脱水即制成蒜油（蒜素）。

3. 方法三

（1）试剂　蒸馏水、无水乙醇。

（2）仪器设备　真空浓缩装置、离心机等。

（3）工艺流程　原料→预处理→浸取→过滤→滤液升温除沉→浓缩→净化处理→蒜油。

（4）提取过程

① 原料。选用成熟、无病虫害、无机械破损的大蒜。

② 预处理。将大蒜用水浸泡，剥去皮衣，淘洗干净，充分漂洗后离心甩水或充分沥干。沥干后的蒜米捣碎，但不能过细。

③ 浸取。加入事先预热至 $65\sim75℃$ 的 95% 乙醇或无水乙醇进行热浸，最好在浸取过程中能保持温度恒定。

④ 过滤。充分浸取后，分离、过滤（此次过滤可粗滤），取其滤液。留其蒜渣，待重新浸取直至完全。

⑤ 滤液升温除沉。将滤液升温至 $70\sim80℃$（或通入水蒸气 $4\sim10min$），直至滤液中产生絮状沉淀，然后滤去沉淀（此次过滤须精滤），取其滤液。

⑥ 浓缩。将滤液进行真空浓缩，即可制得蒜油。浓缩时温度控制在 $40\sim50℃$，真空度在 $0.08\sim0.10MPa$。注意回收溶剂，可将回收的溶剂再用于下次浸取或前次蒜渣浸取。

⑦ 净化处理。将所得蒜油进行净化处理，以进一步除去以蛋白质为主的胶性物质。在蒜油中直接通入水蒸气 $4\sim10min$，然后进行离心分离（高速离心机最佳），取其表层油质，经脱水即制成蒜油（蒜素）。

4. 方法四

（1）试剂　蒸馏水、CO_2。

（2）仪器设备　超临界 CO_2 萃取设备等。

（3）工艺流程　原料→预处理→超临界 CO_2 萃取→蒜油。

（4）提取过程

① 原料。选用成熟、无病虫害、无机械破损的大蒜。

② 预处理。经检验合格的蒜头，分瓣后去蒂。将大蒜用水浸泡，剥去皮衣，充分漂洗后沥干备用。用捣碎机将大蒜捣碎，加工至浆状或粒状。

③ 超临界 CO_2 萃取。将处理好的浆状或粒状大蒜装入萃取釜，打开 CO_2 钢瓶，让 CO_2 经过过滤器进入隔膜式压缩机，加压至需要的压力后被送入缓冲罐，经过压力调节阀进入预热器。CO_2 被预热至工作温度，保温进入萃取釜进行萃取。溶有大蒜提取物（蒜油）的 CO_2 从萃取釜出来经由减压阀减至常压，CO_2 失去溶解能力，在采样瓶中释放出提取物。随后 CO_2 从采样瓶中逸出，经过累加流量计放空，经净化处理后 CO_2 回收使用。CO_2 萃取蒜油的最佳工艺条件为：萃取压力 $14\sim16MPa$，萃取温度 $34\sim36℃$，流量 $2L/min$，萃取时间 5h 以内。采样瓶中收集物即蒜油。

5. 理化性质

3 种方法提取蒜油的性质见表 4-1。

表 4-1　3 种方法提取蒜油的性质

项目	水蒸气蒸馏法（方法一）	溶剂浸出法（方法二和方法三）	超临界 CO_2 萃取法（方法四）
颜色	棕黄色	浅黄色	浅黄色
风味	蒜味	强烈新鲜蒜味	强烈新鲜蒜味
蒜油得率/(g/kg 大蒜)	1.48	2.73	3.77
有效成分含量/%	0.5	54	40.3
有效成分含量/(g/kg 大蒜)	0.0075	1.45	1.52
评价	操作简单，但蒜素受热易分解，产物多为小分子易挥发硫化物，风味差，提取有效成分低	可保持蒜素稳定，减压蒸馏时易损失部分大蒜精油，有糖、蛋白质等杂质	收率高，有效成分失活少，风味佳，无杂质

6. 主要用途

近年来蒜油在日本、欧美市场畅销。蒜油具有氧化及杀菌功能，是天然广谱杀菌素，用作抗坏血酸的稳定剂、蛋白酶抑制剂、金属解毒剂，同时具有抗菌、消炎、驱虫、健胃、止咳、祛痰等功效。蒜油氨基酸的组成较全面，人体必需的8 种氨基酸都具备，是一种营养价值较高的精油。

二、姜中油类物质的提取技术

1. 方法一

（1）试剂　蒸馏水。

（2）仪器设备　烘箱、粉碎机、840μm 筛、不锈钢蒸锅、冷凝装置、油水分离器等。

（3）工艺流程　原料→预处理→蒸馏→冷却→油水分离→姜油。

（4）提取过程

① 原料。挑选无虫蛀、无霉烂、无芽的鲜姜作为原料。

② 预处理。用水洗去泥沙。除去根须，用刀切成 4～5mm 厚的姜片。在 60～65℃的温度下烘姜片 6～8h，使鲜姜片含水量降到 12% 以下。也可将鲜姜片置于竹帘上晒 5～6d。一般每 100kg 鲜姜片可以制成干姜片 12.5kg。烘干时，温度不宜过高，姜片也不宜烘得过干，否则会使部分姜油挥发掉，而降低效益。用粉碎机将干姜片粉碎成米粒大小，过 840μm 筛。姜粒不能太粗，太粗影响出油；也不能太细，太细水蒸气不易透过。

③ 蒸馏、冷却。准备好不锈钢蒸锅,蒸锅中放箅子,箅子上铺一层纱布,将姜粒疏松地铺在纱布上。姜粒表面与上层箅子间应保留一定空间,以利水蒸气透过。装好姜粒后,将蒸锅的蒸馏管接上冷却器。蒸锅下通上蒸汽,使蒸汽压力保持在 $0.12\sim0.13MPa$。蒸汽透过姜粒时,因蒸汽的高温作用使姜粒中姜油汽化,随水蒸气从蒸馏管进入冷却器,蒸汽和汽化的姜油在冷却器中冷却成油水混合物。

④ 油水分离。用油水分离器在冷却器出口处收集油水混合物,静置后,油水分层,上层为姜油,下层为水。使用分离器放去下层的水,即得姜油产品。

2. 方法二

(1) 试剂 CO_2。

(2) 仪器设备 $250\mu m$ 筛、烘箱、超临界 CO_2 萃取设备等。

(3) 工艺流程 原料→预处理→超临界 CO_2 萃取→姜油。

(4) 提取过程

① 原料。选择市售的无虫蚀、无腐烂、无霉变的鲜姜。

② 预处理。将鲜姜清洗干净,除去泥沙杂质,将鲜姜切片烘干至含水量小于 15%,将姜片粉碎成姜粉过 $250\mu m$ 筛后备用。

③ 超临界 CO_2 萃取。最佳萃取工艺:萃取压力 $24.0MPa$、萃取温度 $50℃$、CO_2 流量为 $20m^3/h$ 时,萃取 $2h$。所获得的生姜净油收率约 2.74%。

3. 理化性质

水蒸气蒸馏得到的姜精油是透明、浅黄到橘黄可流动的液体,是一种混合物,其折射率为 $1.488\sim1.494$,旋光度为 $-28°\sim-45°$,相对密度为 $0.871\sim0.882$。不同贮存期的姜用水蒸气蒸馏获得的姜精油物理参数大体相同。但姜精油组分中有些化合物是不稳定的。因此,姜精油长时间暴露在光与空气下会增加黏度,形成非挥发性聚合物,导致旋光度降低。当温度超过 $90℃$ 时,姜精油的成分、气味、风味就会发生有害变化。

超临界 CO_2 萃取法得到的姜油外观为棕黄色到褐色的油状液体,折射率($20℃$)为 $1.495\sim1.499$,密度($25℃$)为 $0.86\sim0.91g/cm^3$,旋光度 $-28°\sim47°$。

4. 主要用途

姜精油香气浓郁,香辛而不辛辣,口感温热,同时具有一定的鲜花香气特征,可广泛应用于化妆品、食品及药品领域。对于食品领域,它是一类非常好的食品增香剂,可用于一些无醇饮料和甜酒的加香或调味。

姜精油的药用已有悠久的历史。它可祛寒除湿、祛风止痛、温经通络,防治晕车、晕船、晕飞机等症,还有一定的抗衰老效果。研究还显示,姜精油中的萜烯化合物具有保护胃黏膜和抗溃疡作用。姜精油对中枢神经系统有一定的调节作用,还具有较好的抗炎效果。因此,姜精油具有很高的药用价值。

姜油在国内外市场颇受欢迎。加工优质姜油成本低廉，效益显著，市场前景广阔。

三、洋葱油类物质的提取技术

1. 方法一

（1）试剂　蒸馏水、二氯甲烷、无水硫酸钠。

（2）仪器设备　粉碎机、恒温水浴锅、水蒸气蒸馏装置、真空浓缩装置、萃取装置等。

（3）工艺流程　原料→预处理→浸提→蒸馏→萃取→脱水→浓缩→洋葱油。

（4）提取过程

① 原料。以新鲜洋葱为原料。

② 预处理。洋葱去皮放入粉碎机中打成匀浆。

③ 浸提。按料水比 1g∶1mL 的比例向匀浆中加入蒸馏水，并搅拌混匀，于 30℃水浴中恒温水浸 3h。去除水溶性杂质。浸提液过滤弃去滤液，保留滤渣。

④ 蒸馏。滤渣装入水蒸气蒸馏设备中，在真空度 5～8kPa 的条件下减压蒸馏 3～3.5h。以 −5℃ 的冰盐水为冷凝水，收集蒸馏液。

⑤ 萃取。以二氯甲烷为萃取剂对收集到的蒸馏液进行萃取。萃取 3 次，合并萃取液。

⑥ 脱水。向萃取液中加入 8g 无水硫酸钠进行脱水处理。

⑦ 浓缩。将脱水处理过的萃取液进行真空浓缩，回收二氯甲烷溶剂，得到洋葱油。

2. 方法二

（1）试剂　CO_2。

（2）仪器设备　磨碎机、超临界 CO_2 萃取装置等。

（3）工艺流程　原料→预处理→超临界 CO_2 萃取→洋葱油。

（4）提取过程

① 原料。以洋葱为原料。

② 预处理。将洋葱外面干皮去掉，用水清洗干净，用磨碎机将洋葱磨成浆状物。

③ 超临界 CO_2 萃取。萃取洋葱油的最佳条件为萃取压力 14～16MPa，萃取温度 32～35℃，CO_2 流量 2L/min，萃取时间 6h 以内为好。

超临界 CO_2 萃取洋葱油的萃取率高，工艺简单，油品质好，具有很好的应用前景。

3. 理化性质

洋葱油为琥珀黄至琥珀橙色的澄明挥发性精油，具有洋葱所特有的强烈辛辣香气和香味，主要成分有二烯丙基二硫、二丙基二硫、二甲基二硫、甲基烯丙基二硫醚等含硫化合物，其中二丙基二硫的含硫量相当于洋葱全硫量的 80%～90%。二烯丙基二硫的含硫量虽仅占 1% 以下，但却是洋葱主要香味来源。这些挥发性硫化物的混合物产生了洋葱特有的强烈的辛辣味、抗菌力及显著的生理效果。此外，洋葱还含少量的柠檬酸盐、羧基、桂皮酸、阿魏酸等成香物质。

4. 主要用途

洋葱油既是食品行业的调味剂，又是许多药品、功能型食品的原料。洋葱油的保健活性越来越引起人们的极大兴趣。

四、芥菜种子中油类物质的提取技术

（1）试剂　蒸馏水、白醋、植物油。

（2）仪器设备　磨碎机、恒温水浴锅、水蒸气蒸馏装置、油水分离器等。

（3）工艺流程　原料→浸泡→粉碎→调酸→水解→蒸馏→分离→调配→芥籽调和油。

（4）提取过程

① 原料。选择籽粒饱满、颗粒大、颜色深黄的芥菜种子为原料。

② 浸泡。将芥菜种子称重，加入 6～8 倍 37℃ 左右的温水，浸泡 25～35h。

③ 粉碎。浸泡后的芥菜种子放入磨碎机中磨碎，磨得越细越好，得到芥菜籽糊。

④ 调酸。用白醋调整芥菜籽糊的 pH 为 6 左右。

⑤ 水解。将调整好 pH 的芥菜籽糊放入水解容器中置于恒温水浴锅内，在 80℃ 左右保温水解 2～2.5h。

⑥ 蒸馏。将水解后的芥菜籽糊放入蒸馏装置中，采用水蒸气蒸馏法，将辛辣物质蒸出。

⑦ 分离。蒸馏后的馏出液为油水混合物，用油水分离器将其分离，得到芥籽油。

⑧ 调配。将芥籽油与植物油按配方比例混合搅拌均匀，即为芥籽调和油。

（5）理化性质　芥籽油应为淡黄色油状液体，具有极强的辛辣刺激味及催泪性。

（6）主要用途　芥籽油具有利气散寒、消肿通络的作用，其调和油可用作酸菜、蛋黄酱、色拉、咖喱粉等的调味品。芥籽调和油以独特的刺激性气味和辛香辣味而受到人们的喜爱，并可解腻爽口、增进食欲。

五、甜瓜籽中油类物质的提取技术

（1）试剂　提取溶剂。

（2）仪器设备　玻璃研钵、角匙、索氏提取器、烘箱、恒温水浴锅、蒸馏装置等。

（3）工艺流程　原料→预处理→溶剂浸提→蒸馏溶剂→烘干→甜瓜籽油。

（4）提取过程

① 原料。风干的甜瓜籽仁或带壳甜瓜籽。

② 预处理。风干的甜瓜籽仁或带壳甜瓜籽放入洁净的玻璃研钵中。小心研碎（带壳甜瓜籽需研至破壳率达 98％以上）。

③ 溶剂浸提。将索氏提取器各部件洗净、烘干，抽提烧瓶烘干至恒重。用角匙将研碎的甜瓜籽无损地转入滤纸筒内，用脱脂棉蘸提取溶剂将研钵、锤及角匙擦净，并将此脱脂棉一并放入滤纸筒。再用少量脱脂棉塞住滤纸筒上部，压紧，放入索氏提取器中。向烧瓶中加入 80mL 提取溶剂，连接好各部件，于冷凝管上口塞一小块脱脂棉，以防水汽进入。接通冷凝水，置于比浸提溶剂沸点高20℃的水浴中加热。或用电热套加热，使抽提速度为每小时虹吸 6～8 次。

④ 蒸馏。抽提一定时间后改为蒸馏装置，蒸出大部分溶剂至近干。

⑤ 烘干。将蒸出溶剂后的提取烧瓶置于沸水浴中加热，蒸发掉残余溶剂，再将其置于 105℃±2℃烘箱中烘至恒重，得到甜瓜籽油。

（5）理化性质　甜瓜籽油的碘值较高，含有的抗氧化成分较少，所以抗氧化能力较弱，对其保存需采取添加抗氧化剂或充氮密闭的办法，以防止其氧化变质。甜瓜籽油的不皂化物含量为 7.86％。在甜瓜籽油中还存在含量可观的高级脂肪酸、甾醇等。

（6）主要用途　甜瓜籽油可用于保健食品、饮料的开发，也可作为食品添加剂应用于食品工业。

第四节　多糖的提取技术与实例

一、木耳中多糖的提取技术

1. 方法一

（1）试剂　蒸馏水、稀盐酸、复合酶制剂、乙醇、鞣酸。

（2）仪器设备　天平、离心机、超过滤膜、真空干燥机等。

（3）工艺流程　原料→预处理→酶处理→离心→超滤分离→去蛋白质→醇析→干燥→多糖粉末。

（4）提取过程

① 原料。以干木耳为原料。

② 预处理。将干木耳粉碎，用天平称取 100g，放入容器中备用。

③ 酶处理。向容器中加 3L 水加热升温至 90℃搅拌保温 10min，降温至46℃，用稀盐酸调 pH 至 4.5～5.0，加 1％的复合酶制剂，反应 80min，补水至6L，升温至 90℃使酶丧失活性，并保温提取 2h。

④ 离心。酶处理液降温后以 2000r/min 离心，沉淀加 2L 水于 90～100℃水浴提取 1h，提取液离心，合并上清液。

⑤ 超滤分离。合并后的上清液用超滤膜分离，分成分子量大于 30 万的部分（A）和分子量小于 30 万的部分；然后将分子量小于 30 万的部分用超滤膜分离，分成分子量大于 1 万小于 30 万的部分（B）和分子量小于 1 万的部分（C）。留取 B 部分的溶液。

⑥ 去蛋白质。在微沸状态下，向超滤分离后留取的溶液中滴加 1％的鞣酸溶液，直至无沉淀产生为止。鞣酸与蛋白质反应生成沉淀。离心取上清液，再滴加 1％的鞣酸溶液，直至无沉淀产生为止。离心取上清液。

⑦ 醇析、干燥。去蛋白质后所得溶液中加入 95％的乙醇，使多糖产生沉淀，离心分离沉淀，经真空干燥得多糖粉末。

2. 方法二

（1）试剂　蒸馏水、乙醇、三氯乙酸、双氧水、氯化钠、氢氧化钠、硫酸-苯酚。

（2）仪器设备　离心机、真空干燥机、磁力搅拌器、透析装置、色谱柱等。

（3）工艺流程　原料→预处理→水浸提→醇析→干燥→脱蛋白质→脱色→透析→纯化→浓缩→干燥→黑木耳多糖纯品。

（4）提取过程

① 原料。以新鲜的黑木耳为原料。

② 预处理。将新鲜的黑木耳用水清洗干净，捣碎放入容器中备用。

③ 水浸提。向容器中加入 90～120℃热水搅拌浸提 2～3 次，每次 3～5h。过滤收集浸提液。保留滤渣以进一步提取碱溶性多糖。

④ 醇析。向水提取液中加入 95％乙醇，有沉淀析出，离心分离出沉淀。

⑤ 干燥。沉淀经过真空干燥得到水溶性多糖粗品。

⑥ 脱蛋白质。多糖溶液加入 1/5 体积 10％的三氯乙酸溶液磁力搅拌 30min，离心去除沉淀物，用 3 倍体积的 95％的乙醇沉淀，3000r/min 离心 15min。沉淀加原来多糖溶液体积的 1/5 的水溶解，加入 1/5 体积 10％三氯乙酸溶液，方法同上，处理 3 次。

⑦ 脱色。向脱蛋白质后的溶液中加入 20％双氧水进行脱色处理。

⑧ 透析。脱色处理溶液经过透析装置除去小分子杂质。

⑨ 纯化。多糖粗品溶于 0.1mol/L 的氯化钠溶液中（尽可能达饱和状态），置于 5～8℃冰箱中冷置 12h。离心，弃去沉淀，滤液加入 40％的三氯乙酸使之达到 8％的浓度，再置于冰箱中 5～8℃冷置 12h 后离心。将沉淀加入 0.1mol/L 氯化钠溶液中溶解后，经 Sepharose CL-4B 柱色谱分离。用 0.1mol/L 氯化钠溶液洗脱，分离，用硫酸-苯酚跟踪检测。收集含多糖组分（收率约 45％）的母

液。取母液以 0.1mol/L 氢氧化钠溶液中和至 pH 为 6.5～7.0 后，将上述洗脱液适当浓缩、蒸馏水透析后，再用 Sephadex A-200 柱色谱分离、纯化。用 0.1mol/L 氯化钠溶液洗脱（洗脱速度为：6mL/min），收集洗脱的糖液。

⑩ 浓缩、干燥。收集的糖液经浓缩、真空干燥得到黑木耳多糖纯品。

3. 理化性质

黑木耳多糖一般呈透明黏稠状，易溶于热水中，精制后的纯品呈白色粉末状，其分子量约为 15000，是由岩藻糖、阿拉伯糖、木糖、甘露糖、葡萄糖和葡萄糖醛酸等组成的杂多糖。

4. 主要用途

木耳多糖具有降血糖、增强免疫、抗肝炎、抗突变、抗凝血及抗溃疡等药理作用，可用于药品、保健品制造。

二、南瓜中多糖的提取技术

1. 方法一

（1）试剂　蒸馏水、乙醇、氯仿、乙醚、正丁醇、双氧水。

（2）仪器设备　捣碎机、恒温水浴锅、索氏提取器、真空干燥机等。

（3）工艺流程　原料→预处理→热水浸提→水提液过滤、浓缩→乙醇沉淀→乙醚脱脂→Sevag 法脱蛋白质→过氧化氢脱色→干燥→粗多糖。

（4）提取过程

① 原料。挑选刚成熟、无霉变、肉质较硬的南瓜。

② 预处理。将南瓜洗净，去皮、子、瓤，切块，放入高速捣碎机中打成浆。

③ 热水浸提。按料液比 1g：2mL 的比例加入 70℃ 的热水进行浸提，并在 70℃ 保温浸提 3h。收集浸提液。为使浸提完全，可增加浸提次数，一般以 3 次为宜。

④ 水提液过滤、浓缩。将 3 次浸提液合并后过滤，并将滤液浓缩至 1/2。

⑤ 乙醇沉淀。按浓缩液与 95％乙醇体积比 1：3 的比例在浓缩液中加入 95％乙醇，静置 2～4h，等待沉淀析出，抽滤得粗多糖。

⑥ 乙醚脱脂。将粗多糖装入滤纸筒后置于索氏提取器，45℃恒温水浴中用乙醚提取至脂肪脱尽，挥干残醚得浅黄色粗多糖。

⑦ Sevag 法脱蛋白质。在南瓜粗多糖中加入 Sevag 试剂（氯仿-正丁醇混合溶液）进行充分振荡，多糖溶液与 Sevag 试剂的体积比为 2：1，可将游离蛋白质变性成为不溶性物质，经离心分离去除。此过程通常要反复进行 5～8 次，每次振荡 30min，才能很好地去除蛋白质。

⑧ 过氧化氢脱色。南瓜多糖中加入终浓度 4％的双氧水，50℃保温脱色 2h，可获得良好的脱色效果。

⑨ 干燥。脱色处理后的南瓜多糖溶液经过浓缩干燥得到南瓜粗多糖。

2. 方法二

（1）试剂 蒸馏水、亚硫酸氢钠、盐酸、氢氧化钠、活性炭、乙醇、丙酮、乙醚、氯化钠、硫酸-苯酚、三氯乙酸。

（2）仪器设备 打浆机、离心机、透析袋、减压浓缩装置、真空干燥机、冰箱、冷冻干燥机等。

（3）工艺流程 原料→预处理→水浸提→过滤→离心→脱色→醇析→脱水→分离、纯化→南瓜多糖纯品。

（4）提取过程

① 原料。挑选刚成熟、无霉变、肉质较硬的新鲜南瓜。

② 预处理。将南瓜洗净，去皮、子、瓤，切片，称取 5.0kg。经 0.2％亚硫酸氢钠漂洗 30min 后取出，冲洗干净，置于打浆机中打浆。

③ 水浸提。为使浸提充分完全，对预处理后的材料进行 3 次浸提。3 次浸提分别添加 6 倍、5.5 倍、5 倍质量的蒸馏水于 75～80℃水浴上进行。浸提时间分别为 6h、4h、4h。浸提过程中要不断搅拌。

④ 过滤、离心。将浸提液过滤，滤液用 6mol/L 盐酸调整 pH 为 3.0～3.2，立即离心（2500r/min，时间为 30min），取上清液备用。

⑤ 脱色。将上清液用 5mol/L 氢氧化钠溶液调整溶液至中性，pH 为 6.5～7.0，加入 0.5％（质量分数）的活性炭加热脱色过滤，脱色液置透析袋中，用蒸馏水透析。

⑥ 醇析。透析液经部分减压浓缩后（40～45℃，−0.1MPa），再经 95％乙醇 2 次沉淀。

⑦ 脱水。沉淀经丙酮、乙醚脱水后，真空干燥得类白色南瓜多糖粗粉末。

⑧ 分离、纯化。多糖粗粉末溶于 0.1mol/L 的氯化钠溶液中（尽可能达饱和状态），置于 5～8℃冰箱中冷置 12h。离心，弃去沉淀，滤液加入 40％的三氯乙酸使之达到 8％的浓度，再置于冰箱中 5～8℃冷置 12h 后离心。将沉淀加入 0.1mol/L 氯化钠溶液中溶解后，经 Sepharose CL-4B 柱色谱分离。用 0.1mol/L 氯化钠洗脱，分离，用硫酸-苯酚跟踪检测。收集含多糖组分（收率约 45％）的母液。取母液以 0.1mol/L 氢氧化钠溶液中和至 pH 为 6.5～7.0 后，将上述洗脱液适当浓缩、蒸馏水透析后，再用 Sephadex A-200 柱色谱分离、纯化。用 0.1mol/L 氯化钠溶液洗脱（洗脱速度为 6mL/min），收集洗脱的糖液。

⑨ 南瓜多糖纯品。将此糖液经减压浓缩后，冷冻干燥得白色粉末状南瓜多糖。

3. 理化性质

刚用乙醇沉淀出来的南瓜多糖为白色、无定形的化合物，经脱水干燥后，南瓜多糖粗品为色泽浅黄、有清香味、无异味、疏松有蜂窝小孔的聚积物,粉碎后为浅黄色的粉末,纯品为白色粉末。耐较高温度(105℃不熔融,不分解),能缓慢地溶于热水,能与碘-碘化钾反应,与茚三酮和氨基黑10B反应呈阴性。

4. 主要用途

南瓜多糖的主要功能是降血糖,能有效地控制糖尿病症状。其降血糖的功能机制可能是:南瓜多糖以糖蛋白的形式存在,并含有多种丰富的氨基酸,而蛋白质和氨基酸可刺激胰岛素的分泌,产生降糖功能。另外,南瓜还可以调血脂。据实验,南瓜多糖可显著降低正常及糖尿病小鼠血清低密度脂蛋白含量,升高高密度脂蛋白含量,不但可起到预防糖尿病并发症的作用,还可较好地抗动脉粥样硬化。可用于药品、保健品的制造。

三、金针菇中多糖的提取技术

1. 方法一:超声波法

(1)试剂 蒸馏水、无水乙醇、氯仿、正丁醇、氯化钠、三氯乙酸、硫酸-苯酚、氢氧化钠。

(2)仪器设备 烘箱、超声波仪、离心机、真空干燥机、冰箱、色谱柱、冷冻干燥机等。

(3)工艺流程 原料→预处理→提取→离心分离→醇析→离心分离→烘干→纯化→干燥→精制→多糖精品。

(4)提取过程

① 原料。以鲜金针菇原料。

② 预处理。鲜金针菇65℃烘干6h制成金针菇干品,然后粉碎。

③ 提取。按每克金针菇干品加水20mL的比例加入蒸馏水,温度为90℃,pH为8,放在超声波仪中提取20min,提取率为1.25%。

④ 离心分离。将提取液放入离心机中进行离心处理,并过滤离心液收集滤液。

⑤ 醇析、离心分离、烘干。向收集的滤液中加无水乙醇至乙醇含量为75%,可以看到有沉淀析出,静置一段时间,至沉淀完全析出,再离心分离,收集沉淀并烘干,即得多糖粗品。

⑥ 纯化。将多糖粗品按样品与氯仿-正丁醇(1:0.2)之比为1:0.25复溶,并进行充分振荡,可将游离蛋白质变性成为不溶性物质,经离心分离去除,此过程通常要反复进行5～8次,每次振荡30min,才能很好地去除蛋白质。除蛋白质后的多糖溶液进行真空干燥,即可制得纯的多糖产品。

⑦ 干燥。将除蛋白质后的多糖经真空干燥得到金针菇多糖粗粉末。

⑧ 精制。多糖粗粉末溶于0.1mol/L的氯化钠溶液中(尽可能达饱和状态),

置于 5~8℃冰箱中冷置 12h。离心，弃去沉淀，滤液加入 40%的三氯乙酸使之达到 8%的浓度，再置于冰箱中 5~8℃冷置 12h 后离心。将沉淀加入 0.1mol/L 氯化钠溶液中溶解后，经 Sepharose CL-4B 柱色谱分离。用 0.1mol/L 氯化钠溶液洗脱，分离，用硫酸-苯酚跟踪检测。收集含多糖组分（收率约 45%）的母液。取母液以 0.1mol/L 氢氧化钠溶液中和至 pH＝6.5~7.0 后，将上述洗脱液适当浓缩、蒸馏水透析后，再用 Sephadex A-200 柱色谱分离、纯化。用 0.1mol/L 氯化钠溶液洗脱（洗脱速度为：6mL/min），收集洗脱的糖液。将此糖液经减压浓缩后，冷冻干燥得白色粉末状金针菇多糖精品。

2. 方法二：酶法

（1）试剂 蒸馏水、纤维素酶、无水乙醇、氯仿、正丁醇、氯化钠、三氯乙酸、硫酸-苯酚、氢氧化钠。

（2）仪器设备 烘箱、超滤浓缩装置、离心机、真空干燥机、冰箱、色谱柱、冷冻干燥机等。

（3）工艺流程 原料→预处理→酶解→浸提→浓缩→醇析→离心分离→烘干→纯化→干燥→精制→多糖精品。

（4）提取过程

① 原料。以新鲜金针菇子实体为原料。

② 预处理。鲜金针菇 65℃烘干 6h 制成金针菇干品，将金针菇子实体干品粉碎，粉碎粒度为 3~5mm，粉碎后装入容器中，向容器中加入 2 倍质量的水，在 90~95℃条件下热处理 10~15min，得到金针菇子实体匀浆。

③ 酶解。向匀浆中加入 0.15%的纤维素酶以破坏金针菇子实体的细胞壁，使多糖释放出来，酶解温度为 40℃，pH 为 4.5，时间 3h。

④ 浸提。向容器中加入 20 倍样品质量的水在 100℃、pH 为 6.5 的条件下浸提 1h，过滤并收集滤液。

⑤ 浓缩。将滤液经过 MWCO5000 的超滤膜在温度 40℃、压力 0.2MPa 条件下浓缩至原体积的 1/3。

⑥ 醇析、离心分离、烘干。向浓缩液中加入无水乙醇至乙醇终浓度为 70%，可以看到有沉淀析出，静置一段时间，至沉淀完全析出，再离心分离，收集沉淀并烘干，即得多糖粗品。

⑦ 以下步骤与方法一中的⑥~⑧相同。

3. 理化性质

金针菇多糖为水溶性多糖，不溶于乙醇、氯仿、正丁醇等有机溶剂。精制后的金针菇多糖为白色粉末状物质。它的单糖组成为葡萄糖、木糖、甘露糖、半乳糖和阿拉伯糖。

4.主要用途

目前，金针菇多糖已广泛地应用到食品、调味品行业中。利用酶法提取金针菇多糖及其他可溶性固形物，配以香菇提取物、牛肉水解蛋白质、大枣、甘草提取物，可制成双珍多糖肽营养保健品。经动物实验初步证明，双珍多糖肽能增强小鼠细胞和体液免疫水平，具有一定的动物免疫调节作用。金针菇水解液中除多糖外，还含有蛋白质、氨基酸、维生素等，因此该品除具有保健功能外，还有较高的营养价值。

四、香菇中多糖的提取技术

1. 香菇多糖的提取技术

香菇多糖在香菇中的含量约为 0.87%，是香菇中最为重要的活性成分之一。香菇多糖主要是以 β-(1→3)-D-糖苷键连接的葡萄糖残基为主链，侧链为 (1→6)-糖苷键连接的葡聚糖。

香菇多糖是极性大分子化合物，其特定的结构与免疫活性有密切关系。因此香菇多糖的提取大多采用不同温度的水和稀碱溶液，并尽量避免在过于酸性条件下操作，因为强酸性能引起多糖苷键的断裂。香菇多糖 1969 年在日本首先发现，1986 年日本厚生省批准生产并外销。目前香菇多糖主要采用碱提取法，即从香菇实体中通过碱处理而得到的。

（1）方法一：香菇子实体中多糖的提取技术

① 试剂：蒸馏水、无水乙醇、乙酸、氢氧化钠、十六烷基三甲基溴化铵、乙醚、氯仿、正丁醇、甲醇。

② 仪器设备：离心机、减压浓缩装置、真空干燥机等。

③ 工艺流程：原料→预处理→浸渍→过滤→浓缩→醇析→溶解→碱析→酸化→碱溶→醇析→洗涤→干燥→脱蛋白质→醇析→洗涤→干燥→香菇多糖纯品。

④ 提取过程：

a.原料。以香菇新鲜子实体为原料。

b.预处理、浸渍。将新鲜香菇子实体 200kg 用水清洗干净，打碎，用 100kg 蒸馏水于 100℃条件下恒温浸提 8~15h，得到悬浮液。

c.过滤、浓缩。过滤或离心除去不溶物，滤液或离心上清液经减压浓缩至出现稍微浑浊为止。

d.醇析。用乙醇分两次对浓缩液进行沉淀。首先向浓缩液中加入等体积的乙醇，得到纤维状的组分，离心分离，收集纤维状沉淀。

e.溶解。将纤维状组分 50g，加水 2kg，搅匀后成黏稠状棕色溶液，再加水 20kg，搅拌 1~2h。

f.碱析。边搅拌边滴加 0.2mol/L pH=13.2 的十六烷基三甲基溴化铵，得到大量白色沉淀（pH＝12.8），以9000r/min转速离心分离得到白色沉淀。

g. 酸化。用乙醇洗涤沉淀物，然后加20％乙酸1.2kg，在0℃下搅拌5min，再次分离收集不溶解部分。向不溶解物中加入50％的乙酸1kg，在0℃下搅拌洗涤3min，分离出沉淀部分。

h. 碱溶。将沉淀溶解在2kg 6％氢氧化钠溶液中，离心除去杂质，收集上清液。

i. 醇析、洗涤、干燥。在清液中加入乙醇4kg，得到的沉淀用乙醇洗2次，乙醚洗1次，真空干燥后可得粉末状香菇多糖。

j. 脱蛋白质。在香菇粗多糖中加入Sevag试剂（氯仿-正丁醇混合溶液）进行充分振荡，多糖溶液与Sevag试剂的体积比为2∶1，可将游离蛋白质变性成为不溶性物质，经离心分离去除。此过程通常要反复进行5～8次，每次振荡30min，才能很好地去除蛋白质。

k. 醇析、洗涤、干燥。经Sevag法脱去蛋白质，接着用3倍体积的乙醇沉淀，分别用甲醇洗涤2次，乙醚洗涤1次，沉淀用真空干燥后得到的白色粉末为纯的香菇多糖。

（2）方法二：香菇菌丝体中多糖的提取技术

① 试剂：蒸馏水、无水乙醇。

② 仪器设备：烘箱、离心机、真空浓缩装置等。

③ 工艺流程：原料→预处理→浸提→浓缩→醇析→洗涤→干燥→香菇多糖。

④ 提取过程：

a. 原料。以香菇菌丝体发酵液为原料。

b. 预处理。将香菇发酵液过滤弃去滤液，回收滤渣，滤渣用蒸馏水洗涤，置于95～100℃的烘箱中烘干，然后粉碎成小块，得到干菌丝体。

c. 浸提。天平称取干菌丝体30g，放入容器中，加水600mL，于96～100℃的水浴上，保温提取2.5h，得到浸提液，浸提液在4000r/min的离心机上离心分离10min。离心后收集上清液。离心沉淀物再浸提一次，合并两次浸提液。

d. 浓缩。将合并后的浸提液真空浓缩至4～5mL。

e. 醇析。向浓缩液中加入无水乙醇20mL，有沉淀析出，静置过夜使沉淀完全。

f. 洗涤。弃去上清液，用85％乙醇洗涤沉淀2次，过滤除去洗涤液。

g. 干燥。洗涤后的沉淀自然风干得到香菇多糖。

（3）理化性质 香菇多糖为白色粉末状固体，对光和热稳定。在水中最大溶解度为3g/L；能溶解于0.5mol/L氢氧化钠溶液，溶解度可达50～100g/L；不溶于甲醇、乙醇、丙酮等有机溶剂中。香菇多糖具有吸湿性，在相对湿度为92.5％的25℃室温环境中放置15天，吸水量可达40％。

（4）主要用途　香菇多糖具有抗肿瘤、降低胆固醇、抑制转氨酶活性和血小板凝集的作用。香菇多糖除了作为抗肿瘤药物在临床上应用外，还有用于抗辐射、抗糖尿病等的报道。最近几年还有报道称香菇多糖的衍生物可作为治疗艾滋病的药物。

2. 香菇中海藻糖的提取技术

海藻糖是细胞内一种典型的应激代谢产物，它广泛地存在于生物体中，蘑菇中海藻糖的含量较为丰富，占其干重的 11%～15%，故又称为蘑菇糖。我国为香菇生产第一大国，借助食用菌开发生产海藻糖具有独特的优越性。

（1）试剂　蒸馏水、乙醇、活性炭。

（2）仪器设备　粉碎机、$250\mu m$ 筛、天平、减压浓缩装置、离心机、色谱柱等。

（3）工艺流程　原料→预处理→浸提→过滤→浓缩→醇析→离心→蒸馏→柱色谱分离→纯糖液→海藻糖。

（4）提取过程

① 原料。以干香菇子实体为原料。

② 预处理。干香菇子实体经粉碎机粉碎，过 $250\mu m$ 筛，称取一定量的子实体放入烧杯中备用。

③ 浸提、过滤。向烧杯中按料水比 1：15 的量加入蒸馏水，在 $98℃\pm2℃$ 水浴提取 3 次，过滤后混合滤液。

④ 浓缩。将滤液在 90℃ 条件下减压浓缩至原来的 1/20 左右。

⑤ 醇析、离心。向浓缩液中加入 95% 乙醇使乙醇终浓度为 85%，有沉淀析出，静置一定时间后用离心机离心，沉淀物用于生产香菇多糖，上清液用于提取海藻糖。

⑥ 蒸馏。上清液经 78℃ 条件下蒸馏，同时回收乙醇至残留液中无乙醇，加入 1% 的活性炭，煮沸 15min 后过滤，除去杂质。

⑦ 柱色谱分离。滤液经强酸性大孔树脂柱脱盐，再经浓缩后，加入 4 倍量的乙醇，进行结晶，得海藻糖水合物。

（5）理化性质　海藻糖是由两个葡萄糖单位经半缩醛羟基结合而成的一种非还原性双糖，分子式 $C_{12}H_{22}O_{22}\cdot2H_2O$，分子量 378.330，熔点 96.5～97.5℃。香菇中提取的为 α,α'-海藻糖，为白色结晶，低甜味、抗干燥、耐冷冻、低热值、无毒无害，化学性质非常稳定，在体内可被酶水解成葡萄糖而被利用。

（6）主要用途　海藻糖是一种非特异性天然保护剂，在干燥时具有保护生物组织、细胞和生命大分子的作用，在食品、生命科学和医药卫生等领域具有广阔的应用前景。

① 海藻糖在生物制品中的应用。很多医用生物制品要采取真空冷冻干燥的方法制备并在低温条件下贮藏。如把海藻糖应用于血浆球蛋白、抗血清、转移因

子、疫苗和脂质体等的制备上，可节约大量冷冻、干燥、保藏设备，并可带来很多经济效益。此外海藻糖还应用于外科领域中的皮肤、器官、胚胎保存，它的开发使用为器官移植及生殖工程提供了有力的保障。

② 海藻糖在食品工业中的应用。海藻糖是一种在食品工业中很有前途的干燥剂和保鲜剂。在食品干燥前加入，可使某些干燥的食品在重新复水后保持原有的性状。如炒鸡蛋、果泥、水果等在脱水干燥前添加一定量的海藻糖，复水时能恢复原有的颜色、味道和口感，甚至维生素类在脱水期间也能保留，这可使水果蔬菜的存放期大大延长。

五、苦瓜中多糖的提取技术

（1）试剂 蒸馏水、乙醇、丙酮、乙醚。

（2）仪器设备 热风干燥箱、$420\mu m$ 筛、真空浓缩装置、离心机、真空干燥机等。

（3）工艺流程 原料→预处理→乙醇回流→热水浸提→过滤→浓缩→醇析→洗涤→干燥→苦瓜多糖。

（4）提取过程

① 原料。以新鲜苦瓜为原料。

② 预处理。鲜苦瓜洗净、去瓤，切成薄片，放入热风干燥箱内进行脱水干燥。干燥箱内温度控制在 60℃ 以下，防止高温引起成分变性。干燥的苦瓜经粉碎后，过 $420\mu m$ 筛，得苦瓜粉，以便使苦瓜多糖更容易和充分地被浸提出来。

③ 乙醇回流。称取 200g 苦瓜粉，用 500mL 80％乙醇回流提取 2 次，每次2h。本道工序的目的是除去苦瓜中的单糖、低聚糖、苷类等水溶性杂质。滤液经蒸馏回收乙醇，残渣用于多糖提取。

④ 热水浸提。残渣风干后，用蒸馏水进行苦瓜多糖的提取，加水量满足料水比 1∶20，浸提在 100℃ 条件下进行，浸提时间为 1h。

⑤ 过滤、浓缩。浸提液真空过滤，去除残渣，得澄清液。再将澄清液于 50℃左右下用真空浓缩法进行浓缩，以防止多糖的热降解，浓缩为原体积的 1/5。

⑥ 醇析。多糖类物质不溶于乙醇，在一定浓度的乙醇溶液中，多糖类物质沉淀析出，呈纤维状。应严格控制乙醇用量，以防止多糖沉淀形成大块胶状物难以再溶，给后续精制造成困难。加入 5 倍提取液体积的 85％乙醇溶液进行醇析。采用过滤或离心分离的方法对沉淀析出的多糖进行分离。

⑦ 洗涤、干燥。沉淀分离所获得的多糖提取物中，常会有无机盐、醇不溶的低分子有机物和大分子蛋白质、脂类等杂质，多糖本身也会吸附很多小分子物质。依次用 95％乙醇、无水乙醇、丙酮、乙醚进行洗涤，去除杂质。湿多糖在50℃ 温度下真空干燥即得白色苦瓜多糖粗品。

（5）理化性质　粗苦瓜多糖为白色粉状物，可溶于水、稀酸、稀碱，不溶于乙醇、丙酮、乙醚、正丁醇等有机溶剂。硫酸-苯酚反应呈阳性，表明有糖存在。3,5-二硝基水杨酸反应呈阳性，表明有还原糖存在。碘-碘化钾反应呈阴性，表明无淀粉。Molish 反应呈阴性，表明无单糖和二糖。考马斯亮蓝反应呈阳性，表明有蛋白质。

（6）主要用途　随着苦瓜多糖提取研究的深入，它将广泛应用于饮料、茶、口服液等功能食品中。

六、牛蒡根中多糖的提取技术

（1）试剂　蒸馏水、稀盐酸、大孔树脂、α-萘酚、氯仿、正丁醇、乙醇、丙酮。

（2）仪器设备　烘箱、粉碎机、420μm 筛、天平、恒温水浴锅、色谱柱、旋转蒸发器、真空浓缩装置、离心机、真空干燥器等。

（3）工艺流程　原料→预处理→浸提→过滤→除杂脱色→浓缩→脱蛋白质→醇析→离心→洗涤→干燥→粉碎→菊糖粉。

（4）提取过程

① 原料。以新鲜的牛蒡根为原料。

② 预处理。将新鲜的牛蒡根洗净、晾干、切成薄片，60℃下干燥，再经机械粉碎、过 420μm 筛而制得牛蒡根干粉备用。

③ 浸提。称取一定量的牛蒡根干粉放入烧杯中，按料水比为 1∶10 的量加入蒸馏水作为提取剂。在 70℃下保温提取 90min。

④ 过滤。提取液用双层纱布过滤，收集滤液。

⑤ 除杂脱色。采用大孔吸附树脂法效果好。将酸化（用稀盐酸调 pH＝4）后的大孔树脂（3250 或 DM130 树脂）装入色谱柱（ϕ100cm×6.0cm）中，用水平衡 2h 后，使提取液以一定流速流经树脂床，洗脱小分子杂质并脱色，并用 α-萘酚显色反应检验流出液是否是含糖组分，收集含糖洗脱液。

⑥ 浓缩。为减少醇析时乙醇的消耗量、提高效率，经脱色除杂后的提取液应浓缩至小体积。采用减压浓缩，在 60℃下旋转蒸发真空浓缩设备中进行，浓缩至原体积的 1/3 为宜。

⑦ 脱蛋白质。采用 Sevag 法脱蛋白质。在浓缩后的糖液中加入 Sevag 试剂进行充分振荡，糖溶液与 Sevag 试剂的体积比为 2∶1，可将游离蛋白质变性成为不溶性物质，经离心分离去除。此过程通常要反复进行 5～8 次，每次振荡 30min，才能很好地去除蛋白质。

⑧ 醇析。在脱蛋白质后的浓缩液中，按浓缩液与 95％乙醇体积比为 1∶3 的比例加入 95％乙醇溶液，使乙醇的终浓度达到 75％左右，有沉淀析出。醇析液

在 4℃冰箱中放置过夜，使沉淀完全析出。

⑨ 离心。醇析后的溶液放入离心机以 4000r/min 的转速离心 15min，离心后除去上清液，保留滤饼。

⑩ 洗涤。用无水乙醇、丙酮反复洗涤滤饼，并抽滤去除残留溶剂。

⑪ 干燥、粉碎。滤饼在真空度 0.085MPa、温度为 40～60℃下干燥 4～5h，再粉碎，得牛蒡菊糖成品。

（5）理化性质　牛蒡菊糖为白色或淡黄色絮状固体，易吸湿，易结块，微甜，无臭，易溶于水，热稳定性好；与碘不呈颜色反应，表明无还原性；有旋光性，在水中为左旋，测得旋光度为－29.8°±2°。

（6）主要用途　菊糖可作为功能食品的基料用于焙烤食品、乳制品、果蔬饮料等产品中，除增加食品的保健功能外，不影响食品的感官、色泽及风味，还可用于医药及饲料中。

七、甜菜块茎中多糖的提取技术

（1）试剂　蒸馏水、石灰乳、CO_2、亚硫酸气体、离子交换树脂。

（2）仪器设备　恒温水浴锅、真空浓缩罐、离心机、真空干燥器等。

（3）工艺流程　原料→预处理→浸提→过滤→漂白→浓缩结晶→色谱分离→浓缩结晶→溶解过滤→二次结晶→干燥→粉碎→成品。

（4）提取过程

① 原料。以甜菜块茎为原料。

② 预处理。将甜菜块茎用水清洗干净，用切片机将块茎切成薄片。

③ 浸提。将薄片放入容器中，加入 77～80℃热水进行保温浸提处理，使薄片中的糖类物质溶解出来。一次浸提不能完全浸出，必须反复进行操作，即可得到浓度为 12%～17% 的糖液。

④ 过滤、漂白。浸提液用 80℃的温度加热，并加入石灰乳使浸出液呈碱性。吹入 CO_2 气体，生成碳酸钙沉淀，沉淀物上吸附着杂质。在过滤后的滤液中通入亚硫酸气体，使呈微酸性并进行漂白。

⑤ 浓缩结晶。漂白的糖液放入真空浓缩罐中浓缩，析出晶体，用离心机离心分离出糖蜜晶体。

⑥ 色谱分离。利用离子交换树脂对糖蜜脱盐、脱色。收集糖液。

⑦ 浓缩结晶。将收集到的糖液放入真空浓缩罐中浓缩，析出晶体，用离心机离心分离出晶体。

⑧ 溶解过滤。将结晶体加水完全溶解，通过过滤装置除去杂质，收集滤液。

⑨ 二次结晶。将滤液放入真空浓缩罐中浓缩，析出晶体，离心分离得到晶体。

⑩ 干燥、粉碎。晶体经过真空干燥装置干燥，粉碎后得到棉实糖的结晶状粉末。

（5）理化性质　纯净的棉实糖呈长针状结晶，白色或淡黄色，含五分子结晶水，有微甜味。棉实糖易溶于水，微溶于乙醇等极性溶剂，不溶于石油醚等非极性溶剂。相对密度 1.465，熔点 80℃，在 100℃ 以上逐渐失去结晶水，水溶液比旋光度 $[\alpha]_D^{20} = +105.2°$。在 18.5℃ 时，$K_a = 1.8 \times 10^{-13}$，不能形成脎，而且不能还原裴林溶液，能被转化酶分解为蜜二糖及果糖。

（6）主要用途　棉实糖是甜菜冻伤时自我保护的一种产物，它的提取不仅为食品行业增加了一种新的功能性甜味剂，为人们的生活带来方便和好处，而且棉实糖作为甜菜制糖的副产物加以回收，可以增加糖厂的经济效益。棉实糖能被双歧杆菌选择性利用，是优良的双歧杆菌的增殖因子，可用于双歧杆菌的生产。棉实糖在医药上有重要的药理作用，还对人类生殖细胞有抗癌功效，可用于制药。棉实糖还被成功地应用于器官移植工程。

八、魔芋中多糖的提取技术

1. 方法一

（1）试剂　蒸馏水、乙醇、石油醚、双蒸水。

（2）仪器设备　粉碎机、烘箱、恒温水浴锅、离心机等。

（3）工艺流程　魔芋精粉制备→脱脂→去游离还原糖→提取→魔芋葡甘露糖提取液。

（4）提取过程

① 魔芋精粉的制备。

a. 干法制魔芋精粉工艺流程：

魔芋干、魔芋角或魔芋片→介质冷却→粉碎机粉碎→筛选、分级→检验→包装→成品

b. 湿法制魔芋精粉工艺流程：

鲜魔芋→水洗→除去芽和根→表面干燥→在乙醇介质中破块捣碎→在乙醇介质中进一步粉碎到一定的粒度→过滤、甩干→烘干→筛选、分级→检验→包装→成品

② 脱脂。精确称取 180.0mg 魔芋精粉于具塞试管中，加 2.0mL 石油醚，振荡 5min，3500r/min 离心 5min，弃去上清液。重复 1 次，自然挥发干燥。

③ 去除游离还原糖。将脱脂干燥的魔芋精粉转入 150mL 烧杯中，用 50mL 85% 的乙醇冲洗试管 3 次，冲洗液并入烧杯中，在 50℃ 水浴中提取，电动搅拌 30min，过滤。重复 2 次，收集去除游离还原糖的魔芋精粉，自然挥发干燥。

④ 提取。将经过脱脂除糖处理的魔芋精粉放入 150mL 烧杯中，加双蒸水

60mL，35℃恒温水浴，电动搅拌，溶胀 4h，取出冷却，用双蒸馏水定容至 100.0mL，3500r/min 离心 10min，吸取上清液即为常规法魔芋葡甘露聚糖提取液。

2. 方法二

（1）试剂 蒸馏水、乙醇、α-淀粉酶、盐酸、糖化酶、斐林试剂。

（2）仪器设备 粉碎机、烘箱等。

（3）工艺流程 魔芋精粉制备→酶处理→过滤→沉淀→醇洗→干燥→魔芋葡甘露聚糖。

（4）提取过程

① 魔芋精粉制备。魔芋精粉的制备工艺与方法一相同。

② 酶处理。用天平称取魔芋精粉 1g，加水调成匀浆，向溶液中加入 2000U/g α-淀粉酶，用酸调节 pH 在 5.7～6.2 范围内，于 60℃液化 45～60min；在 110℃灭菌 5min，冷却后再调 pH 至 4.8～5.0，加少量 40000U 糖化酶，在 30℃左右振荡糖化 48h，再在 110℃灭菌 5min，冷却后加水 100mL。

③ 过滤。将上面得到的溶液进行过滤，收集滤液。

④ 沉淀。斐林试剂沉淀法，将滤液在剧烈搅拌的同时向其中滴加 100mL 斐林试剂，葡甘露聚糖-铜化合物呈蓝色凝胶状析出，将溶液静置，到不再有沉淀析出时进行减压过滤，得到沉淀。

⑤ 醇洗、干燥。将沉淀用 80%乙醇（内含 3%盐酸）冲洗，冲洗至沉淀转变成白色为止。将沉淀于 40～50℃烘干，得魔芋葡甘露聚糖成品。

3. 方法三

（1）试剂 蒸馏水、乙醇、糖化菌。

（2）仪器设备 粉碎机、烘箱、天平、振荡培养箱等。

（3）工艺流程 魔芋精粉制备→接菌→过滤→醇沉→醇洗→干燥→魔芋葡甘露聚糖。

（4）提取过程

① 魔芋精粉制备。魔芋精粉的制备工艺与方法一相同。

② 接菌。天平称取 2g 魔芋精粉，放入容器中，向容器中加入 100mL 蒸馏水搅拌成胶状混合液。将混合液于 121℃下灭菌 30min，冷却后接种糖化菌，在 30℃振荡培养 20～24h，使淀粉糖化，将糖化后的混合液在 110℃灭菌 5min。

③ 过滤。经过灭菌的混合液冷却后进行减压过滤，收集滤液。

④ 醇沉。在剧烈搅拌下向滤液中加入等体积的 95%乙醇溶液，静置到不再析出沉淀后过滤。

⑤ 醇洗、干燥。将沉淀用 80%乙醇冲洗，冲洗至沉淀转变成白色为止。将沉淀于 40～50℃烘干，得魔芋葡甘露聚糖成品。

4. 理化性质

魔芋葡甘露聚糖易溶于水，不溶于甲醇、乙醇、丙酮、乙醚等有机溶剂。魔芋葡甘露聚糖分子量大、具水合能力和不带电荷等特性决定了其优良的增稠性质。魔芋葡甘露聚糖具有独特的胶凝性能，在一定条件下可以形成可逆（热不稳定）凝胶和热不可逆（热稳定）凝胶。魔芋葡甘露聚糖与黄原胶、卡拉胶等存在强烈的协同作用而形成热可逆凝胶。魔芋葡甘露聚糖脱水后在一定条件下可形成有黏着力的膜。该膜在冷热水及酸碱中均稳定，甚至煮几个小时也不溶。

5. 主要用途

魔芋葡甘露聚糖在食品工业中可作为增稠稳定剂和功能性添加剂。

魔芋葡甘露聚糖可以制成保鲜剂，即在食品表面涂上其溶液，再经过碱性醇处理，得到一种不溶于水并可食用的涂层使食物保鲜。由于魔芋精粉中的大分子魔芋葡甘露聚糖对水和其他营养素有极强的亲和力，吸水膨胀率又远在其他黏合剂之上，因此可用作蟹、鳖等名特水产动物的饲料添加剂。

由于魔芋葡甘露聚糖具有水溶、成膜、可塑和黏结等特性，可在轻工、化工、纺织、烟草、油、化妆品等工业中作为黏结剂、赋形剂、保水剂、稳定剂、悬浮剂、被膜剂等。利用魔芋葡甘露聚糖凝胶的缓释作用，可将包埋在其中的杀菌剂释放出来，用来处理城市废水。此外，将魔芋葡甘露聚糖与一定的碱和表面活性剂混合，还可作防尘剂。

九、荸荠中多糖的提取技术

（1）试剂　蒸馏水、乙醇。

（2）仪器设备　组织捣碎机、搅拌器、抽滤装置、烘箱等。

（3）工艺流程　原料→预处理→提取→水洗→醇洗→抽滤→干燥→荸荠纯淀粉。

（4）提取过程

① 原料。以新鲜、完整、无腐烂的荸荠为原料。

② 预处理。将荸荠去皮后放入组织捣碎机中捣碎，将捣碎的组织放入大烧杯中备用。

③ 提取。向烧杯中加入蒸馏水，用搅拌器或玻璃棒充分搅拌，使捣碎的组织与蒸馏水充分接触，利于淀粉析出，放置过夜。小心除去上层液体，白色淀粉沉于杯底。

④ 水洗、醇洗。将白色淀粉用蒸馏水洗2次后，改用80%乙醇洗2次。

⑤ 抽滤。将经过醇洗的白色淀粉放于纱布中用抽滤装置进行抽滤。

⑥ 干燥。将抽滤后的淀粉放于80℃烘箱中烘至恒重，得纯荸荠淀粉。

（5）理化性质　荸荠淀粉呈白色粉末状，形状为大小不一的卵圆形，偏光十字明显，交叉点在颗粒的中央，有的还存在无规则的斑纹。糊化温度为 60℃，链淀粉含量在 29％左右。

荸荠淀粉糊黏度低，热和冷糊稳定性也好，胶凝性强，适于应用在食品工业中。荸荠淀粉糊的冻融稳定性好过玉米淀粉和木薯淀粉。荸荠淀粉糊冻融 3 次，稍有水分析出；玉米淀粉冻融 1 次，便有水分析出。荸荠淀粉糊这种较高的冻融稳定性有利于它在冻胶类食品中的应用。

在低 pH 时，荸荠淀粉水解严重，糊黏度大为下降。因此，添加酸味剂时应注意。另外，添加蔗糖，对荸荠淀粉颗粒的膨胀和糊化有抑制作用，能提高糊的热和冷黏度，胶凝性也增强。这种作用随糖用量的增加而增大，有利于提高糕类食品的弹韧性。

（6）主要用途　荸荠淀粉作为一种具有一定药用价值的食用淀粉，可添加适量的砂糖后，用开水冲调成半透明状的、滋润、具有清香气味的糊状方便食物直接食用。采用双螺杆挤压膨化制成的玉米糊、荞麦羹类食品中添加少量的荸荠淀粉，可明显改善其冲调性，能使之冲调成均匀、稳定的糊状食物，同时适口性增加。由于食品安全性要求，食品包装用黏合剂必须符合食品卫生要求。荸荠淀粉添加少量的明胶可制成良好的食用黏合剂，粘贴平整、可靠。荸荠淀粉还可以作为酿造、制药、变性淀粉等工业加工的原辅料。

第五节　功能性物质的提取技术与实例

一、芦笋中芦丁的提取技术

（1）试剂　蒸馏水、乙醇、盐酸。

（2）仪器设备　恒温干燥箱、粉碎机、恒温水浴锅、离心机、减压浓缩装置、真空干燥机等。

（3）工艺流程　原料→预处理→浸提→离心→过滤→沉淀→洗涤→浓缩→干燥→成品。

（4）提取过程

① 原料。以新鲜芦苇笋为原料。

② 预处理。芦笋洗净后置于 60℃干燥箱中恒温干燥 24h，取出后放入粉碎机中粉碎。

③ 浸提。按料液比 1∶25 的量加入 75％乙醇溶液作为浸提剂，在 70～75℃条件下，恒温浸提 5h。

④ 离心、过滤。浸提液离心、过滤除去不溶性杂质，收集滤液。

⑤ 沉淀。向滤液中滴加盐酸调节 pH 为 3～4，静置 1～2h，使芦丁结晶

析出。

⑥ 洗涤。离心分离沉淀，用水洗涤沉淀 2～3 次，去除可溶性杂质。

⑦ 浓缩、干燥。洗涤后的沉淀经过减压浓缩、真空干燥得到芦丁粗品。

（5）理化性质　芦丁又称芸香苷，是由槲皮素 C-3 位上的羟基和芸香糖结合而形成的双糖苷。一般为三水合物，分子式为 $C_{27}H_{30}O_{16} \cdot 3H_2O$，分子量为 610.51。为黄绿色或淡黄色针状结晶，有特殊香气。置空气中颜色变深，有苦味。熔点为 177～180℃，225℃分解。于 95～97℃下干燥则成为二水合物，于 110℃真空（1.33×10^3 Pa）干燥后成无水物。无水物易潮解，熔点 190～192℃，在大气中可吸收 2.5 倍分子水。于冷水中溶解度为 0.012%，热水中溶解度为 0.5%。易溶于热乙醇和热丙二醇，微溶于乙醇，难溶于水，可溶于吡啶及碱性溶液，几乎不溶于苯、醚、氯仿及石油醚。遇强酸性和碱性可加水分解。乙醇液呈黄色，碱性液呈橙黄色并逐渐褪色。在碱性食品中呈色不稳定。有抗氧化能力。乙醇能提高芦丁制剂的耐光性，防止香味的逐渐消失或变化。与维生素 E 等合用可提高其抗氧化能力。

（6）主要用途　芦丁在医学上用于防治脑出血、高血压、视网膜出血、紫癜和急性出血性肾炎和治疗慢性支气管炎等药物的开发。还可以用于生产各种保健饮料食品，发挥其特有的生理功能。此外芦丁还可以用于化妆品开发中。

二、甘薯中纤维的提取技术

1. 方法一

（1）试剂　蒸馏水、氢氧化钠、过氧化氢、盐酸。

（2）仪器设备　840μm 筛、天平、烘箱等。

（3）工艺流程　原料→预处理→碱处理→过氧化氢溶液处理→酸处理→洗涤→脱水→干燥→粉碎→成品。

（4）提取过程

① 原料。以甘薯提取淀粉后剩余的甘薯渣为原料。

② 预处理。将甘薯渣粉碎过 840μm 筛后备用。

③ 碱处理。将粉碎后的甘薯渣称重后加入质量浓度为 20g/L 的氢氧化钠溶液（固液比为 1g：10mL）。在室温下保持 30min，然后过滤除去上清液。

④ 过氧化氢溶液处理。加入质量浓度为 20g/L 的过氧化氢溶液（固液比 1g：10mL）在室温下保持 30min，过滤除去上清液。

⑤ 酸处理。加入质量浓度为 40g/L 的盐酸溶液（固液比 1g：10mL），在 60～65℃保持 30min。

⑥ 洗涤。经过滤后，用蒸馏水将不溶物冲洗至中性。

⑦ 脱水、干燥、粉碎。将不溶物置于烘箱中，在 80℃温度下烘干 3～4h，

经粉碎过筛即得浅黄色甘薯纤维成品。采用此法甘薯纤维的提取率为 84.39%，提取出的甘薯纤维中其他成分质量分数为：水分 5.17%，蛋白质 1.64%，脂肪 0.46%，淀粉 6.42%。

2. 方法二

（1）试剂　蒸馏水、氢氧化钠、过氧化氢、盐酸。

（2）仪器设备　840μm 筛、天平、烘箱等。

（3）工艺流程　原料→预处理→水浸→酸解→过滤→碱处理→过氧化氢溶液处理→洗涤→脱水→干燥→粉碎→成品。

（4）提取过程

① 原料、预处理步骤与方法一相同。

② 水浸、酸解。将粉碎后的甘薯渣称重并向甘薯渣中加入 10 倍量的水浸泡，向水中加入 4%～5%的盐酸，于 125℃温度下，水解 40min。

③ 过滤。水解液过滤，收集滤液用于生产淀粉糖。

④ 将过滤后所得的残渣再按方法一的③、④、⑥、⑦步骤提取纤维。同样也能制得浅黄色的甘薯纤维成品。

采用此法甘薯纤维的提取率为 81.66%，提取出的甘薯纤维中其他成分质量分数为：水分 3.52%，蛋白质 1.23%，脂肪 0.31%，淀粉 5.12%。

3. 理化性质

甘薯纤维的直接密度依颗粒的大小不同而变化，随纤维颗粒的减小直接密度逐渐增大。甘薯纤维持水力比苹果纤维（149μm，持水力为 4.24g/g）和去除可溶性成分含纤维较高的豆渣（5.60g/g）要高，但比各种形式的甜菜纤维均低（其最低者为 14.20g/g），这和纤维的来源、制备方法及所含成分有关。由于纤维的密度小体积大，缚水后体积更大，能增大粪便的体积，使含水量增多，使毒物的浓度稀释，促使粪便排出，可相应减少毒素对人体的危害。

4. 主要用途

甘薯膳食纤维作为一种纯天然膳食纤维，在食品生产加工业中应用极为广泛。它可以制成胶囊直接食用，也可作为食品的一种原料或添加剂，添加到面包、面条、饼干、糕点、糖果及各种小食品中，使产品组织结构稳定，减少水分损失，延长货架寿命。用在肉制品、鱼罐头制品中，它能使肉汁中的香味成分发生聚集而不逸散，提高制品的保水、保油性能，从而延长制品的保鲜期。甘薯膳食纤维除作为食品添加剂外，还可作为特殊群体的保健食品，食用后，在人体消化道内吸水膨胀，促进肠胃的蠕动，预防便秘、痔疮等疾病。同时，它能延缓糖类物质的消化和吸收，对糖尿病有一定的治疗作用。另外，它被人食用后在胃中吸水膨胀，使人产生饱腹感，减少人体对其他营养素的摄入，使人们不产生营养过剩。

三、菊芋中菊糖的提取技术

1. 方法一

（1）试剂　蒸馏水、石灰乳、CO_2、活性炭。

（2）仪器设备　微波炉、榨汁机、色谱柱、真空干燥器等。

（3）工艺流程　原料→预处理→微波浸出→渣汁过滤→去除杂质→柱色谱分离→脱色浓缩→干燥→菊糖。

（4）提取过程

① 原料。以新鲜菊芋为原料。

② 预处理。取菊芋洗净，切片2～3mm厚，再切丝2～3mm粗，长度为2～3cm，称100g放入容器中。

③ 微波浸出。在容器中加入100g水，再放入700W、2450MHz微波发生器中，加热至一定温度进行浸提。

④ 渣汁过滤。用榨汁机榨汁取得固定量体积的菊芋浸出液。

⑤ 去除杂质。在浸出液中加入石灰乳，调节菊芋浸出液碱性，并通入CO_2使其呈中性，减压过滤，除去杂质。

⑥ 柱色谱分离。将滤液通过大孔型离子交换树脂色谱柱除去金属离子，收集流出液。在常温下，先将菊芋提取液通过装有D001-SS大孔型强酸阳离子交换树脂的离子交换柱，控制流速为1.5L/h，再将所得提取液通过装有D201-GF大孔型强碱阴离子离子交换树脂的离子交换柱，控制流速不大于1.3L/h，最后将上述两步所得提取液以1.1L/h的流速，通过装有D113大孔型弱酸阳离子交换树脂的离子交换柱，得到无色透明的菊芋提取液。

⑦ 脱色浓缩、干燥。将去杂质后的菊芋提取液中按5g/L比例加入活性炭粉末，加热到95℃脱色数分钟，过滤后得到脱色菊芋提取液，将脱色液浓缩后干燥得菊糖成品。

2. 方法二

（1）试剂　蒸馏水、活性炭、氯仿、正丁醇、乙醇。

（2）仪器设备　离心机、色谱柱、真空干燥器等。

（3）工艺流程　原料→预处理→浸提→浓缩→脱色→离心→脱蛋白质→醇析→离心→柱色谱分离→干燥→粉碎→菊糖。

（4）提取过程

① 原料。以新鲜菊芋为原料。

② 预处理。将菊芋清洗干净，切片2～3mm厚，再切丝2～3mm粗，长度为2～3cm，放入容器中备用。

③ 浸提。向容器中加入蒸馏水作为浸提液，料水比例为1∶1（质量比），于

95℃下保温浸提 15min。

④ 浓缩。将浸提液趁热过滤，收集滤液，滤液经过浓缩得到浓缩液。

⑤ 脱色。向浓缩液中按 5g/L 的比例加入活性炭粉末，脱色处理数分钟。

⑥ 离心。脱色处理后的浓缩液经过离心除去杂质，收集上清液。

⑦ 脱蛋白质。向上清液中加入 Sevag 试剂进行充分振荡，多糖溶液与 Sevag 试剂的体积比为 2∶1，可将游离蛋白质变性成为不溶性物质，经离心分离去除。此过程通常要反复进行 4～5 次，每次振荡 30min，才能很好地去除蛋白质。

⑧ 醇析。向脱蛋白质后的溶液中加入 95％乙醇，溶液中有沉淀析出，静置一定时间，使沉淀全部析出。

⑨ 离心。用离心机离心分离，弃去上清液，保留沉淀。

⑩ 柱色谱分离。用水将沉淀溶解，如果溶解速度慢可适当加热。将溶解后得到的溶液进行柱色谱分离。柱色谱分离方法与方法一中相同，收集菊糖提取液。

⑪ 干燥、粉碎。菊糖提取液经过真空干燥得到固体状物质，经粉碎后得到粉末状菊糖产品。

3. 理化性质

菊糖分子量大小与植物种类、收获季节及气候条件有关。菊糖微溶于冷水，在热水中易溶；与碘不呈颜色反应；没有还原性。

菊糖热量低，适合糖尿病患者和肥胖人群食用。能够调整肠道内的微生物区系的组成和功能，尤其是能选择性促进双歧杆菌等有益菌的生长；能促进矿物质特别是钙的吸收。菊糖作为一种膳食纤维复合物，已被正式认可。菊糖溶解于水中（含量达到干物质的 30％以上），可形成高度稳定的分散性颗粒胶体，提供食品独特的质构，是一种糖替代物和质量改良剂。

4. 主要用途

菊糖是自然界中天然存在的可溶性纤维之一，在人体内可延长碳水化合物的供能时间又不显著提高血糖水平，代谢不需要胰岛素。菊糖有助于减少糖尿病人对胰岛素的依赖性和需要，控制血糖水平。菊糖长效释放能量，不仅可以预防糖尿病人的低血糖，而且可以提高运动员的运动耐力，并对肠道双歧杆菌的生长具有明显的促进作用。菊糖能显著改善无脂或低脂食品的口感和质构。近年来，菊糖的开发和利用受到国际食品界的重视，并成功应用于冰淇淋、酸奶及咖啡伴侣等产品中。

菊糖在胃和小肠中不被消化吸收，作为一种有益的微生物底物，是一种新型的饲料添加剂，可选择性促进有益菌生长，在动物体内无残留，不产生抗药性，可以改善动物的脂肪代谢，提高矿物质的吸收。因此菊糖还是一种值得开发应用于畜牧业中的资源。

四、姜中功能性物质的提取技术

1. 方法一

（1）试剂　蒸馏、乙醇。

（2）仪器设备　组织捣碎机、420μm 筛、连续渗漉装置、恒温水浴锅、减压蒸馏装置等。

（3）工艺流程　原料→清洗→打浆→过筛→连续渗漉→姜油树脂。

（4）提取过程

① 原料。挑选无虫蛀、无霉烂、无芽的鲜姜作为原料。

② 清洗。用清水洗去泥沙杂质。

③ 打浆。用高速组织捣碎机，以 6000r/min 的转速打浆 3min。

④ 过筛。将捣碎后的组织过 420μm 筛得到姜泥。

⑤ 连续渗漉。姜泥装入连续渗漉装置中，用 95% 酒精为溶剂，浸渍 24h 后，以 5mL/min 的流速室温下进行渗漉，渗漉液在恒温水浴上 40～45℃、8.4～8.5kPa 减压蒸馏回收乙醇，得含水姜油树脂。

2. 方法二

（1）试剂　蒸馏水、CO_2。

（2）仪器设备　烘箱、250μm 筛、超临界 CO_2 萃取装置等。

（3）工艺流程　原料→预处理→超临界 CO_2 萃取→姜油树脂。

（4）提取过程

① 原料。选择市售的无虫蚀、无腐烂、无霉变的鲜姜。

② 预处理。将鲜姜清洗干净，除去泥沙杂质，将鲜姜切片烘干至含水量小于 15%，将姜片粉碎成姜粉过 250μm 筛备用。

③ 超临界 CO_2 萃取。萃取压力 25.0MPa、萃取温度 45℃、CO_2 流量为 0.09L/h 时，萃取 2h。

3. 理化性质

姜油树脂是一种深琥珀色至深棕色的黏稠液体。几乎不溶于水，醇溶度也较低。静置后可产生粒状沉淀。商业用的姜油树脂含有 25%～30% 的挥发油。姜油树脂的化学组成通常较为稳定，然而其中的姜辣素类化合物化学性质不太稳定，受热、酸、碱处理时容易失水，或发生醛缩合反应，生成姜酮及相应的脂肪醛等产物。

4. 主要用途

姜油树脂含有姜的全部香气和风味，因而可作为高品质的浓缩调味料替代传统香辛原料，应用于食品加工及烹调。另外，姜油树脂还富含生姜的有效成分或功能性因子——姜辣素类化合物，也是开发姜功能性食品的极好原料。

现代研究表明，生姜提取物具有较多的生理功能或保健效果，如抗氧化作用、抗血小板凝集效果、降血脂及抗动脉粥样硬化效果、抗炎症作用等。因此，利用姜油树脂可开发诸多以预防现代慢性疾病为主要功能定位的保健或功能性食品。

五、辣椒中辣椒精的提取技术

（1）试剂 蒸馏水、乙醇、乙酸乙酯。

（2）仪器设备 烘箱、粉碎机、$840\mu m$ 筛、索氏提取器、蒸馏装置、分液漏斗等。

（3）工艺流程 原料→干燥→粉碎→浸取→浓缩→提纯→辣椒精。

（4）提取过程

① 原料。选用色红，味辣，含水量低，无霉变的干辣椒。

② 干燥、粉碎。将干辣椒清洗干净，沥干水分，自然干燥或放入烘箱中烘干。将烘干的辣椒用粉碎机粉碎后过 $840\mu m$ 筛。

③ 浸取。根据实践结果，采用常温静止浸取的方法，具有设备简单、操作方便、节省能源等优点，有利于广泛应用。可选用 95% 无毒、价廉、易得的乙醇作为浸取剂，常温静止浸取 48h。也可用索氏提取器进行提取。称取辣椒粉末放入索氏提取器滤纸套筒中，用 95% 乙醇溶液于 $72^{\circ}C$ 条件下连续提取 1.5h。

④ 浓缩。将浸取液送入蒸馏装置内，用间接加热的方法将乙醇回收。随着乙醇的蒸发，浸取液的浓度不断升高，颜色变深。蒸馏后期，要控制加热温度，防止焦化。所得浓缩物冷却至室温后，是一种浓稠的暗红色液体。回收的乙醇可供浸取使用。

⑤ 提纯。为了除去浓缩液中的杂质，去掉胶状的树脂类物质，还需要进一步用溶剂萃取。向装有浓缩物的烧杯中加入乙酸乙酯，用玻璃棒搅匀，倒入分液漏斗中进行萃取，回收上层萃取液，重复萃取 3 次，合并萃取液。萃取液经蒸馏除去乙酸乙酯，得到暗红色油亮浓稠物，即辣椒精。

（5）理化性质 用这种方法制得的辣椒精在常温下是一种暗红色的浓稠液体，保持辣椒本身固有的色香味，密度为 $0.91\sim0.93kg/L$，易溶于各种食用油。产品的卫生指标：菌总数不大于 10 个$/mL$，大肠菌群数不大于 30 个$/mL$，砷含量不大于 $0.1mg/kg$，铅不得检出。

（6）主要用途 辣椒精从根本上改变了辣椒在调味品中的传统使用方法，使辣椒素的利用率大大提高，有利于产品成本的下降，并且从根本上解决了辣椒易霉变的问题。另一方面，提取辣椒精后的残渣，可进一步提取其他物质和加工成饲料，为辣椒的综合利用开辟了新的途径，从而使经济效益更加显著。

国内生产的辣椒精产品中辣椒素含量多为 2％～6％。辣椒精最初只是生产辣椒红色素过程中的一种副产品，随着其用途不断拓展，辣椒精产品在辣椒深加工产业中逐步成为主要产品。辣椒精价格依产品中辣椒素的含量而定，每 1％的辣椒素含量可使产品增值 45～60 元/kg。我国辣椒精产品市场正处在上升期，近年来随着产品用途的不断拓展，用量也急剧增加。该产品的用途已从单一的食品调味剂扩大到防卫产品和医药领域。我国已有应用该产品生产的辣椒痛可贴、辣椒止痛膏面市。

六、葛根中葛粉的提取技术

（1）试剂　蒸馏水。

（2）仪器设备　磨浆机、缸池、塑料布、钢丝筛、纱布、烘箱等。

（3）工艺流程　原料→清洗→粉碎磨浆→浆渣分开→沉淀→干燥→葛粉。

（4）提取过程

① 原料。表面光滑、无破损的葛根。

② 清洗。将经过挑选的葛根放入水池中清洗干净。

③ 粉碎磨浆。预备一个缸池，用磨浆机（普通红薯磨碎机即可）将葛根块磨碎，磨碎的浆末盛于缸池内。

④ 浆渣分开。选一个洁净的大池（水泥池即可），可用宽幅的塑料布铺垫，四周压好，再用 149～177μm 的钢筛置于池上，在筛内铺上纱布，把浆末置于纱布上，注入清水，充分搅动，使淀粉随水漏在大池内，反复加水，直到淀粉与粉渣分离干净。

⑤ 沉淀。淀粉浆沉淀 48h 后，舀干淀粉上面的水，取出淀粉块。

⑥ 干燥。把取出的淀粉块烘干或晒干，以备深加工，或直接将葛粉卫生处理达标后包装。

（5）理化性质　葛粉具有质地细腻，外观洁白，糊化温度低，黏度稳定性强的特点。除含有 76％的淀粉外，还含有 0.082％的蛋白质，0.36％的纤维素和少量维生素、矿物质。

（6）主要用途　葛根的食用价值主要在于从根中提取的高级优质淀粉——葛粉，而葛粉除主要成分为淀粉外，还富含钙、锌、铁、铜等十多种人体所必需的微量元素以及多种氨基酸、维生素等。将葛粉用开水冲调成为黏稠胶状，晶莹透明、气味芳香、滑爽可口。用葛粉制作的食品透明度高，具有香味，在脱水收缩以及贮存方面比其他淀粉具有更大的优越性，可作为开发系列食品的添加剂使用。

七、油菜籽中单宁的提取技术

（1）试剂　蒸馏水、丙酮、乙酸乙酯、甲醇。

（2）仪器设备　恒温水浴摇床、减压浓缩装置、冷冻干燥机等。

（3）工艺流程　原料→浸提→过滤→浓缩→粗提物萃取分级→三种级分。

（4）提取过程

① 原料。油菜籽榨油后剩余的饼粕，饼粕的粉碎粒度在 0.3mm 以下。

② 浸提。称取一定量饼粕，放入容器中，按料液比 1g：6mL 向容器中加入 70％的丙酮水溶液，在 30℃恒温水浴摇床上提取 3 次，每次 15min。

③ 过滤。过滤后将 3 次滤液合并。

④ 浓缩。滤液通过减压浓缩装置进行浓缩，得到单宁粗提物。

⑤ 粗提物萃取分级。

a.粗提物用乙酸乙酯萃取，萃取液减压浓缩、冷冻干燥得级分Ⅰ。

b.乙酸乙酯萃取剩余物用水萃取，水萃取物经减压浓缩、冷冻干燥得级分Ⅱ。

c.水萃取剩余物用甲醇萃取，甲醇萃取物经减压浓缩、冷冻干燥得级分Ⅲ。

（5）理化性质　单宁又叫鞣质，是一种分子量在 300 以上的多酚类混合物。单宁有使蛋白质颜色加深的作用，单宁中的酚基或其氧化产物醌基也能和饲料中的蛋白质氨基酸残基的活性基团（如半胱氨酸的巯基）结合生成不溶性的复合物，从而降低蛋白质氨基酸的消化率。单宁还可在消化道中与肠道分泌的蛋白水解酶结合，抑制其活性，从而导致蛋白质的消化率降低。同时，单宁还可与胃肠道黏膜蛋白质结合，在其表面形成不溶性复合物损伤肠壁，干扰某些营养元素离子（如铁、钙等）的吸收，造成动物缺铁、缺钙、营养不良，而影响其生长。另外，近年来还发现单宁有致癌活性。单宁味涩，有收敛性，影响饲料的适口性。然而，微量的单宁却有改善饲料风味，促进动物生长的作用。

（6）主要用途　可用于制造化妆品。

八、茴香中功能性物质的提取技术

1. 方法一

（1）试剂　蒸馏水、乙醇。

（2）仪器设备　烘箱、粉碎机、恒温水浴锅、抽滤瓶、布氏漏斗、铜抽滤泵、蒸馏装置等。

（3）工艺流程　原料→粉碎→回流→抽滤→蒸馏→结晶→产物。

（4）提取过程

① 原料。采收后的果实立即晒干或烘干得到的干八角茴香果。

② 粉碎。将八角茴香干果放在太阳下暴晒或在烘箱里用 100℃烘干 1h，用粉碎机粉碎成粉末状。

③ 回流。用 100mL 90％的乙醇加入 250mL 圆底烧瓶，再放入 50g 八角茴

香粉末，加几粒沸石，装上回流装置，在水浴中或电热套中加热回流 2h。或者用索氏提取器对八角茴香粉末进行提取，用电热套加热，虹吸 7、8 次，约 1.5～2.0h。

④ 抽滤。用抽滤瓶、布氏漏斗、铜抽滤泵对上述回流液体进行抽滤，除去八角茴香粉末渣，得回流后的滤液（橘黄色）。

⑤ 蒸馏。用蒸馏装置对滤液进行蒸馏（直形冷凝管），收集 60～80℃的馏分无色至极淡黄色液体，即为茴香油。

⑥ 结晶。将 250mL 烧杯装 50mL 蒸馏水，放在冰水浴的水槽中，把茴香油倒入烧杯中即得大量白色至淡黄色结晶，抽滤得白色结晶。室温超过 23℃时茴香油结晶又变成淡黄色液体。

2. 方法二

（1）试剂 蒸馏水、CO_2。

（2）仪器设备 烘箱、粉碎机、超临界 CO_2 萃取装置等。

（3）工艺流程 原料→粉碎→超临界 CO_2 萃取→八角茴香油。

（4）提取过程

① 原料。采收后的果实立即晒干或烘干得到的干八角茴香果。

② 粉碎。将干八角茴香果用粉碎机粉碎，粉碎粒度为 0.5～2mm，备用。

③ 超临界 CO_2 萃取。将粉碎好的八角茴香放入超临界 CO_2 萃取装置中进行萃取，萃取温度以稍高于 CO_2 临界温度为好，萃取时间 3h，萃取压力为 300×10^5 Pa，萃取温度低于 45℃。萃取液静置后分层，上层液体为八角茴香油产品。

3. 方法三

（1）试剂 蒸馏水。

（2）仪器设备 烘箱、水蒸气蒸馏装置、离心机等。

（3）工艺流程 原料→预处理→水蒸气蒸馏→冷冻→分离→分馏→八角茴香油。

（4）提取过程

① 原料。八角茴香的果实和枝叶都可作为提取八角茴香油的原料。

② 预处理。采收后的果实立即晒干或烘干。也可将鲜果置于 90～100℃的热水锅中，用木棒搅拌 5～10min 后，即速捞出，在竹席上摊晒 5～6d 即干。再用麻袋装包，在阴凉干燥处贮藏备用。采收的枝叶要用水清洗沥干后立即进行蒸馏，防止油挥发损失。

③ 水蒸气蒸馏。将处理好的原料放入水蒸气蒸馏装置中，收集蒸馏液，静置分层得到粗制原油。

④ 冷冻。将粗制原油放进温度为 −10～−5℃的盐水池或冷库内冷冻。

⑤ 分离。将冻结的原油放进离心机内分离油、茴脑，得到粗制茴脑及去脑油（二次油）。

⑥ 分馏。将粗制茴脑蒸馏，收集不同温度下的馏分，可得凝固点为 18～20℃的八角茴香油精品。

4. 理化性质

八角茴香油为无色至黄色液体，略具黏性。具有浓馥的八角香气，并带有天然适口的甜味。在稍冷温度（低于 15℃）时即凝成固体。相对密度为 0.978～0.988，折射率为 1.553～1.558，旋光度为 $-2°\sim+1°$，凝固点在 15℃ 以上，15.5℃时以 1∶3 比例全溶于 90%乙醇，茴香脑含量>80%。

为保持油质的稳定，宜将八角茴香油包装在玻璃或白铁皮制的容器内，存放于温度 5～25℃、空气相对湿度不超过 70%的避光库房内。

八角茴香油的主要成分为茴香脑，是两种异构体反式茴香脑和顺式茴香脑的混合体。一般果油茴香脑含量比叶油多，约 80%～85%，但昆明八角叶油茴香脑含量达 95%。其他成分为黄樟油素、茴香醛、茴香酮、茴香酸、甲基胡椒酚、蒎烯、水芹烯、芋烯、1,8-桉叶素、3,3-二甲基烯丙基对丙烯基苯基醚等。

5. 主要用途

八角茴香油主要用于酿酒工业，其次用于食品和牙膏加香。国外大量用它配制利口酒，可用于汤类、蛋糕、面包中，也用于肉类及糖果中。此外，还用于改善药剂的味道及口腔保护剂等。可供药用，有开胃下气、温肾散寒、止痛、杀菌和促进血液循环的作用。八角茴香油还可以用作合成阴性性激素已烯雌酚和抗癌药物"派洛克萨隆"的主要原料。

九、豌豆中蛋白质的提取技术

（1）试剂　蒸馏水、盐酸、氢氧化钠、氯化钠。

（2）仪器设备　磨浆机、149μm 筛、离心机、电热恒温箱等。

（3）工艺流程

原料→浸泡→磨浆→分渣→静置分离┌─蛋白质液→酸沉→离心沉降→干燥→蛋白质
　　　　　　　　　　　　　　　　└─淀粉→洗涤→离心沉降→干燥→淀粉

（4）提取过程

① 原料。以市售豌豆为原料。

② 浸泡。浸泡使豌豆的水分和物质状态发生变化，纤维吸水膨胀增大，使得破碎后与蛋白质、淀粉易于分离。用 0.5mol/L 的氯化钠溶液常温下（16℃）浸泡豌豆的适宜时间为 40h 左右。冬季可适当延长，夏季则可相应缩短，夏季浸泡时间比冬季缩短 4～5h。

③ 磨浆、分渣。磨浆是通过机械作用破坏豌豆内部纤维与蛋白质的结构网，

从而使淀粉和蛋白质溶于磨浆液中，达到分离提取的目的。理论上，豌豆碾磨次数与产品得率成正比，实际上磨浆二次就可以了，这样既能使豌豆的纤维得到充分破坏，又不会使纤维碾磨过细而影响产品质量。磨浆后要将粗纤维与含有淀粉和蛋白质的浆液分离，即分渣。分渣时若分样的筛孔过大，一些被磨细的纤维及杂质将随浆液一齐通过筛网，达不到分渣的目的；若筛孔过小，一部分膨胀大颗粒淀粉和分子量较大的蛋白质无法通过筛网，降低了产量。参照相关资料，选用 $149\mu m$ 分样筛，效果较好。

④ 静置分离。淀粉具有凝沉的特性，其原因是羟基间相互作用形成氢键，结成较大的颗粒或束状结构，当体积增大到一定程度后，沉淀就形成了。淀粉在 pH 为 7 时凝沉速度最快，而 pH 为 10 和 2 时则沉降速度很慢。不同的无机盐类对淀粉凝沉的影响也不一样，有的能促进，有的则抑制。加入凝沉剂有助于缩短沉淀时间。选择适宜的静置时间，这也是工艺上的一项要求。静置分离要求淀粉在蛋白质沉淀以前充分凝沉，以达到淀粉、蛋白质分离的目的。

⑤ 洗涤淀粉。下层淀粉部分先用 0.02％ 氢氧化钠溶液洗涤，洗液加到蛋白质液中，这样可使黏附于淀粉上和沉淀的蛋白质溶于碱液，从而提高淀粉质量，减少蛋白质损失。碱洗过的淀粉再用清水洗涤 2 遍，目的是洗去淀粉中的残碱和少量杂质。淀粉经过清洗后略微有些损失，但干后的产品质量有所提高。

⑥ 蛋白质液的酸沉淀。蛋白质的溶解度是随 pH 的变化而变化的，在其等电点（pH 为 4.4～4.6）时，蛋白质的溶解度最低，大量的蛋白质从水中絮凝沉淀出来。利用这一特性，用盐酸调节其 pH 到等电点，将蛋白质分离出来。

⑦ 离心沉降。离心机转速 3000r/min，蛋白质液约沉降 10min。淀粉的离心沉降也采用 3000r/min，但沉降时间要长一些，约 12min。

⑧ 干燥。分离出的淀粉可用电热恒温箱干燥，但开始时的温度不得超过 55℃。因为在存在着较多游离水分的情况下，高温会使淀粉糊化，从而破坏其色泽和特性。干燥蛋白质时，为缩短干燥时间，一般采用恒温烘箱 105℃ 的温度来干燥，得到的是变性的蛋白质。而使用喷雾干燥则可得到优质的蛋白质粉，喷雾干燥生产豌豆蛋白质粉压力在 0.2～0.4MPa 为宜。

（5）理化性质　豌豆蛋白质的溶解性与 pH 有着密切的关系。在 pH＞4.0 或 pH＜4.0 时，其溶解性都增加。pH＝4.0 是豌豆蛋白质的等电点，豌豆蛋白质的溶解性最小，豌豆蛋白质即在此 pH 条件下沉淀。当 pH＞4.0 时，随着 pH 的增加，豌豆蛋白质的溶解性增加，这和其他蛋白质的溶解性受 pH 的影响是一致的。温度对豌豆蛋白质的溶解性没有太大的影响。

豌豆蛋白质的保水性随 pH 的增加而增加。另外，温度对豌豆蛋白质的保水性也有影响。一般情况下，随着温度的升高，蛋白质的保水性降低。在 40℃ 左右时，豌豆蛋白质的保水性最高。在较高温度时豌豆蛋白质的吸油性较低，而在较低温度时豌豆蛋白质的吸油性较高，这主要是因为在较低温度时油的黏性较大。

起泡性是指蛋白质被搅打起泡的能力，泡沫稳定性是指泡沫保持稳定的能力。蛋白质的起泡性和泡沫稳定性与 pH、离子强度、浓度、热处理、蛋白质的改性及蛋白质的种类有着密切的关系。随着浓度的增加，豌豆蛋白质的起泡性增加，浓度达到 5％时，起泡性能最强，而泡沫的稳定性则随着浓度的增加而增加。

蛋白质的浓度对乳化性和乳化稳定性有着直接的影响，蛋白质液的浓度增加，乳化性和乳化稳定性也增加。除了浓度的影响外，介质 pH 的变化对蛋白质的乳化性及乳化稳定性也有显著影响。在 pH＝4 时，豌豆蛋白质的乳化性和乳化稳定性都最小，这是因为 pH 为 4 时豌豆蛋白质的溶解度最小。随着 pH 的增加，豌豆蛋白质的乳化性和乳化稳定性都增加，这与豌豆蛋白质的溶解性增加有着直接的关系。

（6）主要用途　由于在加工过程中未受热变性，豌豆蛋白质保持了固有的特性，具有较好的溶解性，可广泛应用于食品、饮料中。豌豆蛋白质具有相当高的保水性和吸油性，同时具有胶凝性，可用于火腿肠等肉制品的添加。豌豆蛋白质具有一定的发泡性能和泡沫稳定性，可部分代替蛋类添加到糕点制品中；豌豆蛋白质具有非常好的乳化性和乳化稳定性，可用作各类食品的乳化剂。

第五章　观赏植物的提取技术与实例

05 Chapter

第一节　色素的提取技术与实例

一、紫叶小檗叶子中色素的提取技术

（1）试剂　盐酸。

（2）仪器设备　研磨机、真空过滤设备、蒸馏浓缩装置、喷雾干燥机等。

（3）工艺流程　原料→预处理→浸提→过滤→蒸馏→浓缩→成品。

（4）提取过程

① 原料。在紫叶小檗生长期内采摘成熟的叶片为提取材料。

② 预处理。用蒸馏水将叶片清洗干净后，风干。研磨或打成浆状备用。

③ 浸提。把浆液放在浸提容器内，加入 pH 为 2.0 的 0.01mol/L 盐酸为浸提剂，浆液（g）与浸提剂（mL）的配比为 1g：50mL 为好。在 60℃温度下浸提 60min 即可。

④ 过滤。浸提后过滤，过滤后的滤渣要再进行浸提，浸提条件同前，合并两次滤液备用。

⑤ 蒸馏、浓缩。把滤液在蒸馏器上进行蒸馏即可得到红色素的色浆，经烘干后即可得到红色素粉。

（5）理化性质　紫叶小檗叶子红色素属花色苷类色素，在可见光区的最大吸收波长为 504nm。其色浆为紫红色膏体，无异味。易溶于水及乙醇溶液，不溶于乙醚、丙酮、石油醚。

在 pH 为 1～12 范围内，随着 pH 的逐渐增大，该色素稀释液的颜色变化为：橙红→浅黄→棕黄→黄绿。在不同的 pH 下不但该色素的颜色发生变化，而且吸收光谱也发生明显的改变。随 pH 增加，该色素的红色吸收峰逐渐减少，在 pH＝5 时完全消失。这种变化与其分子结构变化有密切的关系，pH 愈高，其分子降解速度愈快。

Na^+、Ca^{2+}、Mg^{2+}、Cu^{2+}、Al^{3+} 存在 24h 后，色素的保存率有所增加，证明这几种金属离子对该色素有保色、增色作用。Zn^{2+}、Mn^{2+}、Pb^{2+} 存在 24h 后，色素保存率稍有降低，表明这几种金属离子对色素稳定性可能有一定影响。锡离子加入后，色素液的颜色由橙红色变为粉红色，24h 后色素吸光度略有增加。铁离子加入，可观察到颜色迅速由橙红色变为褐色，最大吸收峰向紫外移动，说明色素结构已发生变化。但铁离子对色素的不良影响可通过加入少量多聚磷酸钠消除。多聚磷酸钠可与 Fe^{3+} 形成极为稳定的水溶性络合物，从而防止 Fe^{3+} 对色素的破坏。

在一般加热情况下，该色素在 pH＜2.0 介质中稳定性最好；在 pH＜5 时，80℃水浴恒温 1h，该色素的残存率随 pH 的升高而逐渐降低；当 pH＝2.0 时几乎没有被破坏。该色素具有一定的热稳定性。升高温度，该色素吸光度在短时间内无明显变化，但随着加热时间的延长，吸光度有下降的趋势。将 pH＝2.0 的该色素稀释液置于室内光线充足之处，直接照射 30d，降解率＜10％。

（6）主要用途　紫叶小檗叶红色素是食品工业中较好的食用色素。

二、牵牛花中红色素的提取技术

（1）试剂　蒸馏水。

（2）仪器设备　捣碎机、蒸馏浓缩装置、喷雾干燥机等。

（3）工艺流程　原料→预处理→浸提→蒸馏浓缩→喷雾干燥→成品。

（4）提取过程

① 原料。采用野生或人工种植的牵牛花的花朵作为原料。

② 预处理。剪取花朵上的红色部分，用自来水冲洗干净，用捣碎机捣碎成泥状，备用。

③ 浸提。向捣碎成泥的牵牛花中加入 4～5 倍的蒸馏水进行浸提，室温下浸提 30min。浸提过程中要不断搅拌。浸提后过滤，滤后把滤渣再进行 3～5 次浸提，每次 30min。合并各次的滤液，备用。

④ 蒸馏浓缩。把合并后的滤液在蒸馏浓缩装置上进行蒸馏浓缩，即可得到牵牛花的膏状红色素。

⑤ 喷雾干燥。把这种膏状红色素利用喷雾干燥装置进行喷雾干燥，即可得到牵牛花的红色素粉末。

（5）理化性质　牵牛花红色素的主要有色成分是牵牛花素。牵牛花红色素易溶于水，水溶液中最大吸收峰为 520nm。在酸性水溶液中稳定，呈红色，碱性使其变黄至黄绿。因此，牵牛花红色素可以作为酸碱指示剂代用品，具有灵敏度高、对光和热的稳定性能好等特点，应用于酸碱滴定中指示滴定终点时具有滴定误差小的优点。这种色素可代替酚酞、甲基橙、石蕊等几种指示剂使用，特别是代替石蕊使用时，溶液由绿色变为红色比紫色变为红色更加明显，所以是很好的化学指示剂。提取后的红色素为粉状产品，包装时要注意防潮。

（6）主要用途　牵牛花红色素是酸碱混合指示剂中指示效果最好、敏锐性能最高的一种色素。同时牵牛花红色素也是食品工业上良好的添加剂，不仅增加食欲，还可起到解暑、助消化等作用。此外，牵牛花红色素还可用于化妆品及日用化工产品中。

三、虎杖茎叶中色素的提取技术

（1）试剂　乙醇。

（2）仪器设备　高速离心机、天平、恒温水浴锅、冷凝回流装置、高速粉碎机、真空干燥箱等。

（3）工艺流程　原料→预处理→浸提→过滤→分离→蒸馏浓缩→干燥→成品。

（4）提取过程

① 原料。取人工种植或野生虎杖的茎叶作为原料。

② 预处理。用清水冲洗掉虎杖茎叶表面的尘土，晾干。把茎叶剪成适宜大小的茎段，在30℃条件下进行干燥处理，干燥后用高速粉碎机粉碎，粉碎后过420μm筛，备用。最好选用去皮的虎杖茎。

③ 浸提、过滤。把粉碎好的虎杖粉放在99.5%的乙醇中进行浸提，虎杖粉和乙醇的质量比为1∶10为宜。在60℃温度下浸提10h，浸提过程中要不断搅拌。浸提后趁热过滤，滤液备用，滤渣进行两次浸提，浸提后合并两次滤液备用。

④ 分离、蒸馏浓缩、干燥。取过滤后的滤液在高速离心机上离心分离，离心后去掉下部的杂质，取上清液用恒温水浴及冷凝回流装置进行蒸馏，同时回收乙醇。蒸馏浓缩后即可得到虎杖黄色素的粗品，再经过真空干燥即可得到精品虎杖黄色素。

（5）理化性质　虎杖茎叶提取液呈明显的黄色。近年来，人们对虎杖黄色素进行了提取研究，得到了非单一成分的色素成品。虎杖黄色素色泽亮丽，具有较强的抗氧化效果，对光、热稳定性较好，是一种新型天然色素。

（6）主要用途　虎杖黄色素可作为食品添加剂广泛应用到食品、保健品中，还可用在医药工业、化妆品工业中，具有着色和抗氧化双重效用，具有良好的开发前景。

四、栀子果实中色素的提取技术

1. 方法一

（1）试剂　软水、乙醇。

（2）仪器设备　粉碎机、浸提设备（不锈钢或木质）、微波炉、冷凝器、色谱分离设备、真空低温浓缩设备、高速离心喷雾干燥机、色谱柱、真空冷冻干燥机等。

（3）工艺流程　原料→预处理→浸提→浓缩→提纯→精制→回收溶剂→喷雾干燥→成品。

（4）提取过程

① 原料。采用栀子果实为原料。栀子果实从 10 月初开始成熟，但此时不宜采摘。最好在 10 月末采摘，此时栀子果实中色素含量较高。

② 预处理。由树上采下的鲜栀子果实需先经过干制。必须使果实中含水率降至 10% 以下，这样果实不易霉变，便于贮藏。贮藏时可用麻袋装，放置于通风、凉爽的仓库内。

栀子果实外层有一薄层外壳，阻碍溶剂渗透，必须进行粉碎。粉碎时采用锤式粉碎机效果较佳，不仅能打破外层硬壳，同时也对果肉进行适当的粉碎。粉碎后颗粒粒度约 3mm。对粉碎后物料进行筛选：粗大颗粒返回粉碎机再碎；筛选合格的颗粒，经风选除去外壳，即可用于浸提。

③ 浸提。浸提多采用罐组逆流浸提，罐数 4～5 个，浸提温度 50～60℃，料液比 1：6，水作为溶剂。水中的 Ca^{2+}、Mg^{2+} 硬度会降低浸提率和影响浸提液质量，应采用软水。浸提设备不能用铁质，必须采用不锈钢或木质。罐底部装有不锈钢丝网的假底，阻止物料进入排液管道。浸提液浓度一般为含干物 3%～5%。

④ 浓缩。浸提液浓度很稀，需经浓缩，除去大部分水分。一般经浓缩后使其总固物含量提高至 40% 左右。由于该色素对高温敏感，易分解破坏，浓缩时应采取真空低温浓缩设备，以保证产品质量。接触色素溶液部分应用不锈钢制造。浓缩时，加热蒸汽表压一般为 100～200kPa，蒸发器真空度 87～96kPa。

⑤ 提纯。用水作溶剂进行浸提的时候，特别是在较高温度下热水浸提时，必然使栀子果实中一些果胶、植物蛋白质等水溶性杂质也被浸出，在以后的加工过程中会形成沉淀，且影响产品的质量和使用，必须除去。除去的方法就是向浓缩液中加一定量乙醇，在一定的浓度下，果胶等杂质就会成为絮状沉淀。静置 2～3h，再进行过滤，除去沉淀，清液即为提纯液。提纯操作在常温下进行，提纯后所得沉淀残渣量约占原料的 14%～18%（含水 70% 左右）。

⑥ 精制。经过提纯后的栀子色素溶液，尽管除去了一部分杂质，但仍含有一些黏性杂质，使溶液很难干燥，特别是不能使用喷雾干燥得到粉状产品。所得产品具有很强吸湿性，无法保存，给包装、使用带来困难。经过精制工序后，可解决上述问题。精制方法是将提纯后的色素溶液通过无极性多孔聚合树脂柱进行色谱分离。溶液经过树脂层的吸附作用后，进一步除去杂质而得到精制产品。

⑦ 回收溶剂。生产过程中添加的乙醇，必须进行回收。回收溶剂操作，可在

各种形式的蒸发器内进行。由于乙醇沸点比水沸点要低得多,容易蒸发,蒸发过程中不需启动真空泵,依靠冷凝器中乙醇蒸气冷凝形成的低真空即可正常运行。回收的乙醇溶液是乙醇与水的共沸物,乙醇浓度较低,需要补充新乙醇,返回使用。

⑧ 喷雾干燥。多采用喷雾干燥,直接干燥成粉,一般使用小型高速离心喷雾干燥机。干燥机进风温度为200℃左右,出口排风温度80~90℃,风量80m³/h,离心盘转速16000r/min。所得产品流动性和水溶性良好,产品含水率7%~9%。

(5) 产品质量指标 我国目前生产的栀子黄色素产品质量指标见表5-1。

表 5-1 栀子黄色素产品质量指标

技术规格	指标	技术规格	指标
吸光系数 $E_{1cm,440}^{1\%}$	20~25	砷/(mg/kg)	≤1
干燥失重/%	≤50	铅/(mg/kg)	≤2
灰分/%	≤5	重金属/(mg/kg)	≤1

2. 方法二

(1) 试剂 蒸馏水、石油醚、乙醇、果胶酶、硅藻土、硅胶、氧化铝盐酸或氢氧化钠溶液。

(2) 仪器设备 微波炉、真空薄膜蒸发浓缩器、真空冷冻干燥机等。

(3) 工艺流程 原料→预处理→萃取→提纯→浓缩→干燥→精制→产品。

(4) 提取过程

① 原料及预处理同方法一。

② 萃取。可采用溶剂萃取法或微波萃取法。

a. 溶剂萃取法。将预处理过的栀子果实的粉末10.0g置于烧杯中,加入一定体积的石油醚,使其浸没栀子果实的粉末,搅拌脱脂30min,过滤(滤液回收石油醚)。将滤渣晾干,自然挥发驱除石油醚。加入一定量的乙醇,封口萃取。萃取一段时间后,抽滤收集色素溶液。萃取条件:60%的乙醇水溶液为萃取剂;萃取温度50℃;萃取时间2h;萃取级数2级;料液比1:12(质量比)。

b. 微波萃取法。将预处理过的栀子果实的粉末10.0g置于烧杯中,用石油醚脱脂后,加入60mL一定浓度的乙醇水溶液,放入微波炉中在一定条件下萃取。工艺条件:萃取功率210W;萃取剂为50%的乙醇水溶液;萃取时间80s;萃取级数2级;料液比1:12(质量比)。

③ 提纯。向粗提色素溶液中加入0.05%的果胶酶,于50℃下反应2h,然后过滤得到澄清的色素溶液。进行三次吸附除杂、过滤,分别加入2%的硅藻土、硅胶和氧化铝,充分搅拌后静置2~3h再用两层滤纸过滤,得到澄清的色素溶液。

④ 浓缩。采用真空薄膜蒸发浓缩器将精制后的色素溶液中所含的大量乙醇与部分水分蒸发掉,达到浓缩的目的。操作条件如下:真空度(8.61~8.06)×10⁴Pa;

浓缩温度 50～55℃；浓缩至原体积的 80％左右。

⑤ 干燥。将浓缩后的色素溶液于－40℃冷冻 2h 后放入真空冷冻干燥机干燥，得到粉末状的色素产品，具体操作条件为：冷冻温度－53.5℃；真空度 40Pa。

⑥ 精制。采用吸附树脂精制栀子黄色素。

由于吸附树脂生产中一般均采用工业级原料，产品未经过进一步净化处理，因此在产品贮藏期间吸附树脂内部往往残留少量单体、致孔剂和其他有机杂质。市售吸附树脂通常颗粒大小不同，在使用前须先过分样筛。过筛后，选取粒度在149～420μm 之间的吸附树脂。

吸附剂水合：吸附树脂通常以湿态保存，如暴露在空气中，树脂可能部分干燥失水。由于吸附树脂是疏水性的，须防止简单的再湿过程。为使树脂再度水合，应把脱水的吸附树脂放在甲醇、乙醇或蒸馏水中浸泡，以便从孔中赶出空气。浸泡之后，用水冲洗取代甲醇或乙醇。

预处理：装柱之前，吸附树脂需用盐酸或氢氧化钠溶液进行处理，水洗，以除去残留的防腐剂和单体化合物。由于有很多有机物在紫外光区有强烈的吸收，因此必须将树脂彻底处理干净。用乙醇清洗至清洗液在 238nm 处的吸光度为 0。

处理过的树脂可以静态法和动态法两种方法使用，静态法即直接置于三角瓶中，加粗品溶液浸没树脂即可；动态法则需装柱，反洗后，用水洗涤几次，注意始终保持液面在树脂之上。

3. 理化性质

栀子黄色素中含有 7 种藏红花酸的衍生物，主要成分是藏红花素和藏红花酸。藏红花素熔点 186℃，最大吸收峰波长 434nm。藏红花酸（$C_{20}H_{24}O_4$），分子量 328.39，是反式胡萝卜素二羧酸，最大吸收峰波长 463nm。实际栀子黄色素水溶液最大吸收峰在 440nm 处，碱性条件下吸光度增高。高压液相色谱显示栀子黄色素中还含有单宁、果胶、精油、D-甘露酸、β-谷氨酸、绿原酸，以及以栀子苷为主的 11 种环烯醚帖苷类化合物等。

栀子苷的存在不仅会影响栀子黄色素的稳定性，更重要的是会使栀子黄色素染色的面制品变绿。因此，在提取色素时需要对粗提的色素进行精制。

栀子黄色素为橙黄色粉末，易溶于水，溶液透明，水溶液的最大吸收波长440nm，对蛋白质和淀粉的染着性较好。难溶于无水乙醇、乙醚等有机溶剂。

栀子黄色素具有类胡萝卜素类色素共有的缺点，即抗氧和抗光性能较差，并且易受酶作用而褪色。这是因为藏红花素的分子中具有许多全反式的共轭双键。

栀子黄色素在受到氧化或分解时都将褪色。有光存在时会加速栀子黄色素分解的进行，在无光的情况下这种反应也会缓慢地进行。因此，在栀子黄色素的贮存和应用中都应采取有效措施，避免同氧接触，避光。

4. 主要用途

传统上，栀子黄色素主要用于面制品的着色，近年来利用其对蛋白质和淀粉良好的染着性，对糖果、蜜饯、冰淇淋、饼干、蛋卷、橘汁、汽水及冷饮进行着色，用量为 1‰～4‰。例如对蛋卷着色，用 0.5kg 栀子黄色素粉加 3.5kg 水，和面时加入，每 63kg 成品耗用 1.25kg 栀子黄色素溶液。上述各种食品着色结果表明：着色后色彩鲜艳，耐热性强，稀溶液高温煮沸亦不变色。

五、一串红中色素的提取技术

（1）试剂　蒸馏水、盐酸、乙醇。

（2）仪器设备　减压蒸馏装置等。

（3）工艺流程　原料→预处理→浸提→二次浸提→过滤合并滤液→蒸馏→干燥→成品。

（4）提取过程

① 原料。采用野生或人工种植的一串红的新鲜花朵作为原料。

② 预处理。用清水冲洗干净，进行适当的晾晒，捣烂或研碎后备用。

③ 浸提。把捣烂的浆液放入容器内，按浆液质量的 4 倍，加入含 2%盐酸的 95%以上的乙醇进行浸提，浸提过程中要不断搅拌。室温下浸提 30min 后过滤，收集滤液备用。

④ 二次浸提。过滤后的滤渣要再进行浸提。在滤渣中加入 3 倍其质量的含 2%盐酸的 95%以上的乙醇，浸提过程中要不断搅拌。室温下浸提 2h 后过滤，合并两次滤液备用。

⑤ 蒸馏干燥。把滤液在 50℃减压蒸馏器上进行蒸馏，回收乙醇，即可得到红色素的色浆，经烘干后即可得到红色素粉。

（5）理化性质　一串红浸提液所含色素主要为花青苷类色素，其基本骨架为 2-苯基苯并吡喃。一串红色素易溶于水、乙醇、丙酮、酸性溶液，不溶于乙醚等非极性溶剂，属水溶性色素。一串红色素在弱酸性和酸性条件中的最大吸收峰为 515nm，吸收峰值稳定，且颜色艳丽悦目；但在碱性条件下，有沉淀产生，色素遭到破坏。所以该色素适于在中性及弱酸性条件下使用。一串红色素在弱酸性和酸性条件下耐热性和耐光性好。

（6）主要用途　一串红花色素易溶于水，味甘甜，无毒，安全性高，稳定性好，着色分度好，可用于糖果及酸性饮料、蛋糕等食品中，也可以用于化妆品的着色。

六、万寿菊中色素的提取技术

（1）试剂　己烷、丙酮、甲醇、酚酞、盐酸。

（2）仪器设备　烘干箱、粉碎机、搅拌机、恒温水浴锅、真空蒸馏器等。

（3）工艺流程　原料→预处理→浸提→皂化→蒸馏→成品。

（4）提取过程

① 原料。在万寿菊开花期，采摘新鲜的万寿菊花朵作为原料。

② 预处理。去掉花梗和萼片，然后放置于 110℃ 的烘箱中烘干 40min，直至材料恒重为止。取烘干的材料，用粉碎机粉碎，过 $420\mu m$ 的筛，得到万寿菊花朵的粉末，备用。

③ 浸提。把粉末放在己烷∶丙酮∶甲醇＝8∶1∶1（体积比）的有机组合溶剂内进行浸提，浸提液的质量是粉末的 50 倍，浸提时间为 25h。需要注意的是浸提时要在黑暗的条件下进行，不要见光。浸提后过滤，取过滤液备用。

④ 皂化。皂化时将其与质量分数 40% 的甲醇溶液（体积为提取液的一半）置于圆底烧瓶中，在 56℃ 的水浴中回流约 60min（至烧瓶内液体澄清并无油珠出现）。皂化完毕后，冷却至室温，取下圆底烧瓶，加质量分数 1% 的酚酞指示剂 2～3 滴，然后以 0.1mol/L 盐酸滴定至指示剂褪色为止，以确保皂化后的产物呈中性。

⑤ 蒸馏。皂化完成后，通过蒸馏的方法得到万寿菊黄色素的成品。

（5）理化性质　万寿菊黄色素属于黄酮类色素，吸收光谱峰所对应的波长在 350nm 左右。适用 pH 范围较广，在 pH$<$7 时为黄色，在 pH$>$8 时才变为橙黄色。

金属离子 Na^+、K^+ 对该色素溶液无不良影响，Fe^{2+}、Sn^{2+}、Zn^{2+} 对该色素溶液颜色的稳定性影响不大，而金属离子 Fe^{3+}、Cu^{2+}、Ca^{2+}、Mg^{2+} 则对该色素有不良影响，在保存和使用时应尽量避免与其接触。

万寿菊黄色素的耐光性、耐热性、耐还原性较差。万寿菊黄色素溶液中添加防腐剂后，其吸光度随浓度增大而减小，表明防腐剂对色素溶液有一定影响。因此，在保存与使用该色素时，应尽量避免与苯甲酸钠一起合用。此外，蔗糖对该色素溶液无不良影响。

（6）主要用途　万寿菊花干粉的提取液主要成分为叶黄素脂肪酸酯，尽管它也是一种黄色素，但不易被人体或动物吸收利用，色素沉积效果不好，而将其在合适条件下皂化成类胡萝卜醇却极易被吸收利用，且有资料表明该成分可促进人体的健康。在日本，万寿菊色素主要用于饮料、冷饮、糕点、油脂食品等的着色。

七、灵芝中色素的提取技术

（1）试剂　乙醇。

（2）仪器设备　烘干箱、粉碎机、搅拌机、恒温水浴锅、真空蒸馏器、真空喷雾干燥机等。

（3）工艺流程　原料→预处理→浸提→过滤→浓缩→干燥→成品。

（4）提取过程

① 原料。提取灵芝中的色素一般选择灵芝提取多糖后的残渣作为原料。

② 预处理。在灵芝多糖生产加工厂收集大量的残渣，要求洁净、无霉菌污染，充分晾晒后，用粉碎机粉碎备用。

③ 浸提、过滤。把处理好的灵芝残渣用 70% 的乙醇进行浸提。提取时保持浸提温度 80～90℃，浸提 4h 即可，浸提时不断搅拌。浸提后趁热过滤，取滤渣进行二次浸提，浸提后合并两次滤液备用。

④ 浓缩、干燥。利用真空浓缩设备对浸提液进行蒸馏浓缩，浓缩过程中回收乙醇，浓缩后即可得到膏状的色素纯品，利用真空喷雾装置喷雾干燥后即可得到色素的粉状纯品。

（5）理化性质　灵芝色素中主要含有花色素苷类化合物，是水溶性天然色素制品，光吸收峰值的波长为 390nm。灵芝色素耐酸，在酸性介质中（pH＝1.0～4.8）能够稳定存在，分子结构不发生明显变化，颜色为棕红色。在微酸或碱性条件下（pH≥6.1）不稳定，逐渐变为褐色。因此在应用过程中，应注意将该色素在酸性条件下使用。灵芝色素耐热，耐光，安全可靠。此外，灵芝色素对光有强的稳定性。

（6）主要用途　从灵芝中提取的色素可以作为营养型饮料的添加剂，加入此色素后的产品色泽如同咖啡颜色，自然柔和。灵芝色素是着色力强、色泽鲜艳，可以改善食品风味和质量，并且安全无毒的良好食用色素。在饮料、营养型口服液中加入灵芝色素，经过 3 个月的贮藏，色泽与口味无任何变化。

八、紫荆花中色素的提取技术

（1）试剂　乙醇、盐酸。

（2）仪器设备　减压蒸馏器、抽滤设备、浓缩设备等。

（3）工艺流程　原料→预处理→浸提→过滤→蒸馏→干燥→成品。

（4）提取过程

① 原料。收集色泽相近的紫荆花作为原料。

② 预处理。将紫荆花风干后切碎，筛选大小均匀的碎片，称重后备用。

③ 浸提、过滤。用盐酸把 85% 乙醇调至酸性，用量以浸没风干的紫荆花且高出 2cm 为度，常温下浸提 5h，用滤布包裹挤压过滤后，得深红色滤液，备用。将过滤的滤渣，用同样方法进行二次浸提。合并两次提取液后抽滤，得深红色澄明液体，即为色素提取液。

④ 蒸馏、干燥。减压蒸馏回收乙醇至无醇味，纯化处理后在 60℃ 以下低温浓缩，得黏稠性深红色浓缩液，将其进行喷雾干燥，得到红色素粉末，即为成品。

（5）理化性质　紫荆花红色素在酸性溶液和乙醇中溶解性能良好，属水溶性红色素。紫荆花红色素溶液的最大吸收波长是 520nm。紫荆花红色素的水溶液，耐酸性能好，且在酸性溶液中呈稳定的鲜红色。紫荆花红色素与玫瑰茄红色素作共板薄层色谱对比研究，观察到在薄层板上其主要红色斑点的形状、颜色两者一致，只有斑点的迁移率值略有差异。经化学反应定性，初步证实紫荆花的红色素与玫瑰茄的红色素是同一类化合物，都是花青苷类。

（6）主要用途　用本方法自紫荆花中提得的红色素，毒性极低，近于无毒，可代替玫瑰茄提取红色素。因玫瑰茄是人工栽培作物，其原料价格高，且产量有限。如用紫荆花代替玫瑰茄提取天然红色素，不仅开发利用了本地区资源，而且节约了宝贵的玫瑰茄资源，具有良好的经济效益和社会效益。

九、黄刺玫果实中色素的提取技术

（1）试剂　乙醇。

（2）仪器设备　压榨机、打浆机、搅拌机、恒温水浴锅、真空蒸馏器、聚酰胺柱等。

（3）工艺流程　原料→预处理→浸提→过滤→浓缩→纯化→成品。

（4）提取过程

① 原料。在黄刺玫果实成熟季节收取黄刺玫的果实作为原料。

② 预处理。把黄刺玫果实清洗干净后进行适当的晾晒，用压榨机压碎果实的外壳，取出内部的种子，用打浆机把果实打成浆状，备用。

③ 浸提、过滤。把黄刺玫果实的浆液放入 90%的乙醇溶液中浸提，保持浸提温度 45℃，浸提 24h 即可。浸提过程中要不断搅拌。浸提后要趁热过滤，取滤渣进行二次浸提，合并两次滤液，备用。

④ 浓缩。把滤液进行真空蒸馏浓缩，回收乙醇。

⑤ 纯化。蒸馏后的溶液过聚酰胺柱，以吸附色素，后用蒸馏水洗柱，以洗掉其中的小分子糖类。水洗后用 95%的乙醇进行洗脱，收集洗脱液，进行真空浓缩，回收乙醇，可得膏状的色素成品。

（5）理化性质　黄刺玫果实色素难溶于非极性有机溶剂，易溶于水、乙醇等极性有机溶剂。黄刺玫果实色素在紫外光区有两个强吸收峰，一条出现在 210nm，另一条出现在 275nm。pH 对黄刺玫色素的影响规律是：酸性愈强，色素愈红。当 pH>5 时，颜色向紫色变化；当 pH>9 时，色素呈现褐紫色。这也与花青素的变化规律一致。

黄刺玫果实色素的耐氧化性较差，氧化剂用量愈大，降解速度愈快。另一方面，维生素 C、异维生素 C 和 Na_2SO_3 三种还原剂均可造成色素的降解，表明该色素的耐还原性较差。温度在 40℃ 以下时，黄刺玫果实色素不发生降解；50℃ 以上时，随着加热温度升高，色素降解速度愈来愈快，可见该色素的耐热性也较差。

（6）主要用途　从开发利用的角度考虑，必须进一步研究如何提高该色素的稳定性，才能使黄刺玫果实色素成为可利用的商品，进入市场。

十、黑眼菊中色素的提取技术

（1）试剂　50％的丙酮水溶液、乙醇、乙醚。

（2）仪器设备　打浆机、抽滤机、蒸馏浓缩设备等。

（3）工艺流程　原料→预处理→浸提→抽滤→蒸馏浓缩→冲洗纯化→色素胶质。

（4）提取过程

① 原料。在黑眼菊的开花盛期，采收黑眼菊的黄色花冠作为原料。

② 预处理。将黑眼菊花冠洗净后适当晾晒，用打浆机打成浆状或用研钵研成浆状，备用。

③ 浸提、抽滤。在黑眼菊黄色花冠的浆液中加入50％的丙酮水溶液进行浸提，丙酮溶液的用量为黑眼菊花冠浆液的3倍。常温下浸提4h，浸提后进行抽滤。把抽滤后的残渣进行二次浸提，合并两次滤液，备用。

④ 蒸馏浓缩。通过蒸馏浓缩的方法收集滤液中的黄色素。蒸馏浓缩时的温度不要过高，保持60℃即可，收集丙酮。浓缩后的滤液呈膏状，即为胶质的黑眼菊黄色素。

⑤ 冲洗纯化。将黑眼菊的色素胶质用1∶3（体积比）的乙醇-乙醚混合液进行冲洗，冲洗后抽滤，反复2次，将固体晾干，即得较纯的黄色素粉末，以鲜花片计算提取率可达3.6％。

（5）理化性质　黑眼菊黄色素呈较小颗粒的粉末状。黑眼菊黄色素在pH＜7时显浅黄色，pH≥7时呈亮黄色，对光和热均稳定。在黑眼菊黄色素水溶液中加入不同的介质，对色素吸光度有不同的影响。淀粉和氯化钠是使黑眼菊黄色素增色的介质，蔗糖是减色介质，但随蔗糖浓度增加，减色效应迅速减弱。

十一、女贞果实中色素的提取技术

（1）试剂　蒸馏水、乙醇。

（2）仪器设备　去壳机、粉碎机、搅拌机、水浴锅、喷雾干燥机、树脂柱、蒸馏浓缩设备等。

（3）工艺流程　原料→预处理→浸提→过滤→吸附→洗脱→浓缩→喷雾干燥→成品。

（4）提取过程

① 原料。在女贞果实成熟的9～12月份，采摘大量的果实作为原料。

② 预处理。将女贞果实清洗干净后通过晾晒或烘干的方法进行干燥处理。

干燥处理后去掉果实内部的果核，利用粉碎机把果肉粉碎成颗粒状，备用。

③ 浸提、过滤。把女贞果肉粉放在 2.5 倍的蒸馏水中进行浸提，保持浸提温度 70℃，浸提时间为 1.5～2.0h。浸提时要不断搅拌，以保证色素的浸出。浸提后马上过滤，取滤渣进行二次浸提，浸提后合并两次滤液，备用。

④ 吸附。将浸提液流经树脂柱。通过观察流出的颜色调节流速。使水及其他杂质流去，吸附达饱和后，用净化水洗涤树脂以进一步清除杂质。

⑤ 洗脱。选用乙醇为洗脱剂，收集洗脱液至滴出液近无色为止。

⑥ 浓缩。将收集到的洗脱液在 60～65℃下经减压蒸馏，回收乙醇，即可得到浓缩的色素浆液。

⑦ 喷雾干燥。把纯品浆液用喷雾干燥机喷雾干燥，即可得到女贞果的天然红色素成品。

（5）理化性质　女贞果中提取的天然红色素成品为粉状，红色。该色素易溶于水、乙醇、甲醇，不溶于乙醚、石油醚、乙酸乙酯等非极性溶剂。色素溶液在酸性条件下呈红色，碱性条件下呈黄绿色。在 pH＝3 的介质中，色素在可见光区的最大吸收峰波长为 545nm。

女贞红色素在酸性条件下比较稳定，色泽鲜艳，水溶性好，且蔗糖、葡萄糖对色素液有一定的护色作用，故该色素适合应用在酸甜味产品中。Fe^{3+}、Sn^{2+}、Al^{3+} 对女贞红色素有一定的影响，低浓度可使色素液变色，但少量 Fe^{3+} 的影响可以通过加入多聚磷酸钠来消除。所以，在开发利用过程中应避免与铁、锡、铝容器接触。

（6）主要用途　女贞果提取的红色素为水溶性色素。该色素耐热、耐糖性均较好，且安全无毒，成本低廉，可用于饮料、糖果、果冻等食品的着色，也可用于医药工业、化妆品工业等。

第二节　多糖的提取技术与实例

一、芦荟中多糖的提取技术

（1）试剂　蒸馏水、乙醇、盐酸、氯仿、戊醇或丁醇、蛋白酶、磷酸缓冲溶液。

（2）仪器设备　杀菌消毒设备、高速粉碎机、真空过滤器、冷冻干燥机、离心机、色谱柱等。

（3）工艺流程　原料→清洗→紫外辐射杀菌→去叶皮→匀浆→过滤→醇沉→干燥→去蛋白质→分离纯化→浓缩→干燥→成品。

（4）提取过程

① 原料。以芦荟鲜叶为原料。

② 清洗。首先把鲜叶用清水漂洗干净。最好用蒸馏水，不能用含漂白剂的

自来水，因漂白剂可导致芦荟液变色、变质。

③ 紫外辐射杀菌。洗干净的鲜叶，晾干后运入无菌室（室内装有杀菌消毒设备），进行紫外辐射杀菌，一般 5～10min 即可。

④ 去叶皮。在无菌室内进行。用经过消毒的刀片割开芦荟叶外皮，并将芦荟凝胶取出。将凝胶和叶皮分别切成薄片，装入塑料桶或缸内。

⑤ 匀浆、过滤。用高速粉碎机把凝胶和叶皮组织捣碎，成为稀浆液。然后用高速沉淀机进行沉淀处理。之后进行过滤或真空过滤，即成为芦荟纯原汁。

⑥ 醇沉。用盐酸将芦荟纯原汁的 pH 调到 3～3.5，按 1∶4 比例（体积比）加入 95％乙醇，搅拌 20～30min。弃去上清液，将沉淀加入去离子水适量，混合搅拌若干分钟，按 1∶4（体积比）加入乙醇，搅拌 30min，静置 2h，得沉淀。

⑦ 干燥。将 2kg 沉淀离心 10min，弃去上清液，沉淀转入冻干机中冻干，所得为芦荟多糖粗提物。

⑧ 去蛋白质。芦荟多糖的分离纯化首先要求去除蛋白质。常用的去除多糖中蛋白质的方法有：Sevag 法、三氟三氯乙烷法、三氯乙酸法。这些方法的原理是使多糖不沉淀而使蛋白质沉淀，其中 Sevag 方法去蛋白质效果较好。先在芦荟多糖粗提物中加入适量去离子水，混合搅拌，充分溶解。用氯仿∶戊醇（或丁醇）以 4∶1 比例（体积比）混合，加到样品中振摇，使样品中的蛋白质变性成不溶状态，用离心法除去蛋白质，保留上清液。采用蛋白酶使样品中蛋白质部分降解，再用透析或沉淀的方法，也可除去蛋白质，常用的蛋白酶有胃蛋白酶、胰蛋白酶、木瓜蛋白酶等。如将芦荟多糖粗品复溶于磷酸缓冲液中，用非专一性蛋白酶进行处理，再去掉小分子物质，不能透过透析袋的主要是甘露聚糖。

⑨ 分离纯化。迄今为止，人们纯化多糖的方法已有多种，如部分沉淀法、盐析法、金属配合法、纤维素柱色谱法、季铵盐沉淀法、纤维素阴离子交换柱色谱法、凝胶柱色谱法、制备性高效液相色谱、制备性区带电泳、超过滤及亲和色谱等，针对芦荟多糖的特性，可选择不同的分离纯化方法。如根据多糖分子大小和形状的不同，采用凝胶过滤色谱法、膜分离法，常用的凝胶有葡聚糖凝胶、琼脂糖凝胶和性能优良的 Sephacryl，洗脱液采用离子强度不低于 0.02mol/L 的磷酸缓冲液；根据多糖分子的电荷特性可采用离子交换色谱法，常用的离子交换剂有 DEAE-纤维素等。

⑩ 浓缩、干燥。将上清液加入大孔树脂柱床，并用水洗脱至流出液无色透明；合并流出液并浓缩，加入 95％乙醇，使溶液中乙醇含量达到 55％～85％，沉淀出多糖，冷冻干燥，即得精制的芦荟多糖。

（5）理化性质　研究表明，多糖是芦荟凝胶中的主要活性成分。采用气相色谱对芦荟多糖的降解衍生物进行了定性定量分析，发现该多糖主要由甘露糖、葡萄糖和半乳糖组成，摩尔比为 15.8∶1.0∶1.4。不同的芦荟品种，多糖所含的葡萄糖和甘露糖的比例是不同的，甚至同一品种不同种植条件下生长的芦荟，多糖的成分、含量和肽链的结构都可能不同。

对芦荟多糖进行红外光谱扫描，在 $4000\sim500cm^{-1}$ 区间内的谱图表现出一般多糖类物质的特征吸收峰：$3440cm^{-1}$ 处为—OH 的吸收峰；$2935cm^{-1}$ 处为 C—H 的伸缩振动的吸收峰；$1510\sim1670cm^{-1}$ 之间的吸收峰为 C $=\!=$ O 的振动峰；$1410cm^{-1}$ 处为 C—H 的弯曲振动吸收峰；$1090cm^{-1}$ 处为吡喃环结构的 C—O 的吸收峰，该吸收峰的存在，说明芦荟多糖为吡喃多糖。

（6）主要用途　芦荟多糖作为芦荟凝胶中的主要活性成分之一，具有免疫、促进细胞分裂和伤口愈合等功能，对多种由于免疫力下降引起的疾病都有显著的疗效。从芦荟中可以提取分离出较纯的芦荟多糖，用于开发芦荟多糖的保健药品或日用化妆品。

二、灵芝中多糖的提取技术

1. 灵芝子实体多糖提取工艺

（1）方法一：水提醇沉法

① 试剂：蒸馏水、乙醇。

② 仪器设备：天平、减压浓缩装置、离心机、冷冻干燥机等。

③ 工艺流程：原料、预处理→水提取→过滤、浓缩→醇沉→水沉→醇沉→粗品。

④ 提取过程：

a. 原料、预处理。将灵芝子实体洗去泥土后粉碎备用。

b. 水提。称取已粉碎的灵芝 5kg，加入 $4\sim6$ 倍量水，回流提取 3 次，时间分别为 3h、2h、1h，合并 3 次提取液。

c. 过滤、浓缩。过滤，除去不溶性杂质，滤液减压浓缩成 2.5L。

d. 醇沉。搅拌浓缩液，同时加入乙醇，使含醇量达到 80%，放置 12h，离心，收集沉淀。

e. 水沉。加蒸馏水溶解沉淀，煮沸，趁热滤除不溶物，保留滤液。

f. 醇沉。滤液在搅拌下再加入乙醇，使含醇量达到 80%，放置析出灰紫色沉淀，低温（或冷冻）干燥，即得灵芝多糖粗品，收率约 55%。

（2）方法二：醇提水沉法

① 试剂：蒸馏水、乙醇、苯甲酸钠。

② 仪器设备：回流装置、减压浓缩装置等。

③ 工艺流程：原料、预处理→醇提→浓缩→醇沉→水沉→浓缩→多糖浸膏。

④ 提取过程：

a. 原料、预处理。取干燥合格的灵芝子实体粉碎备用。

b. 醇提。将粉碎的灵芝用 50％乙醇湿润后，投入具夹层的反应罐中，再加入 50％乙醇，以浸没原料为度。夹层加热回流 2h，密闭 2h 时，放出第一次回流液。同法再用 60％及 70％乙醇回流提取 2 次。

c. 浓缩。将 3 次回流液合并，静止 48h，轻取上清液减压蒸馏，回收乙醇，得浓缩液。

d. 醇沉。在上述浓缩液中缓缓加入 95％乙醇，不断搅拌，使含醇量达 70％，室温静置 24h 以上，待沉淀完全后轻取上清液。减压蒸馏回收乙醇，得浓缩液。

e. 水沉。在以上浓缩液中缓缓加入等量新鲜热蒸馏水（70℃）和 0.5％苯甲酸钠，不断搅拌，使之充分混合溶解，3～5℃下静置 48h 以上，待沉淀完全，过滤至滤液澄明，即得浓缩液。

f. 减压浓缩即成浸膏。

（3）粗品的分离提纯

① 试剂：蒸馏水、鞣酸、活性炭、乙醇、氧化铝。

② 仪器设备：离心机、布氏漏斗、减压浓缩装置、冷冻干燥机等。

③ 工艺流程：粗品→去蛋白质→脱色→洗涤→醇沉→纯品。

④ 提取过程：

a. 去蛋白质。将粗品溶于 3L 蒸馏水中，煮沸，在搅拌下加入鞣酸溶液，待反应完全（取上清液加入 1 滴鞣酸溶液，不出现浑浊即为反应完全），再煮沸 15min。

b. 脱色。在煮沸的溶液中，加入 2％的活性炭，搅拌 10min，趁热用布氏漏斗过滤，滤液放冷。

c. 洗涤。加入乙醇使含醇量达到 70％，静置 24h，滤取析出物，用 70％乙醇 4L，反复洗涤沉淀，检查不含鞣酸为止。

d. 醇沉。湿品溶于 2L 的 20％热乙醇中，置于有 2kg 中性氧化铝层的布氏漏斗中，减压后，再加入 60℃的热蒸馏水连续洗脱。流出液减压浓缩成 2.5L，加入乙醇使含醇量达到 70％，放置，滤取沉淀后低温（或冷冻）干燥，即得灵芝多糖纯品。

2. 灵芝菌丝体发酵液多糖提取工艺

超滤分离灵芝多糖：用中空纤维超滤器从灵芝菌发酵液中分离和浓缩灵芝多糖，充分体现了中空纤维超滤法截留率佳、总通量大、浓缩效果好等优点。同时该法操作方便、能耗低、效率高、条件温和，适于工业规模生产。

灵芝野生资源贫乏，人工栽培周期长（3 个月以上），占地面积大，又受季节限制，影响了灵芝的充分利用。采用深层发酵技术生产灵芝周期短（7～10d）。

（1）发酵工艺　斜面菌体→一级种子培养（250mL 锥形瓶装液 50mL、摇床转速 50r/min、28℃、培养 2d）→二级种子培养（500mL 锥形瓶装液 100mL、摇床转速 150r/min、28℃、培养 3d）→转入 10L 大罐中深层发酵（装料系数 50％、接种量 10％、搅拌速度 150r/min、通气量 1L/min、28℃、发酵 144h）。

（2）菌种与试剂

① 菌种：红灵芝（上海市食用菌研究所）。

② 种子培养基：马铃薯 20％、蔗糖 2％、KH_2PO_4 0.3％、$MgSO_4 \cdot 7H_2O$ 0.15％、pH＝5.5。

③ 发酵培养基：玉米粉 6％、葡萄糖 1％、酵母膏 0.5％、$KH_2PO_4 \cdot 3H_2O$ 0.15％、$MgSO_4 \cdot 7H_2O$ 0.15％。

（3）发酵上清液胞外多糖的提取　发酵液→离心→浓缩→透析→浓缩→离心→乙醇沉淀→干燥→胞外多糖。

（4）菌丝体胞内多糖的提取　发酵液→离心→菌丝体干燥→抽提→浓缩→离心→上清液醇析→干燥→胞内多糖。

（5）粗多糖的纯化　粗多糖→Sephadex A-25 柱色谱分离→NaCl 梯度洗脱→含糖部分 Sephadex G-200 柱色谱分离→0.1mol/L NaCl 洗脱→多糖纯品。

（6）灵芝液体发酵多糖的测定　多糖的纯度鉴定采用聚丙烯酰胺凝胶电泳和凝胶进行纯度检验，多糖含量的测定采用苯酚-硫酸法。

以苯酚-硫酸法测定发酵液中多糖含量最佳条件是：波长 497nm，显色时间 20min，显色温度 30℃。

发酵液中多糖的测定结果见表 5-2；灵芝子实体多糖的测定结果见表 5-3。

表 5-2　发酵液中多糖的含量

项目	胞外多糖	胞内多糖	冷碱提水溶多糖	热碱提水溶多糖
多糖得率/(g/kg)	34.0	23.2	8.2	5.4
多糖纯度/%	96.5	96.2	96.0	96.8

表 5-3　灵芝子实体多糖的含量

项目	胞外多糖	胞内多糖	冷碱提水溶多糖	热碱提水溶多糖
多糖得率/(g/kg)	24.0	20.8	6.8	5.6
多糖纯度/%	96.5	96.2	96.0	96.8

可见，从菌丝体中提取的胞多糖与子实体中的多糖有相同的数量级，约为干重的 0.5％～2.5％，同时上清液中还含有丰富的胞外多糖。若以每升发酵液的菌丝干重 15.1g 计，则发酵液所含的多糖总量为 34.8g/kg 干菌体，略多于 100g 子实体中提取的冷水溶多糖。

3. 理化性质

灵芝的各种药理活性大多和灵芝多糖有关。灵芝多糖是具有生理活性的单糖聚合体。研究表明，灵芝多糖具有抗肿瘤作用，还能提高机体免疫力、消除机体内自由基、抗放射、提高肝脏解毒功能等。灵芝多糖特有的生理活性和药理作用，促使人们对其结构、功能、提取、应用等进行了研究。

从不同的菌种、用不同的方法提取的灵芝多糖，其结构不一定相同，活性也表现出差异。活性强弱与分子量、溶解度、黏度、多糖链的分支程度及支链上羟基取代的数量、糖苷键的类型以及多糖的立体构型有关。灵芝多糖分子量为 $10^4 \sim 10^6$ 时显示出强抑制肿瘤活性。有抗肿瘤活性的灵芝多糖大多是由 β-(1→3)-键连接的 D-葡萄糖，而(1→6)-连接的抑制肿瘤活性就很低。完全均匀的 β-(1→3)-D-葡聚糖是不溶于水的，活性低，部分羧甲基化后水溶性增加，同时也增强了抗肿瘤活性。活性不仅与初级结构有关，还在更大程度上受二级、三级结构的影响。三股螺旋构象对于其活性可能是必需的，α-(1→3)-葡聚糖只能形成带状立体结构，所以活性很低。即链内或链外的氢键是决定活性高低的重要因素。乙酰基的存在影响氢键的形成，进而影响灵芝多糖活性所需的螺旋型立体结构。

4. 主要用途

由于灵芝多糖具有特有的生理活性和临床作用，且安全无毒，可广泛应用于医药、食品和化妆品行业。灵芝多糖可在癌症患者放疗、化疗期间帮助患者提高免疫力。另外，灵芝多糖还可抑制过敏反应介质的释放，从而阻断非特异性反应的发生，抑制手术后癌细胞复发和转移。已投入使用的灵芝制剂有片剂、针剂、冲剂、口服液、糖浆剂和酒剂等，均取得了一定的临床疗效。灵芝多糖作为功能因子可制成保健食品，也可作为食品添加剂加入饮料、糕点、口服液中。由于灵芝多糖具有抗自由基的功效，可用于化妆品中起延缓衰老的作用。

第三节　功能性物质的提取技术与实例

一、苜蓿中食用蛋白质的提取技术

（1）试剂　蒸馏水、盐酸、乳酸、氢氧化钠等。

（2）仪器设备　打浆机、压榨机等。

（3）工艺流程　原料→磨碎打浆→榨汁→叶蛋白的分离→干燥→贮存→成品。

（4）提取过程

① 原料。采用新鲜的苜蓿植株为原料。

② 磨碎打浆。将新鲜的苜蓿植株稍加冲洗，除去尘土和其他杂物，切成 2～5cm 的碎段，用打浆机粉碎打成浆，使其细胞壁破裂。小规模生产的可采用普通的粉碎机打浆，通常打制 3 次，在打制第 2 次和第 3 次的过程中适当添加一些水，以使打浆容易，分离出更多的浆汁。国外生产叶蛋白饲料是采用集粉碎、打

浆和压榨于一体的多功能双螺旋压榨机。

③ 榨汁。将磨成的浆液放入压榨机中，经过压榨使汁液流出，草渣留在机内。压力愈大，草渣中残留的汁液愈少，蛋白质的提取率愈高。

④ 叶蛋白的分离。通过加热凝固、酸化加热或碱化加热、发酵等方法，使汁液中的蛋白质凝集，而提取叶蛋白。

a. 加热凝固法。采用蒸汽或直接加热，使滤出的汁液温度达到 $90\,℃$，叶蛋白在几分钟内凝聚。加热速度愈快，凝集蛋白质的颗粒愈大、愈紧实。为使汁液中的叶蛋白能充分提取出来，可采用分次加热的方法，即先加热至 $60\sim70\,℃$，快速冷却至 $40\,℃$，滤取凝集的蛋白质后，再迅速加热至 $80\sim90\,℃$，并持续 $2\sim4\,min$，再滤取凝集的蛋白质。该法简单易行，适于大规模生产。缺点是产品收率较低，产品溶解性差。

b. 酸化加热或碱化加热法。向汁液中加入适量的酸（盐酸、乳酸等）或碱（氢氧化钠等），调节汁液的 pH（加酸时将 pH 调至 $4\sim5$，加碱时 pH 调至 $8\sim8.5$），然后迅速加热到 $80\,℃$，蛋白质便可凝聚沉淀。无论是酸化加热还是碱化加热，都可获得较多的叶蛋白产品。缺点是产品质地柔软，较难分离。

c. 发酵法。同青贮发酵原理。将汁液放于密闭容器中厌氧发酵两天左右。发酵生成的乳酸将叶蛋白凝聚析出。这不仅能节省能源，还可破坏原料中的有毒有害物质，如皂素、胰蛋白酶抑制物等。缺点是发酵处理时间长，营养物质损失大。

⑤ 干燥、贮存。刚分离出的叶蛋白水分含量高，易发霉变质，须经过烘干处理后方可保存。将滤取的叶蛋白置于烘干机中，加热烘干。经干燥处理后叶蛋白便可贮存备用。在原料打浆过程中添加一些防腐剂，如氯化钠、碳酸氢钠等，可抑制有害杂菌繁殖，有利于叶蛋白贮存。

（5）理化性质　苜蓿中蛋白质含量高于大麦、玉米、高粱。苜蓿中的蛋白质含量是玉米的 2.68 倍，其叶蛋白的含量是玉米中同类蛋白质的 6.1 倍。苜蓿叶蛋白中氨基酸种类齐全，必需氨基酸含量占氨基酸总含量的 $40\%\sim40.6\%$。如将苜蓿叶蛋白以添加剂的形式加入到食品中，可以取长补短，充分利用其营养价值。

（6）主要用途　苜蓿叶蛋白对提高畜禽生产性能作用甚大。苜蓿叶蛋白含有的营养成分与其他饲料具有互补作用，可配成全价饲料，用于饲喂畜、禽，效果甚佳，值得在生产中大力推广。此外，苜蓿叶蛋白经脱色、脱味、灭菌处理后，可供人食用。其中蛋白质含量占 57.8%，膳食纤维占 12.7%，水分 7.9%，灰分 5.4%，脂肪 6.8%，可溶性碳水化合物 9.4%。苜蓿叶蛋白富含多种营养物质，可用于制造保健食品。

二、荷叶中黄酮的提取技术

（1）试剂　氯化钠、磷酸、乙醇、石油醚、丙酮、稀碱液。

（2）仪器设备　电热恒温水浴槽、吸附树脂、旋转蒸发器、抽滤装置、色谱柱、微波炉、粉碎机、离心机、真空干燥设备等。

（3）工艺流程　原料→预处理→浸提→抽滤→加石油醚→离心→浓缩→树脂纯化→洗脱→减压浓缩→真空干燥→黄酮干粉。

（4）提取过程

① 原料。采摘新鲜的荷叶作为原料。

② 预处理。新鲜荷叶 5kg 用含 0.1%氯化钠的磷酸水溶液（pH=3.0）常温浸没，浸泡 3min，淋洗沥干后 70℃鼓风烘干至含水率 8%以下，粉碎过 840μm 筛，用聚氯乙烯和聚乙烯的复合膜袋包装，密封于干燥泡沫箱，置于 4℃冷库中贮藏，备用。

③ 浸提、抽滤。把荷叶的粉末放在 50%的乙醇水溶液中进行浸提，粉末和乙醇的比例为 1g∶30mL，浸提前期先用微波处理 1.5min，后在室温下浸提 2.5h 即可。浸提时要不断搅拌，浸提后进行抽滤，得到含黄酮的浸提液。滤渣进行二次浸提，合并两次滤液。

④ 加石油醚、离心、浓缩。在浸提液中加入石油醚，搅拌均匀后离心，以除去浸提液中含有的脂溶性物质。处理后用离心机离心，把脂溶性的物质除去。在减压的情况下浓缩可得到荷叶黄酮的浓缩液，浓缩过程中分离出乙醇和石油醚溶液。

⑤ 树脂纯化、洗脱、减压浓缩、真空干燥。浓缩液加入稀碱液，使溶液中的荷叶黄酮的含量小于 25g/L。把荷叶黄酮浓缩液用 DA201 树脂，在 pH=9.0 下进行纯化。要求提取液以 4.7BV/h 的流速过柱。提取液过柱后，用 4.5BV/h 流速的丙酮进行洗脱，然后进一步减压浓缩、真空干燥可得黄酮含量 80.2%的荷叶黄酮干粉。

（5）理化性质　黄酮类化合物由黄酮苷元（或黄酮醇）和黄酮苷组成。一般游离的黄酮苷元难溶于水，溶于甲醇、乙醇、乙酸乙酯、乙醚等有机溶剂，而黄酮苷一般易溶于热水，还能溶于甲醇、乙醇、乙酸乙酯、吡啶等有机溶剂。荷叶中既有易溶于水的成分，又有易溶于醇的物质。易溶于水的部分主要是带糖苷键的黄酮苷类及花色苷；而溶于乙醇的主要是黄酮苷元（或黄酮醇）类化合物。50%的乙醇水溶液对水溶性和醇溶性的黄酮化合物提取都较全面。

（6）主要用途　荷叶是一种价格低廉、功效显著的天然原料，一般可开发制成保健袋泡茶、饮料、冲剂等保健食品。研究其功能成分的提取条件，对于荷叶保健食品的开发具有一定的指导意义。提取出的黄酮是植物中的天然成分，可广泛用于食品行业。

三、金银花抗氧化剂的提取技术

（1）试剂　石油醚、乙醇、乙酸乙酯、乙醚、正丁醇。

（2）仪器设备　干燥机、粉碎机、$250\mu m$ 筛、萃取装置、抽滤装置、浓缩装置、水浴加热装置、冷冻干燥设备等。

（3）工艺流程　原料→脱色→抽提→萃取→浓缩→干燥→母液的处理→成品。

（4）提取过程

① 原料。以金银花的茎、叶为原料。

② 脱色。收 $10\sim12$ 月的金银花的茎、叶，洗去泥沙，干燥，粉碎，过 $250\mu m$ 筛，加入 3 倍量的石油醚，充分振摇 30min，以除去脂溶性色素，抽滤（滤液用于回收石油醚）。

③ 抽提、萃取。滤渣与 8 倍量的 80% 乙醇混合，搅拌浸泡 24h，抽滤弃渣，滤液用水浴加热至 50℃，减压回收乙醇，继续浓缩至原体积的 1/30，得糖浆状粗抽提物。然后，加入 2 倍体积的乙酸乙酯，做 6 次萃取，每次需经静置、充分分层，收集酯相和下层母液，分别合并 6 次酯相和母液。

④ 浓缩、干燥。水浴加热酯相，减压回收乙酸乙酯，继续浓缩近干，冷冻干燥，得黄色乙酸乙酯粗提取物，收率 2.1%。

⑤ 母液的处理。以母液 2 倍体积的乙醚，做 5 次萃取，每次需经静置、充分分层，分别合并 5 次醚相和母液。醚相用水浴加热，减压回收乙醚，继续浓缩至干，得淡黄色乙醚粗提取物，得率 0.03%。该物抗氧化性强，但收量太少，无实用价值。

母液用 2 倍体积的正丁醇做 5 次萃取，每次需经静置、充分分层，分别合并 5 次醇相和母液。母液用水浴加热，减压浓缩至干，因其抗氧化性能弱，可弃去不用。醇相用水浴加热，减压回收正丁醇，继续浓缩至干，得黄棕色糖浆状粗提取物，收率 3.8%。

（5）理化性质　金银花主要有效成分为有机酸。其中绿原酸、异绿原酸、3,4-二咖啡酰奎宁酸、3,5-二咖啡酰奎宁酸、4,5-二咖啡酰奎宁酸是金银花的主要抗菌有效成分，尤以绿原酸含量较高。绿原酸为一分子咖啡酸与一分子奎宁酸结合而成的酯，即 3-咖啡酰奎宁酸；异绿原酸是绿原酸的同分异构体，为 5-咖啡酰奎宁酸。据测定，绿原酸是一种活性很强的抗氧化剂，抗氧化能力与常用的丁基羟基茴香醚和维生素 E 相当。

绿原酸的理化性质如下：

① 酸性。呈较强酸性，能使石蕊试纸变红，可与碳酸氢钠形成有机酸盐。

② 溶解性。可溶于水，易溶于热水、甲醇、乙醇、丙酮等亲水性溶剂，微溶于乙酸乙酯，难溶于乙醚、氯仿、苯等亲脂性有机溶剂。

③ 水解性。绿原酸分子结构中含酯键，在碱性环境中易被水解。

（6）主要用途　绿原酸及其衍生物具有比抗坏血酸、咖啡酸和生育酚更强的自由基清除效果，可以清除 DPPH（1,1-二苯基-2-三硝基苯肼）自由基、羟基自由基和超氧阴离子自由基，它还可以抑制低密度脂蛋白的氧化。此外，绿原酸还具有较强的抑制突变能力，可以抑制黄曲霉毒素引发的突变，并能有效地降低 γ 射线引起的骨髓红细胞突变；同时，绿原酸可以通过降低致癌物的利用率及阻碍其在肝脏中运输，达到防癌、抗癌的效果。绿原酸可以用于制药。

四、菊花中黄酮类物质的提取技术

（1）试剂　乙醇等。

（2）仪器与设备　粉碎机、超声波发生器、抽滤机、蒸馏浓缩装置等。

（3）工艺流程　原料→预处理→浸提→离心→浓缩→成品。

（4）提取过程

① 原料、预处理。在秋季菊花开花季节，收取菊花的头状花序，清洗干净，在通风处阴干，用粉碎机粉碎，备用。

② 浸提。将菊花的粉末放在 60% 的乙醇溶液中浸提，乙醇的用量为菊花粉末的 20 倍，常温下浸提 24h，其间用超声波处理 45min。浸提后抽滤，取滤渣再进行两次浸提，残渣用 95% 乙醇洗至无色，一并纳入滤液。合并三次滤液备用。

③ 离心、浓缩。浸提后的滤液用离心机离心，取上清液蒸馏浓缩，浓缩后即可得到黄酮类物质的产品。回收乙醇再用。

（5）理化性质　棕褐色粉末、无臭、味苦、气芳香，易吸潮，溶于水。应贮存在通风、干燥、避光处。

（6）主要用途　菊花黄酮资源丰富，安全性高，提取工艺简单，而且具有一定的药理作用。本方法所提取的菊花黄酮为粗品，若经纯化其抗氧化性能必定更强。研究和开发菊花资源，使其成为合成抗氧化剂的替代品是很有意义的。此外，菊花黄酮具有明显的抗病毒作用，还对心血管健康有益。

第六章 药食同源类产品的提取技术与实例

06 Chapter

第一节 油类物质的提取技术与实例

一、薄荷中精油的提取技术

1. 方法一

（1）试剂 石油醚、无水硫酸钠。

（2）仪器设备 粉碎机、超声波清洗机、微波炉、旋转蒸发器、电子天平、恒温水槽等。

（3）工艺流程 原料→预处理→粉碎、过筛→浸提（超声波/微波辅助）→抽滤→浓缩→脱水→薄荷精油。

（4）提取过程

① 原料。野生薄荷。

② 预处理。野生薄荷，除去枯枝、杂草及霉变部分，趁鲜清洗 2 次，控净水分后切成 3cm 小段，铺在清洁的地面上厚约 3cm，每天翻动 1 次，避免阳光暴晒，阴干。

③ 粉碎、过筛。用粉碎机粉碎阴干的野生薄荷草，粉碎过程中应注意防止粉碎机过热对薄荷油造成氧化，干粉过 420μm 筛。

④ 浸提（超声波/微波辅助）。以微波和超声波为辅助手段，采用石油醚浸提的方法。

⑤ 抽滤。对提取液进行抽滤，得到浸提液。

⑥ 浓缩。对浸提液进行减压蒸馏，回收浸提溶剂，得到浓缩液。

⑦ 脱水。用无水硫酸钠脱水，滤纸过滤。

2. 方法二

（1）试剂　CO_2。

（2）仪器设备　粉碎机、超临界萃取装置等。

（3）工艺流程　原料→预处理→超临界 CO_2 萃取→薄荷精油。

（4）提取过程

① 原料。以市售薄荷为原料。

② 预处理。将购买的薄荷清洗、烘干、粉碎，待用。

③ 超临界 CO_2 萃取。取薄荷干样 1.3kg，装入萃取釜。在萃取压力 10MPa、萃取温度 50℃、CO_2 流量为 20L/h 的条件下，萃取 1.5h，收集薄荷油。

3. 理化性质

薄荷新鲜叶含挥发油 0.8％～1.0％，干茎叶中含 1.3％～2.0％。薄荷油中主要成分为左旋薄荷醇，含量 62％～87％，还含左旋薄荷酮、异薄荷酮、胡薄荷酮、胡椒酮、胡椒烯酮、二氢香芹酮、乙酸薄荷酯、乙酸癸酯、乙酸松油酯、反式乙酸香芹酯、苯甲酸甲酯、α-蒎烯、β-蒎烯、侧柏烯、柠檬烯、右旋月桂烯、顺式罗勒烯、反式罗勒烯、莰烯、1,2-薄荷烯、反式石竹烯、β-波旁烯、2-己醇、3-戊醇、3-辛醇、α-松油醇、芳樟醇、桉叶素、对伞花烃、香芹酚等。薄荷属植物分布广、生态适应幅度大、自然杂交现象普遍以及有性和无性繁殖并存，使薄荷属植物种内在形态和化学上都产生很多变异，导致提取的薄荷油成分也有差异。

4. 主要用途

薄荷油对中枢神经系统有刺激作用。内服少量薄荷油可通过兴奋中枢神经使皮肤毛细血管扩张，促进汗腺分泌，增加散热，有发汗解热作用。薄荷油对消化系统和生殖系统有影响。薄荷醇的抗刺激作用导致气管产生新的分泌，使稠厚的黏液易于排出，故有祛痰作用。薄荷油还有促进透皮吸收、抗病原体的作用。薄荷油可作调味剂，也可用于制药。

二、丁香中挥发油的提取技术

1. 方法一

（1）试剂　蒸馏水。

（2）仪器设备　粉碎机、数字温控电热套、挥发油提取装置等。

（3）工艺流程　原料→预处理→提取→丁香挥发油。

（4）提取过程

① 原料。以市售丁香为原料。

② 预处理。将购买的丁香清洗、烘干、粉碎，待用。

③ 提取。取丁香 30g，置于 500mL 的圆底烧瓶中，加入丁香几倍量的水，

连接挥发油提取装置，加热煮沸几小时，提取挥发油。

2. 方法二

（1）试剂　蒸馏水、无水硫酸钠。

（2）仪器设备　粉碎机、分水器（半微型）、电子天平、真空干燥箱、加热仪器、挥发油提取器等。

（3）工艺流程　原料→预处理→提取→干燥→成品。

（4）提取过程

① 原料。以市售丁香为原料。

② 预处理。将购买的丁香清洗、烘干、粉碎，待用。

③ 提取。在 0.025L 的圆底烧瓶中加入 5g 的丁香并加入一定量的蒸馏水浸泡 24h，连接分水器和冷凝管，开始加热使溶液保持微沸 4h，直至挥发油的量不增加，得到无色油状的挥发油，收取挥发油。

④ 干燥。用无水硫酸钠干燥。

3. 方法三

（1）试剂　蒸馏水、乙醇、正己烷。

（2）仪器设备　粉碎机、恒温水浴锅、超声波发生器、旋转蒸发仪、真空泵等。

（3）工艺流程　原料→预处理→超声辅助提取→过滤、浓缩→萃取→浓缩→成品。

（4）提取过程

① 原料。以市售丁香为原料。

② 预处理。将购买的丁香清洗、烘干、粉碎，过 $590\mu m$ 筛，待用。

③ 超声辅助提取。取 100g 加入到适量的一定浓度的乙醇溶液中，于恒温水浴锅中浸泡 12h。超声频率设定为 40kHz，设定超声时间进行提取。

④ 过滤、浓缩。过滤除去滤渣，滤液置于旋转蒸发仪中浓缩至无乙醇析出。

⑤ 萃取。将浓缩液用正己烷萃取。

⑥ 浓缩。将萃取液旋转浓缩，直至正己烷完全蒸发。

4. 理化性质

① 黏度。随着温度的升高，黏度值逐渐降低。

② 相对密度。丁香挥发油的相对密度随着温度的升高逐渐降低。

③ 表面张力。随着温度的升高，丁香挥发油表面张力逐渐下降，而且其表面自由能也随温度的升高逐渐降低，使得其更容易发生乳化。因此，为了更好地减少乳化，挥发油提取过程中应尽量采用低冷凝温度和低收集温度。

④ 界面张力。丁香挥发油的界面张力在 $10\sim70℃$ 随着温度的升高出现先升高后下降的现象，且在温度高于 60℃ 时界面张力为负值。

5. 主要用途

丁香挥发油是丁香抗金黄色葡萄球菌的最强活性成分，具有较强的药理活性，具有抗菌、抗病毒、清除自由基、镇痛、麻醉等作用，在疾病防治中具有良好的药理学基础和治疗作用。

三、花椒中精油的提取技术

1. 方法一

（1）试剂　无水乙醇、无水硫酸钠。

（2）仪器设备　粉碎机、真空干燥箱、电子天平、挥发油提取器等。

（3）工艺流程　原料→预处理→浸提→过滤→浓缩→脱水→浓缩→干燥→成品。

（4）提取过程

① 原料。市售大红袍品种花椒。

② 预处理。选用未开裂的花椒干果实，先在 60℃恒温下干燥 4h，然后粉碎处理。过 420μm 筛网。

③ 浸提、过滤、浓缩。选取一定的料液比、温度，采用无水乙醇对花椒浸提一定时间。然后过滤，滤渣进行二次浸提，合并提取液，减压浓缩。

④ 脱水。加入适量的无水硫酸钠去除水分。

⑤ 浓缩、干燥。减压浓缩，回收溶剂，产品在室温抽真空干燥 10h 得成品。

2. 方法二

（1）试剂　蒸馏水、无水硫酸钠。

（2）仪器设备　粉碎机、电子天平、挥发油提取器等。

（3）工艺流程　原料→预处理→浸提→干燥→成品。

（4）提取过程

① 原料。市售花椒。

② 预处理。剔除枝叶和花椒籽，50℃烘干 1h，粉碎过 420μm 筛，备用。

③ 浸提。准确称取花椒粉末 100g，冷水浸泡一定时间后，转移至 2L 圆底烧瓶，加入一定量水，用挥发油提取器提取一定时间。

④ 干燥。收集精油部分，缓慢加入适量无水硫酸钠干燥。

3. 理化性质

本品为浅黄绿色或黄色油状液体，可有结晶状析出物，具有花椒特有的香气和麻味。搅拌加热 55℃以上时结晶可溶解。

花椒的干果实精油得率一般为 4%～7%。花椒精油的主要成分为生物碱、酰胺、木脂素、香豆素、挥发油、脂肪酸、三萜、甾醇、烃类、黄酮苷类等。花椒中的麻辣成分用水蒸气蒸馏不能得到，只有用挥发性溶剂提取才能得到。这些麻辣成分主要有山椒酰胺、山椒辣素等。

4. 主要用途

用于需要突出麻辣风味的各类咸味食品中，如方便面、火腿、肉串、肉丸、海鲜制品等。

第二节　多糖的提取技术与实例

一、白果（银杏果）中多糖的提取技术

（1）试剂　蒸馏水、乙醇、氯仿、正丁醇、丙酮、乙醚、NaCl 缓冲溶液、大孔树脂、苯酚、硫酸等。

（2）仪器设备　粉碎机、旋转蒸发仪、紫外分光光度计、色谱柱、冷冻干燥器等。

（3）工艺流程　原料→预处理→浸提→浓缩→离心→醇沉→复溶→去蛋白质→醇沉→洗涤→纯化→透析→冷冻干燥→白果多糖纯品。

（4）提取过程

① 原料。以市售白果为原料。

② 预处理。选取大小均匀、乳白色、质地光滑、无霉变的白果，烘干、粉碎，待用。

③ 浸提。取处理好的银杏白果粉末 200g，分 3 次加入 3L 的蒸馏水浸提，75℃，共浸提 8h。

④ 浓缩。合并过滤液，置旋转蒸发器于 45℃浓缩至过滤液原体积的 30％。

⑤ 离心。将浓缩液 3000r/min 离心 15min。

⑥ 醇沉。取上清液，加入 3 倍体积的 95％乙醇沉淀粗多糖。

⑦ 复溶、去蛋白质。收集沉淀，加入适量蒸馏水，充分复溶、透析，Sevag 法去蛋白质，反复多次，至 280nm 紫外检测无明显吸收峰。

⑧ 醇沉、洗涤。以 3 倍体积的 95％乙醇沉淀多糖，最后经无水乙醇脱水、丙酮、乙醚洗涤，得银杏白果粗多糖。

⑨ 纯化。将 50％乙醇分离所得的沉淀以无水乙醇、丙酮、乙醚相继洗涤，室温干燥后溶解在 0.05mol/L NaCl 缓冲液中（3g/L），用相同缓冲液透析 24h，过滤除去不溶物，过 Sephadex G-200 色谱柱进行纯化。分步收集，苯酚-硫酸法检测。

⑩ 透析、冷冻干燥。将主峰收集液以去离子水透析 48h，冷冻干燥，得白果多糖纯品。

（5）理化性质　经过去蛋白质、脱除小分子杂质后的无花果多糖为浅灰色疏松状粉末，无味，易溶于水，其水溶液 pH 为 4.2，难溶于甲醇、乙醇、丙酮、乙

醚等有机溶剂。碘-碘化钾试验为阴性，Molish 反应为阳性，茚三酮反应为阴性。

（6）主要用途　白果多糖是银杏中一种重要的活性成分，近年来研究发现它具有免疫调节、抗炎、抗衰老、抗肿瘤、降血糖等多种活性作用。白果多糖可用于制药。

二、茯苓中多糖的提取技术

1. 方法一

（1）试剂　蒸馏水、乙醇、丙酮、乙醚、活性炭。

（2）仪器设备　粉碎机、旋转蒸发仪、真空抽滤机、活性炭柱等。

（3）工艺流程　原料→预处理→水煎煮→抽滤→脱色→浓缩→沉淀→洗涤→粗多糖。

（4）提取过程

① 原料。以市售茯苓为原料。

② 预处理。选取质地均匀的茯苓烘干、粉碎、过 $250\mu m$ 筛，待用。

③ 水煎煮。取三份过 $250\mu m$ 筛的茯苓 10.0g，分别放入圆底烧瓶中，加入一定比例的蒸馏水，水浴加热提取。

④ 抽滤。将煎煮后的茯苓及提取液进行真空抽滤，得滤液。

⑤ 脱色。将滤液过活性炭柱进行脱色处理。

⑥ 浓缩。采用旋转蒸发仪对脱色后的滤液进行浓缩。

⑦ 沉淀。向滤液中加入 95% 的乙醇进行沉淀。

⑧ 洗涤。依次采用乙醇、丙酮、乙醚对沉淀进行洗涤，得粗多糖成品。

2. 方法二

（1）试剂　蒸馏水、木瓜蛋白酶、乙醇、氯仿、正丁醇、丙酮、乙醚、大孔树脂等。

（2）仪器设备　粉碎机、微波提取设备、真空抽滤机、恒温水浴锅、旋转蒸发仪、色谱柱等。

（3）工艺流程　原料→预处理→去单糖→微波提取→抽滤→酶解→水浴提取→抽滤→浓缩→沉淀→洗涤→除蛋白质→纯化→精制多糖。

（4）提取过程

① 原料。以市售茯苓为原料。

② 预处理。选取质地均匀的茯苓烘干、粉碎、过 $250\mu m$ 筛，待用。

③ 去单糖。取茯苓粉末，加入 85% 乙醇于 60℃ 回流提取 30min，重复 1 次，抽滤，弃上清液，得除单糖后的茯苓固体。

④ 微波提取。向除单糖后的茯苓中加入 1L 蒸馏水，设置微波功率 550W，时间 17min，固液比 1g：30mL，提取 2 次。

⑤ 抽滤。采用真空抽滤机对提取液进行抽滤，得滤液Ⅰ。

⑥ 酶解。向滤渣中加入 100mL 酶解液，设置温度 60℃，酶解时间 120min，加酶（木瓜蛋白酶）量为 0.5％，在 pH＝6.0 条件下进行酶解。之后在 90℃下灭酶 20min。

⑦ 水浴提取。对酶解后的滤渣在 80℃的条件下水浴提取 3h。

⑧ 抽滤。采用真空抽滤机对提取液进行抽滤，得滤液Ⅱ。重复水浴提取 1 次，抽滤，得滤液Ⅲ。

⑨ 浓缩。合并滤液Ⅰ、Ⅱ、Ⅲ，采用旋转蒸发仪进行浓缩。

⑩ 沉淀。向浓缩液中加入 3 倍量的无水乙醇进行沉淀，4℃静置过夜。

⑪ 洗涤。依次采用乙醇、丙酮、乙醚对沉淀进行洗涤，得茯苓粗多糖。

⑫ 除蛋白质。采用 Sevag 法除去蛋白质。

⑬ 纯化。将除去蛋白质的茯苓粗多糖过大孔树脂柱纯化，即得精制茯苓多糖。

3. 理化性质

茯苓聚糖是茯苓多糖的主要成分，其结构为 β-(1→3)-糖苷键连接的葡萄糖聚合体。茯苓多糖进行结构修饰后，可提高其水溶性。将茯苓多糖甲基化得到的羧甲基衍生物，具有较高生物活性和较好水溶性。

4. 主要用途

茯苓多糖可增强机体免疫力，具有抑瘤生长、抗脾脏增大和抗胸腺萎缩的作用，既可增强体液免疫，又可增强细胞免疫，主要应用于药品及食品和保健品开发。

三、百合中多糖的提取技术

1. 方法一

（1）试剂 蒸馏水、丙酮、95％乙醇、无水乙醚、石油醚、氯仿、正丁醇。

（2）仪器设备 离心机、恒温水浴锅、旋转蒸发器、分析天平等。

（3）工艺流程 原料→预处理→脱脂→浸提→离心→醇沉→离心→除蛋白质→醇沉→洗涤→干燥→百合粗多糖。

（4）提取过程

① 原料。以市售食用百合为原料。

② 预处理。新鲜市售百合洗净后低温烘干，切碎备用。

③ 脱脂。准确称取一定量的碎百合，加入 2 倍体积石油醚，于 80℃水浴中回流 1.5h，留沉渣。

④ 浸提。加 8 倍量的 60℃水于沉渣中，60℃水浴浸提 7h。

⑤ 离心。3000r/min 离心混合 10min，留其上清液。

⑥ 醇沉。在上清液中加 4 倍量的 95％乙醇，置于 4℃冰箱静置过夜。

⑦ 离心。3000r/min 离心混合液，取其沉淀，加适量 45℃水使其溶解。重复醇沉水提 3 次。

⑧ 除蛋白质。所得沉淀溶解后加入 1/2 倍量的 Sevag 试剂（氯仿与正丁醇体积比 5∶1），混匀分液，弃氯仿混合液层，水相继续加入稍多于 1/2 倍量的 Sevag 试剂，重复操作 7 次，每次适量增加 Sevag 试剂的量。

⑨ 醇沉。收集水相，加入 4 倍量体积的 95％乙醇，置于 4℃冰箱保存过夜，3000r/min 离心混合液 20min，收集沉淀，重复醇沉 3 次。

⑩ 洗涤。所得沉淀分别用无水乙醚、丙酮各洗涤 3 次。

⑪ 干燥。收集洗净后的沉淀，于 44℃下在恒温鼓风干燥箱中干燥，即可得灰白色粗百合多糖。

2. 方法二

（1）试剂　乙醇、蒸馏水、无水乙醚、乙酸、氯仿、丙酮、正丁醇。

（2）仪器设备　恒温水浴锅、离心机、旋转蒸发仪、pH 计、真空干燥箱等。

（3）工艺流程　原料→预处理→脱脂→浸提→离心、过滤→醇沉→离心、过滤→复溶、调 pH→脱蛋白质→醇沉、过滤→洗涤→干燥→百合粗多糖。

（4）提取过程

① 原料。以市售食用百合为原料。

② 预处理。新鲜市售百合洗净后低温烘干，粉碎，过 420μm 筛备用。

③ 脱脂。准确称取一定量的百合粉末，加入 95％的乙醇，水浴中回流 2h，留沉渣。

④ 浸提。向沉渣中加入数倍量的水，水浴提取。

⑤ 离心、过滤。将提取液进行离心、过滤，得滤液Ⅰ。滤渣再次加入数倍量的水进行提取、离心、过滤，弃滤渣，得滤液Ⅱ。

⑥ 醇沉。合并滤液Ⅰ、Ⅱ，加入 95％乙醇置于 4℃冰箱保存过夜。

⑦ 离心、过滤。将过夜保存的滤液离心、过滤，得沉淀。

⑧ 复溶、调 pH。将得到的沉淀加入蒸馏水进行复溶，用乙酸调节 pH 至 4.5。

⑨ 脱蛋白质。向调好 pH 的溶液中加入 Sevag 试剂（氯仿与正丁醇体积比 5∶1），弃下层。

⑩ 醇沉、过滤。向上层液中加入 95％乙醇，过滤得沉淀。

⑪ 洗涤。所得沉淀用无水乙醇、无水乙醚、丙酮各洗涤一次。

⑫ 干燥。收集洗净后的沉淀，恒温鼓风干燥箱中干燥，即可得粗百合多糖。

3. 理化性质

百合多糖主要有三种。多糖Ⅰ为浅黄色晶体，硬度高，不易吸潮，不溶于冷水和乙醇、乙醚等有机溶剂，微溶于热水；不含淀粉；平均分子量为 97 000 左右；糖醛酸含量为 13.64%。多糖Ⅱ为浅黄色晶体，硬度略低于多糖Ⅰ，不易吸潮，不溶于乙醇、乙醚等有机溶剂，微溶于冷水，易溶于热水；不含淀粉；平均分子量范围为 220 000～465 000；糖醛酸含量为 10.98%。多糖Ⅲ为浅黄色粉末，易吸潮，不溶于乙醇、乙醚等有机溶剂，易溶于水，尤其易溶于热水；含淀粉；平均分子量为 94 000 左右；糖醛酸含量为 14.55%。

4. 主要用途

近年的研究表明，百合多糖具有抗肿瘤、降血糖、抗衰老和抗疲劳等功效，可用于制药和制造保健食品。

四、桔梗中多糖的提取技术

1. 方法一

（1）试剂　蒸馏水、乙醇、乙醚、丙酮、正丁醇、氯仿、浓硫酸、苯酚、DEAE-纤维素、NaCl 溶液、NaOH 溶液、HCl。

（2）仪器设备　组织捣碎机、超声波粉碎机、电热恒温水浴锅、真空抽滤机、旋转蒸发仪、分液漏斗、冷冻离心机、可见分光光度计、色谱分离仪等。

（3）工艺流程　原料→预处理→浸提→抽滤→浓缩→离心→醇沉→脱脂→脱蛋白质→色谱分离→去离子→浓缩→醇沉→离心→洗涤→干燥→桔梗多糖。

（4）提取过程

① 原料。以市售桔梗为原料。

② 预处理。新鲜市售桔梗洗净后低温烘干，先采用组织捣碎机捣碎，再用超声波粉碎细胞，待用。

③ 浸提。将样品按设计的料水比置于 250mL 的烧杯中用保鲜膜密封进行恒温水浴浸提。

④ 抽滤。采用真空抽滤机进行抽滤，得提取液。

⑤ 浓缩。采用旋转蒸发仪对提取液进行浓缩，至原体积的 1/5。

⑥ 离心。采用冷冻离心机对提取液进行离心除去杂质，得上清液。

⑦ 醇沉。取上清液加入 4 倍体积 95% 乙醇，放置 4℃条件下沉淀静置过夜，得桔梗粗多糖。

⑧ 脱脂。加入乙醚振摇 10min，倒入分液漏斗静置分液，取下层糖液；重复 3 次去脂。

⑨ 脱蛋白质。加 Sevag 试剂（正丁醇与氯仿体积比 1∶5）充分振摇 20min 后除去水层与氯仿层交界处的变性蛋白质，取上层糖液，重复 3 次。

⑩ 色谱分离。取定量的 DEAE-纤维素，加入 0.5mol/L NaOH 溶液中（15mL/g 干粉），使其自然沉降，浸泡 1h，抽滤，用水洗至呈中性。加足量 0.5mol/L HCl，摇匀，浸泡，抽滤，用水洗去游离 HCl，再用 NaOH 溶液洗，进而用水洗去碱液，至滤液呈中性。上色谱柱（2cm×50cm），用蒸馏水平衡。将上述多糖液浓缩至 5mL 左右，上样，待多糖渗入 DEAE-纤维素中后，以蒸馏水洗脱，流速为 0.5mL/min，9mL/管收集，隔管用苯酚-硫酸法检测，直至无洗脱峰为止。再用 0.1～1mol/L 的 NaCl 溶液进行梯度洗脱，流速仍为 0.5mL/min，9mL/管收集，隔管用苯酚-硫酸法检测，直至无洗脱峰为止。

⑪ 去离子。收集洗脱峰部位洗脱液，蒸发浓缩，装入透析袋中，透析 48h，其间不断更换透析水。

⑫ 浓缩。采用旋转蒸发仪对提取液进行浓缩。

⑬ 醇沉。取上清液加入 4 倍体积 95％乙醇，放置 4℃条件下沉淀。

⑭ 离心。采用冷冻离心机对醇沉液进行离心去上清液，得沉淀。

⑮ 洗涤。所得沉淀用无水乙醇、无水乙醚、丙酮各洗涤一次。

⑯ 干燥。收集洗净后的沉淀，真空干燥箱中干燥，即可得桔梗多糖。

2. 方法二

（1）试剂　蒸馏水、乙醇。

（2）仪器设备　电子天平、粉碎机、超声波提取器、恒温干燥箱、离心机、恒温水浴锅、旋转蒸发仪、真空冷冻干燥机等。

（3）工艺流程　原料→预处理→超声波提取→离心→醇沉→离心→冷冻干燥→桔梗粗多糖。

（4）提取过程

① 原料。以市售桔梗为原料。

② 预处理。取新鲜的无虫害的桔梗根部，使用蒸馏水清洗干净，放入干燥箱中烘干至恒重。取出恒重的干燥桔梗，粉碎成颗粒状粉末后，备用。

③ 超声波提取。称取一定量的桔梗粉末于烧瓶中，加入定量蒸馏水，静置一段时间后，将其放于超声波提取器中，设置一定的超声功率、料液比、提取时间、提取温度，对桔梗中的多糖进行提取。

④ 离心。采用离心机对提取液进行离心除去杂质，得上清液。

⑤ 醇沉。取上清液加入 95％乙醇，放置 4℃条件下沉淀静置过夜。

⑥ 离心。采用离心机对醇沉液进行离心，弃去上清液，得沉淀。

⑦ 冷冻干燥。对得到的沉淀进行冷冻干燥，得桔梗粗多糖。

3. 理化性质

桔梗中总多糖的含量为 26.6％（干重）。经 DEAE-纤维素柱洗脱分级为两种成分。一是由蒸馏水洗脱出的不带电荷的中性多糖，另一种是由 NaCl 溶液梯度洗脱出的带负电的酸性多糖，含量分别为 14.9％和 11.2％。桔梗无甜味，在水中不能形成真溶液，只能形成胶体，无还原性，无变旋性，但有旋光性。

4. 主要用途

桔梗多糖可用于制药或制造保健食品。

五、枸杞中多糖的提取技术

1. 方法一

（1）试剂　蒸馏水、乙醇、氯仿、氯化钠水溶液、正丁醇、石油醚。

（2）仪器设备　真空抽滤机、旋转蒸发器、恒温水浴锅、恒温鼓风干燥箱、冷冻干燥机、微波发生器、电子天平等。

（3）工艺流程　原料→预处理→混合溶剂提取→抽滤→微波（乙醇）提取黄酮→抽滤→微波（水）提→真空浓缩→醇沉→干燥→脱蛋白质→干燥→枸杞多糖。

（4）提取过程

① 原料。以市售枸杞为原料。

② 预处理。将枸杞冷冻干燥、粉碎过 $250\mu m$ 筛。

③ 混合溶剂提取。称取一定量冷冻干燥粉碎过筛的枸杞粉末置于烧瓶中，用混合溶剂（石油醚＋氯仿）连续回流提取色素，直至提取液接近无色为止。

④ 抽滤。使用真空抽滤机进行提取液与残渣的分离。

⑤ 微波（乙醇）提取黄酮。以提取枸杞色素后的残渣为原料，微波辅助以工业乙醇为溶剂连续回流提取枸杞黄酮，直至提取液颜色接近无色为止。

⑥ 抽滤。使用真空抽滤机进行提取液与残渣的分离。

⑦ 微波（水）提。以提取枸杞黄酮后的残渣为原料，微波辅助以蒸馏水为溶剂回流提取。

⑧ 真空浓缩。采用旋转蒸发器对提取液进行浓缩。

⑨ 醇沉。向浓缩液中加入 80％工业乙醇和 5％的氯化钠水溶液，充分混匀。

⑩ 干燥。将沉淀放入干燥箱中进行干燥。

⑪ 脱蛋白质。采用 Sevag 法对干燥后的沉淀进行脱蛋白质处理。

⑫ 干燥。将除去蛋白质后沉淀放入干燥箱中进行干燥，即得枸杞多糖。

2. 方法二

（1）试剂　乙醇、蒸馏水。

（2）仪器设备　恒温鼓风干燥箱、粉碎机、电子天平、微波萃取仪、离心机、旋转蒸发仪、超声波发生器、真空泵等。

（3）工艺流程　原料→预处理→微波萃取→离心→超声提取→离心→浓缩→

醇沉→离心→洗涤→干燥→枸杞多糖。

（4）提取过程

① 原料。以市售枸杞为原料。

② 预处理。将市售干枸杞放于恒温鼓风干燥箱中，在80℃下烘制4h。取出冷却后用粉碎机粉碎，并过840μm筛备用。

③ 微波萃取。称取粉碎后的枸杞干粉2g，采用微波萃取仪进行微波萃取。

④ 离心。微波萃取之后，采用离心机进行离心分离，得滤液Ⅰ及残渣。

⑤ 超声提取。将离心残渣，采用超声波辅助提取。

⑥ 离心。超声辅助提取之后，采用离心机进行离心分离，得滤液Ⅱ及残渣。

⑦ 浓缩。合并2次提取液，浓缩至约20mL。

⑧ 醇沉。向浓缩液中加入约两倍体积的无水乙醇进行醇沉，静置过夜。

⑨ 离心。将醇沉液离心分离。

⑩ 洗涤、干燥。固形物用95%乙醇洗涤2次，放入干燥箱中干燥，得枸杞多糖。

3. 理化性质

枸杞多糖是植物多糖中少有的含蛋白质多糖，具有生物活性。它以Glycan-O-Der方式将六种己糖组成的多糖侧链和18种氨基酸组成的蛋白质主链连接在一起，是一种高强度的免疫增强剂。

4. 主要用途

枸杞多糖是枸杞调节免疫、延缓衰老的主要活性成分，可改善老年人易疲劳、食欲不振和视力模糊等症状，并具有降血脂、抗脂肪肝、抗衰老等作用，可用于制药和制造保健品。

六、佛手中多糖的提取技术

1. 方法一

（1）试剂　蒸馏水、乙醇、丙酮、乙醚。

（2）仪器设备　抽滤机、旋转蒸发仪、电子天平、粉碎机、烘干机、恒温水浴锅等。

（3）工艺流程　原料→预处理→乙醇浸提→水提→过滤→浓缩→醇沉→抽滤→洗涤→佛手粗多糖。

（4）提取过程

① 原料。以市售佛手为原料。

② 预处理。将市售佛手烘干，冷却后用粉碎机粉碎，备用。

③ 乙醇浸提。取粉碎后的佛手用90%乙醇浸泡一定时间后渗滤。

④ 水提、过滤。将剩余残渣用水煎煮3次，过滤，合并3次提取液。

⑤ 浓缩。采用旋转蒸发仪对合并的提取液进行浓缩，至浸膏状。

⑥ 醇沉、抽滤。向浓缩液中加入乙醇进行醇沉，静置过夜，抽滤。

⑦ 洗涤。将抽滤得到的沉淀先后用 95％乙醇、丙酮和乙醚洗涤，即得佛手粗多糖。

2. 方法二

（1）试剂　石油醚、乙醇、蒸馏水、丙酮、乙醚。

（2）仪器设备　粉碎机、恒温水浴锅、电子天平、旋转蒸发仪、真空冷冻干燥设备等。

（3）工艺流程　原料→预处理→脱脂→醇提→水提→浓缩→醇沉→洗涤→干燥→佛手粗多糖。

（4）提取过程

① 原料。以市售佛手为原料。

② 预处理。将市售佛手放于恒温鼓风干燥箱中烘干，取出冷却后用粉碎机粉碎，备用。

③ 脱脂。取粉碎后的佛手 100g，石油醚 200mL 回流脱脂 1h，过滤并挥干溶剂。

④ 醇提。向残渣中加入 80％乙醇 200mL 加热回流 1h，挥干溶剂后得滤渣。

⑤ 水提。向滤渣中加入 500mL 蒸馏水加热回流提取 4h，过滤。重复提取 3 次，合并 3 次滤液。

⑥ 浓缩。采用旋转蒸发仪将滤液浓缩至 50mL。

⑦ 醇沉。向浓缩液中加入 4 倍量的 95％乙醇，静置过夜，过滤。

⑧ 洗涤、干燥。将沉淀先后用无水乙醇、丙酮和乙醚反复多次洗涤，再真空干燥，即得佛手粗多糖。

3. 理化性质

佛手多糖毒性低、性质稳定，而且具有多方面的生理活性，越来越引起人们的重视。佛手多糖还被证明具有免疫调节、抗癌作用和抗氧化等作用。近年来，佛手多糖因其含量高、无毒且具有多种有效活性引起广泛研究。

七、黄精中多糖的提取技术

1. 方法一

（1）试剂　蒸馏水、乙醇、氯仿、正丁醇。

（2）仪器设备　电子天平、粉碎机、活性炭柱、恒温干燥箱、抽滤机等。

（3）工艺流程　原料→预处理→脱糖→水提→过滤→脱色→除蛋白质→醇沉→干燥→成品。

（4）提取过程

① 原料。以市售黄精为原料。

② 预处理。将市售黄精放于恒温鼓风干燥箱中烘干，取出冷却后用粉碎机粉碎，备用。

③ 脱糖。准确称取一定量的黄精粉末，加入 95％的乙醇，水浴中回流 2h，除去其中的单糖和低聚糖，挥干溶剂后得滤渣。

④ 水提、过滤。向滤渣中加入蒸馏水加热回流提取，重复提取 3 次，过滤，合并 3 次滤液。

⑤ 脱色。将滤液过活性炭柱进行脱色处理。

⑥ 除蛋白质。向滤液中加入 1/2 倍量 Sevag 试剂，混匀分液，弃氯仿混合液层，水相继续加入稍多于 1/2 倍量的 Sevag 试剂，重复操作 7 次，每次适量增加 Sevag 试剂的量。

⑦ 醇沉。向滤液中加入乙醇进行醇沉，静置过夜，抽滤。

⑧ 干燥。将得到的沉淀放入恒温干燥箱中干燥，即得黄精粗多糖。

2. 方法二

(1) 试剂　蒸馏水、石油醚、乙醇、乙醚、丙酮、氯仿、正丁醇、活性炭。

(2) 仪器设备　粉碎机、电子天平、恒温水浴锅、旋转蒸发仪、恒温鼓风干燥箱、抽滤机等。

(3) 工艺流程　原料→预处理→脱脂→醇提→水提→浓缩→除蛋白质→脱色→醇沉→洗涤→干燥→成品。

(4) 提取过程

① 原料。以市售黄精为原料。

② 预处理。将市售黄精放于恒温鼓风干燥箱中烘干，取出冷却后用粉碎机粉碎，备用。

③ 脱脂。称取将干燥粉碎后的黄精样品 100g，用 500mL 石油醚于 60～90℃回流脱脂 2 次，每次 1h。回收石油醚，残渣挥干溶剂。

④ 醇提。向残渣中加入用 80％乙醇 500mL 浸渍过夜，于 80～90℃回流提取 2 次，每次 2h，抽滤。

⑤ 水提。将药渣用 2.5L 蒸馏水 90℃温浸提取 1h，再用 500mL 蒸馏水 90℃重复温浸提取 30min，过滤合并滤液。

⑥ 浓缩。将滤液采用旋转蒸发仪减压浓缩至 150mL。

⑦ 除蛋白质。采用 Sevag 法除去蛋白质。

⑧ 脱色。加 1％活性炭脱色 2 次，抽滤。

⑨ 醇沉。向滤液中加入 95％乙醇使含醇量达 80％，静置过夜，过滤。

⑩ 洗涤。残渣依次用 95％乙醇、无水乙醇、丙酮、乙醚多次洗涤。

⑪ 干燥。将得到的沉淀放入恒温干燥箱中干燥，即得黄精粗多糖。

3. 理化性质

黄精多糖与 α-萘酚、硫酸-苯酚、硫酸-蒽酮反应呈阳性，具有糖的一般通性，用薄层色谱（TLC）、红外光谱、核磁共振（NMR）等检测表明黄精多糖按结构差异可分为甲、乙、丙三种，主要是以 β-葡聚糖为主的活性多糖，分别由不同数目的葡萄糖、甘露糖、半乳糖醛酸分子缩合而成。

4. 主要用途

药理实验表明黄精具有抗菌、降血压、降血糖及防止动脉粥样硬化的作用，这些均与黄精中的活性成分——葡聚糖类活性因子黄精多糖有关。黄精多糖可用于新型药物的研发。

八、人参中多糖的提取技术

1. 方法一

（1）试剂　CO_2、蒸馏水、乙醇。

（2）仪器设备　超临界萃取装置、电子天平、粉碎机、恒温水浴锅、旋转蒸发仪、离心机等。

（3）工艺流程　原料→预处理→超临界静态萃取→浸提→过滤→浓缩→醇沉→离心→洗涤→透析→干燥→人参多糖。

（4）提取过程

① 原料。以超临界脱脂、脱皂苷后的人参渣为原料。

② 预处理。将原料烘干、粉碎，过一定孔径的筛网，待用。

③ 超临界静态萃取。称取经过预处理的原料50g，加入一定比例的水作夹带剂，混合均匀，装入2L萃取釜中。通过往复泵把 CO_2 打入到萃取釜中，使萃取釜中的压力达到预设值；同时通过循环水系统给萃取釜加热，使温度达到预设值。当温度和压力达到设定值之后，关闭往复泵，在一定时间内保持萃取釜内的温度和压力不变，以便超临界流体和物料混合均匀，使得多糖成分最大限度地从物料中溶出。

④ 浸提。当达到萃取时间后，取出料筒，将超临界处理后的原料置于1L烧杯中。加入500mL蒸馏水，100℃浸提80min，间歇搅拌。

⑤ 过滤。用125μm尼龙布过滤，得滤液。

⑥ 浓缩。采用旋转蒸发仪将滤液浓缩至100mL。

⑦ 醇沉。向浓缩液中加入3倍体积的95％乙醇溶液，置于4℃冰箱中静置过夜。

⑧ 离心。在3800r/min的条件下离心分离10min，得沉淀多糖。

⑨ 洗涤。沉淀用无水乙醇洗涤2次。

⑩ 透析、干燥。向沉淀中加适量水溶解，透析，收集透析液，真空干燥，

得到白色固体粉末，即为人参多糖固体。

2. 方法二

（1）试剂　蒸馏水、无水乙醚、乙醇。

（2）仪器设备　超声波提取器、离心机、旋转蒸发器、电子天平、抽滤机等。

（3）工艺流程　原料→预处理→脱脂→超声提取→离心→醇沉→抽滤→成品。

（4）提取过程

① 原料。以人参为原料。

② 预处理。将人参烘干后切片，粉碎，过筛，60℃真空干燥。

③ 脱脂。采用索氏提取法脱脂。10g人参粉用100mL无水乙醚提取约10h，在索氏提取器下端用毛玻璃板接取一滴提取液，如无油斑则表明提取完毕。人参粉烘干后置干燥器中备用。

④ 超声提取。取脱脂人参粉1g，以蒸馏水为提取剂，设置一定的超声功率、超声时间、超声温度进行超声提取。

⑤ 离心。离心分离提取液，取上清液。

⑥ 醇沉。向上清液中加入体积分数为85%的乙醇溶液沉淀多糖，静置过夜。

⑦ 抽滤。抽滤分离得到多糖沉淀。

3. 理化性质

人参多糖为淡黄色至黄褐色粉末，可溶于热水。

4. 主要用途

人参多糖是研究较早的多糖类生物活性成分，但其对人体的强壮作用无法与人参皂苷相比，其生物活性主要表现在对免疫功能的影响以及由此产生的免疫性抗肿瘤活性。可用于制药和制造保健品。

九、甘草中多糖的提取技术

1. 方法一

（1）试剂　超纯水、乙醇、乙醚、丙酮。

（2）仪器设备　恒温水浴锅、分析天平、烘干箱、离心机、旋转薄膜蒸发皿、冷冻干燥机、高速离心机等。

（3）工艺流程　原料→溶剂提取→离心→浓缩→醇沉→冻干→洗涤→甘草多糖粗品。

（4）提取过程

① 原料。以甘草超临界脱脂、脱皂苷后的固形物为原料。

② 溶剂提取。将原料过 $420\mu m$ 筛，精密称取80g，加入1L超纯水，80℃水

浴回流提取 4h，反复提取 3 次，过滤。

③ 离心。采用高速离心机对滤液在 3800r/min 的条件下离心分离 10min，取上清液。

④ 浓缩。在旋转薄膜蒸发皿中将上清液浓缩至 100mL。

⑤ 醇沉。向浓缩液中加入 3 倍体积的 95％乙醇溶液，置于 4℃冰箱中静置过夜。

⑥ 冻干。采用冷冻干燥机将醇沉的絮状沉淀冻干。

⑦ 洗涤。依次用无水乙醇、乙醚和丙酮对沉淀洗涤，风干即得甘草多糖粗品。

2. 方法二

（1）试剂　蒸馏水、乙醇。

（2）仪器设备　电子天平、恒温水浴锅、离心机、超声波发生器、真空干燥箱、标准筛、旋转蒸发器等。

（3）工艺流程　原料→预处理→超声辅助热水提取→离心→浓缩→醇析→离心→洗涤、干燥→多糖粗品。

（4）提取过程

① 原料。以市售甘草为原料。

② 预处理。将甘草放入干燥箱内干燥 30min，粉碎过筛，干燥密封备用。

③ 超声辅助热水提取。称取甘草粉末 20g，加入蒸馏水 200mL 在沸水浴中超声辅助提取 3 次。超声波功率 100W，温度 70℃，提取时间 40min。再用双层纱布过滤，得滤液。

④ 离心。采用离心机在 5000r/min 条件下离心分离 10min，取上清液。

⑤ 浓缩。采用旋转蒸发器，在 0.07MPa、温度 50℃条件下，将离心液浓缩至原液体积的 1/10。

⑥ 醇析。向多糖浓缩液中加入 5 倍体积的乙醇溶液，保证乙醇浓度在 80％以上，置于 4℃冰箱中静置过夜。

⑦ 离心。将醇析液离心，固液分离。

⑧ 洗涤、干燥。对分离得到的固形物用无水乙醇洗涤，干燥，即得甘草多糖粗品。

3. 理化性质

由甘草残渣浸提得到的甘草多糖粗品为褐色粉末状物质，而经洗脱纯化之后的甘草多糖为白色固体粉末。

4. 主要用途

甘草多糖是一种天然植物多糖，具有抗病毒、免疫调节以及抗肿瘤的活性。甘草多糖具有明显的抗病毒效应，对Ⅰ型单纯疱疹病毒、水泡性口炎病毒、腺病毒Ⅲ型、牛痘病毒、艾滋病病毒均有抑制作用，特别是对艾滋病病毒的抑制率为

36.2％；免疫调节作用主要体现在对小鼠网状内皮系统中单核巨噬细胞系统功能的影响，也可激活静止小鼠脾淋巴细胞增殖效应以及抗补体活性等。甘草多糖可以单独或者协同化疗药共同作用于肿瘤细胞。

第三节　功能性物质的提取技术与实例

一、白芷中香豆素的提取技术

1. 方法一

（1）试剂　乙醇。

（2）仪器设备　高速万能粉碎机、电子天平、微波炉、旋转蒸发器、恒温水浴箱、电热鼓风干燥箱等。

（3）工艺流程　原料→预处理→提取→过滤→浓缩→干燥→成品。

（4）提取过程

① 原料。以白芷为原料。

② 预处理。白芷在鼓风干燥箱内干燥 30min 左右，粉碎，过 840μm 筛，密封备用。

③ 提取、过滤。取白芷粉末 10g，搅拌状态下，缓慢加入汽化剂（最好为 60％乙醇，用量为 2.5mL/g），静置 15min 湿润均匀，放入微波炉加热处理。经处理好的物料，加入 6 倍量 75％乙醇回流提取 2 次，设定温度为 60℃，每次提取 40min，提取液进行过滤，合并 2 次滤液，待用。

④ 浓缩。采用旋转蒸发器将得到的香豆素粗提液进行浓缩。

⑤ 干燥。将浓缩液于电热恒温鼓风干燥箱进行干燥，即为香豆素成品。

2. 方法二

（1）试剂　CO_2。

（2）仪器设备　鼓风干燥箱、高速万能粉碎机、电子天平、超临界萃取仪等。

（3）工艺流程　原料→预处理→超临界萃取→溶剂分离→成品。

（4）提取过程

① 原料。以白芷为原料。

② 预处理。白芷在鼓风干燥箱内干燥 30min 左右，粉碎，过 590μm 筛，密封备用。

③ 超临界萃取。将萃取原料白芷装入萃取釜，采用 CO_2 为超临界溶剂。设定条件：萃取压力 30MPa，萃取温度 50℃，萃取时间 2h，CO_2 流量 25L/h。

④ 溶剂分离。借助减压、升温的方法使超临界流体变成普通气体，被萃取物质则完全或基本析出，即为香豆素成品。

3. 理化性质

在酸性和中性条件下，香豆素类化合物不溶于水，易溶于石油醚、乙醚等有机溶剂。

4. 主要用途

白芷含有的香豆素成分具有抗菌、抗肿瘤等多种药理作用，有抗炎、镇痛和解痉作用，可用于药品研制。

二、八角茴香中莽草酸的提取技术

1. 方法一

（1）试剂　石油醚、乙醇、丙酮、甲醇、乙酸乙酯。

（2）仪器设备　电子天平、高速万能粉碎机、鼓风干燥箱、超声波清洗仪、循环水式真空泵、离心机、旋转蒸发仪等。

（3）工艺流程　原料→预处理→超声提取→过滤→浓缩→成品。

（4）提取过程

① 原料。以八角茴香为主要原料。

② 预处理。八角茴香在鼓风干燥箱内干燥 30min 左右，粉碎过 60 目筛，最后用石油醚脱脂，干燥密封备用。

③ 超声提取。准确称取一定量八角茴香样品，将 30％的乙醇作为提取剂，按设定好的料液比 1g∶15mL 加入锥形瓶中，在超声时间 30min、超声温度 60℃的条件下进行提取。

④ 过滤。将提取液进行真空抽滤。滤液于 50℃减压蒸干，剩余物加入 5mL 的乙酸乙酯于 50℃下浸泡 10min，倾去上层清液；残留物再用 10mL 丙酮回流洗涤两次，再次倾去上层清液；残留物用少量甲醇溶解，离心 20min。

⑤ 浓缩。将离心后的上清液置于真空浓缩装置中，于 75℃下浓缩，然后置于真空干燥器中干燥。至水分少于 7％时，即得莽草酸成品。

2. 方法二

（1）试剂　蒸馏水、丙酮、乙酸乙酯。

（2）仪器设备　电子天平、高速万能粉碎机、实验专用微波炉、鼓风干燥箱、旋转蒸发器、循环水式真空泵等。

（3）工艺流程　原料→预处理→微波提取→过滤→浓缩→抽滤→干燥→成品。

（4）提取过程

① 原料。以八角茴香为主要原料。

② 预处理。八角茴香在鼓风干燥箱内干燥 30min 左右，粉碎，过 40 目筛，密封备用。

③ 微波提取。称取 1g 八角茴香粉末于 50mL 圆底烧瓶中，以蒸馏水为提取溶剂，设定微波功率 400W、料液比 1g：15mL 进行微波提取，提取时间为12min。提取后的残渣按同样条件重复提取 1 次。合并 2 次提取液。

④ 过滤。将提取液进行减压抽滤。

⑤ 浓缩。将滤液置于旋转蒸发仪中浓缩至成浸膏，加入一定量的乙酸乙酯于 50℃ 浸泡数分钟，倾去上层清液，残留物用 20mL 丙酮回流数分钟。

⑥ 抽滤、干燥。将提取液进行真空抽滤、真空干燥，得到成品。

3. 理化性质

莽草酸，为白色精细粉末，气微，味辛酸，分子式 $C_7H_{10}O_5$，易溶于水，难溶于氯仿、苯和石油醚，熔点为 185～187℃，旋光度为 -180°。

4. 主要用途

八角茴香具有多种生物活性，如抗炎、镇痛、温阳散寒、理气止痛等，一般作为食用香料使用。莽草酸具有较强的镇痛和抑制血小板聚集的作用，是合成抗流感药物"达菲"的中间原料。

三、百合中皂苷的提取技术

1. 方法一

（1）试剂　蒸馏水、乙醇、乙醚、正丁醇。

（2）仪器设备　电子天平、高速万能粉碎机、恒温水浴箱、鼓风干燥箱等。

（3）工艺流程　原料→预处理→水提→过滤→萃取→浓缩→成品。

（4）提取过程

① 原料。以市售百合干片为原料。

② 预处理。将适量百合干片于 80℃ 鼓风干燥箱中干燥 2h，粉碎至 60 目，干燥器中保存备用。

③ 水提、过滤。取百合粉末 5g 加入烧瓶中，加入 7% 乙醇，料液比 1g：6mL，在 60℃ 恒温水浴箱中加热回流提取 3 次，每次 3h。合并提取液后过滤，回收乙醇至干。

④ 萃取、浓缩。残渣加水溶解，以乙醚萃取至醚层无色，弃醚液，水层用正丁醇萃取至正丁醇层无色。醇层减压蒸馏回收正丁醇后，水浴浓缩至干，得到百合总皂苷粗提物。

2. 方法二

（1）试剂　蒸馏水、稀盐酸、果胶酶、乙醇。

（2）仪器设备　电子天平、高速万能粉碎机、恒温干燥箱、超声波清洗仪、恒温水浴箱等。

（3）工艺流程　原料→预处理→酶解→超声提取→过滤→浓缩→干燥→成品。

（4）提取过程

① 原料。以市售百合干片为原料。

② 预处理。将适量百合干片于80℃恒温干燥箱中干燥2h，粉碎至60目，干燥器中保存备用。

③ 酶解。取百合干粉10g，加入80mL蒸馏水浸泡0.5h，以每克百合干粉15U的量加入果胶酶，用稀盐酸调节pH为4.5，于50℃水浴酶解2.5h，酶解时不停搅拌。

④ 超声提取、过滤。酶解后超声1h，过滤。滤渣加80mL 50%的乙醇超声30min，过滤，合并滤液。

⑤ 浓缩、干燥。提取液于水浴上挥干，然后置恒温干燥箱中105℃烘3h至恒重，于干燥器中冷却0.5h，得到百合总皂苷提取物。

3. 理化性质

皂苷由皂苷元与糖构成。根据皂苷元分子结构组成，可将皂苷分为两大类：一类为三萜皂苷，另一类为甾体皂苷。组成皂苷的糖，常见的有葡萄糖、半乳糖、鼠李糖、阿拉伯糖、木糖、葡萄糖醛酸、半乳糖醛酸等。

主要成分性质：

① 溶解性。极性较大，易溶于水、含水稀醇、热甲醇和乙醇，难溶于丙酮、乙醚。皂苷在含水丁醇或戊醇中有较大的溶解度。皂苷水解成次皂苷后，在水中的溶解度随之降低，易溶于中等极性的醇、丙酮、乙醚。

② 发泡性。皂苷有降低水溶液表面张力的作用，多数皂苷的水溶液经强烈振摇能产生持久性的泡沫，并不因加热而消失。而含蛋白质和黏液质的水溶液虽也能产生泡沫，但不能持久，加热后很快消失。

③ 溶血性。皂苷的水溶液大多能破坏红细胞，产生溶血现象。溶血强度的大小可用溶血指数来衡量。所谓溶血指数是指皂苷在一定条件下使血液中红细胞完全溶解的最低浓度。

4. 主要用途

百合在历代本草中均有安神功效的记载，在张仲景《金匮要略》中主要用于治疗"百合病"，而现代医学中的抑郁症就属于"百合病"的范畴。抑郁活性实验表明：中等剂量、小剂量的百合皂苷能明显缩短小鼠悬尾的不动时间和游泳时间，表现出好的抗抑郁活性。

四、麦芽中原花青素的提取技术

（1）试剂　乙醇、稀盐酸。

（2）仪器设备　高速万能粉碎机、旋转蒸发仪、电子天平、真空干燥箱、恒温水浴箱等。

（3）工艺流程　原料→预处理→提取→过滤→浓缩→干燥→成品。

（4）提取过程

① 原料。以市售麦芽为原料。

② 预处理。将麦芽于真空干燥箱中烘干，粉碎成 $840\mu m$ 粗粉，待用。

③ 提取、过滤。精确称取 1g 麦芽，以 60%（体积分数）的乙醇溶液浸提，浸提温度为 85℃，料液比 1g：25mL，浸提时间为 1.5h。提取过程在弱酸性条件下进行（用稀盐酸调节 pH＝4）。粗提液进行抽滤。

④ 浓缩、干燥。用旋转蒸发仪进行浓缩，在 90℃ 真空干燥箱中烘干，控制其含水量＜10%，即得成品。

（5）理化性质　原花青素是一种由黄烷-3-醇单体缩合而成的聚多酚类物质，因在酸性介质中加热可产生相应的花色素而得名。由于其聚合体还表现出单宁特性，因此也称为缩合单宁。原花青素为极性物质，在 pH＞5 的条件下不稳定，会发生解聚合，而低聚原花青素（如原花青素 B_2、原花青素 B_5）在 pH＜4 的环境下也会自氧化解聚。

（6）主要用途　作为多酚类物质原花青素具有极强的抗氧化和自由基清除能力，能有效地清除 $HO\cdot$、$\cdot O^{2-}$、DPPH 自由基等。啤酒中即含有原花青素，主要来源于麦芽（70%）和酒花（30%）。一方面作为抗氧化物质，原花青素对抑制啤酒老化有积极影响，能延长啤酒保鲜期，增加啤酒风味稳定性；另一方面，作为多酚类物质，原花青素易与蛋白质结合沉淀，影响啤酒贮存过程中的胶体稳定性。可用于药物研发。

五、槐米中芦丁的提取技术

1. 方法一

（1）试剂　蒸馏水、甲醇。

（2）仪器设备　高速万能粉碎机、电子天平、电炉、超声清洗器、电热鼓风干燥箱、恒温水浴箱等。

（3）工艺流程　原料→预处理→提取→过滤→干燥→精制→成品。

（4）提取过程

① 原料。以槐米为原料。

② 预处理。槐米在鼓风干燥箱内干燥 30min 左右，粉碎，密封备用。

③ 提取、过滤、干燥。向 500mL 的烧杯中加 400mL 蒸馏水在电炉上加热至沸腾，缓缓加入 20.0g 槐米粗粉并不断搅拌，继续煮沸 2min，然后将烧杯转移到超声清洗器中进行超声提取，静置，取上层絮状物抽滤，并干燥后得粗品

芦丁。

④ 精制。将该产物置于 100mL 圆底烧瓶中并加入 15～20mL 甲醇进行冷凝回流 40min，趁热过滤得滤液，将其放冷至结晶完全后过滤得精品芦丁，将其于 105℃干燥至恒重得干燥的精品芦丁。

2. 方法二

（1）试剂　蒸馏水、氢氧化钠溶液、盐酸。

（2）仪器设备　高速万能粉碎机、电子天平、微波炉、电热鼓风干燥箱、恒温水浴箱等。

（3）工艺流程　原料→预处理→微波处理→碱提→过滤→酸沉→成品。

（4）提取过程

① 原料。以槐米为原料。

② 预处理。槐米在鼓风干燥箱内干燥 30min 左右，粉碎，密封备用。

③ 微波处理、碱提、过滤。将槐米粉末置于微波炉中，调至解冻挡处理 10min。回流碱提 30min（用氢氧化钠溶液），碱提 pH 为 12。过滤。

④ 酸沉。滤液减压蒸干后用沸水溶解，过滤。滤液酸沉（用稀盐酸），酸沉 pH 为 4。过滤，得到产品。

3. 方法三

（1）试剂　蒸馏水、石灰乳、盐酸。

（2）仪器设备　粉碎机、电子天平、超声清洗仪、旋转蒸发器、电热鼓风干燥箱等。

（3）工艺流程　原料→预处理→提取→过滤→干燥→成品。

（4）提取过程

① 原料。以槐米为原料。

② 预处理。槐米在鼓风干燥箱内干燥 30min 左右，粉碎，密封备用。

③ 提取、过滤。称取 10.0g 槐米粉末，加水，温度为 50～60℃，在搅拌下缓缓加入石灰乳调 pH 为 8～9，在保持 pH 条件下，提取 20～30min，随时补充失去的水分，提取 3 次，趁热抽滤，得提取液。

④ 干燥。在适当的温度下用浓盐酸调 pH 至 4 以下，搅匀，静置 6～8h，抽滤，水洗至洗液呈中性，60℃干燥，得芦丁粗品。

4. 理化性质

槐米中所含主要成分为芦丁，又称芸香苷。芦丁难溶于冷水（1∶8000），略溶于沸水（1∶200）。

5. 主要用途

芦丁目前主要用于治疗毛细血管的脆性和渗透性出血，降低人体血脂和胆固醇，治疗高血压、心血管疾病、胃病、皮肤病、糖尿病等多种疾病。此外它还有抗菌和抗辐射作用。芦丁可直接作为药品，也用于复配和药物的中间体。

六、黑果枸杞中花色苷的提取技术

1. 方法一

（1）试剂　甲醇、甲酸。

（2）仪器设备　真空冷冻干燥机、真空干燥箱、分析天平、pH 计、超声波清洗器等。

（3）工艺流程　原料→预处理→超声辅助提取→离心→重复提取→浓缩→冷冻干燥→成品。

（4）提取过程

① 原料。采用黑果枸杞作为原料。

② 预处理。挑选优质黑枸杞干果，去除茎叶，真空冷冻干燥 12h，粉碎机研成粉末，过筛（150μm），－20℃密封避光保藏。使用前真空干燥 1h，得黑枸杞干果粉末。

③ 超声辅助提取。称取 1g 黑枸杞干果粉末，置于 100mL 具塞锥形瓶内；加入 15mL 1％甲酸的甲醇溶液（即体积比 1∶99），40℃避光超声提取 30min。

④ 离心。在 4000r/min 条件下，离心 15min，取上清液。

⑤ 重复提取。取离心沉淀物，按上法再提取一次，合并上清液。

⑥ 浓缩。在 40℃水浴条件下，避光蒸发浓缩。

⑦ 冷冻干燥。将浓缩液冷冻干燥，即得黑果枸杞花色苷。

2. 方法二

（1）试剂　石油醚、盐酸、大孔树脂、蒸馏水、乙醇。

（2）仪器设备　电子天平、抽滤机、微波提取仪、恒温鼓风干燥器、冷冻真空干燥机、旋转蒸发器等。

（3）工艺流程　原料→预处理→脱脂→减压低温溶剂提取→抽滤→浓缩→分离纯化→冷冻干燥→成品。

（4）提取过程

① 原料。以市售黑果枸杞为原料。

② 预处理。筛选出色泽鲜艳、果实饱满、无虫害的黑果枸杞，洗净，匀浆破碎，待用。

③ 脱脂。向匀浆中加入石油醚，脱脂。

④ 减压低温溶剂提取。将黑果枸杞果实浆液，15℃密封浸泡于一定浓度乙醇中 12h，用盐酸调节 pH 为 3.0，微波功率 70W 提取 20min。

⑤ 抽滤。采用抽滤机将提取液抽滤分离。

⑥ 浓缩。采用旋转蒸发器将分离得到的提取液浓缩至原液的 1/10。

⑦ 分离纯化。将浓缩液采用大孔树脂进行洗脱纯化，得纯化后的黑果枸杞花色苷。

⑧ 冷冻干燥。将纯化后的黑果枸杞花色苷采用冷冻真空干燥机进行干燥，得黑果枸杞花色苷色素晶体。

3. 理化性质

黑果枸杞色素易溶于水，属于花色苷类色素。在酸性条件下，对热有一定的耐受性，耐可见光和紫外光的性能也较好；蔗糖和防腐剂苯甲酸钠对该色素稳定性无影响；氧化剂 H_2O_2 对色素的稳定性有不良影响；还原剂 Na_2SO_3 对色素的影响不显著；金属离子 Fe^{2+}、Fe^{3+}、Cu^{2+} 和 Sn^{2+} 离子对色素的稳定性具不良影响。

4. 主要用途

黑果枸杞花色苷类色素稳定性较好，且有较强的浸染能力，可应用于医药、食品、化妆品等。

附　　录

Ⅰ　生化产品的安全生产和防护

在生化产品及生化药物的提取制备中，安全生产十分重要，应采取一切可能的措施，保障生产人员的安全，避免人民财产的损失，努力防止事故的发生。生化产品生产过程一般具有高温、高压、真空、易燃、易爆、易中毒等特点。在生产操作中，如果对温度、压力、反应速度和时间等条件控制不当，就会发生火灾、爆炸、中毒等事故。但是只要我们了解和掌握了它的规律，在生产中严格遵守操作规程制度，就可以避免事故的发生，做到安全生产。

一、防火

生化产品提取制备中使用的有机溶剂大多是易燃品。易燃是有机溶剂的一大缺点，一旦发生火灾，将造成严重的损失。为此，要从以下几个方面减少火灾隐患，预防火灾发生。

1.经常教育生产人员要切实遵守安全制度，保证火源远离溶剂。盛有易燃有机溶剂的容器不得靠近火源，数量较多的易燃有机溶剂应放在危险药品柜中。切勿在生产操作中粗心大意、不负责任、违反安全操作规程和防火安全制度。

2.回流或蒸馏液体时应放沸石，以防溶液因过热暴沸冲出。若在加热后发现未放沸石，则应停止加热，待冷却后补加沸石。否则，如在过热溶液中放入沸石会导致液体剧烈沸腾，冲出瓶外，引起事故。不可用火直接加热烧瓶，而应根据沸点高低使用石棉网、油浴或水浴。冷凝水要保持畅通，若冷凝管忘记通水，大量蒸气来不及冷凝而逸出，也易造成事故。

3.应向生产技术人员讲解易燃易爆物品名称、性能、特点和防火、灭火知识。

4.易燃有机溶剂（特别是低沸点易燃溶剂）在室温下即有较大的蒸气压，在常温下，也会挥发。这些溶剂挥发出来的气体在空气中达到一定浓度时，只要有点火星，即会发生燃烧、爆炸。而且有机溶剂蒸气都较空气的密度大，会沿着桌面或地面飘移至较远处，或沉积在低洼处。因此切勿将易燃溶剂到处乱倒，更不能用开口容器盛放、贮存易燃品。使用这些易燃物质的场所，要严格禁止用火。盛装这些挥发性溶剂的容器，必须密闭，并且与需要用火的单位或者电焊场所保持规定的距离。在这些容易起火的工作场所，不能穿鞋底有铁钉的鞋。开汽油桶和酒精桶的时候，要用螺丝刀，不能用锤敲打或用扁铲铲，以免冲击发火。

5.容易起火的工作场所，必须严格控制明火，如炉火、灯火、焊接火、火柴和打火机的火焰、香烟头火、烟囱火星、撞击摩擦产生的火星，以及高温物体如烧红的电热丝和铁块等。

6.在易燃、易爆场所严禁把工作服、过滤布、包装纸、棉布、刨花、木屑、回丝、手套、油类、棉花等，挂在高温锅炉、蒸汽管道、灯泡、灯管、烘房或烤箱上，以免时间长了被烤焦起火。

7.易燃、易爆场所要定期检查机械设备，特别要注意检查转动部分。如果缺乏润滑油，机械的转动部分就会因摩擦造成高温，引起燃烧。

二、灭火

1.平时要注意偶然着火的可能性，除配备各种消防器材外，还应准备适用于各种情况的灭火材料，包括消防沙、石棉布、破麻袋等。消防沙要保持干净，切不可有水浸入。

2.在操作间，一旦发生了火灾，应保持沉着、镇静，并立即采取各种相应措施，以减少事故损失。首先，应立即熄灭附近所有火源（关闭煤气），切断电源，并移开附近的易燃物质。少量溶剂（几毫升）着火，可任其烧完。瓶内溶剂着火可用石棉网或湿布盖熄。小火可立即用湿布、湿麻袋或黄沙盖熄。如火势大，应立即使用消防器材灭火，并报警。

二氧化碳灭火器是常用的一种灭火器，它的钢筒内装有压缩的液态二氧化碳，使用时打开开关，二氧化碳气体即会喷出，用以扑灭有机物、电器设备、精密仪器火灾。使用时应注意，一手提灭火器，一手应握在喷二氧化碳喇叭筒的把手上。因为喷出的二氧化碳迅速汽化，吸收大量热量。温度也随之骤降，手若握在喇叭筒上易被冻伤。

泡沫灭火器的内部分别装有含发泡剂的碳酸氢钠溶液和硫酸铝溶液，使用时将筒身颠倒，两种溶液即反应生成硫酸钠、氢氧化铝及大量二氧化碳。灭火筒内压力突然增大，使大量二氧化碳泡沫喷出。

无论用何种灭火器，皆应从火的周围开始向中心扑灭。

3.油浴和有机溶剂着火时绝对不能用水浇，因为这样反而会使火焰蔓延开来。一般应用灭火沙和二氧化碳灭火器熄灭。

4.若衣服着火，切勿奔跑，用厚的外衣包裹即可熄灭。较严重者应躺在地上（以免火焰烧向头部）用防火毯紧紧包住，直至火熄，或者用水冲淋熄灭。烧伤者应送医院治疗。

5.电线着火时，须关闭电源，切断电流，使用干粉灭火器、二氧化碳灭火器、卤代烷灭火器（1211灭火器）。不可用水或泡沫灭火器扑灭物体带电燃烧的火灾。

6.严格禁止在易燃易爆场所吸烟或明火作业，严格禁止将火种带入易燃、易爆场所。如因维修确需动用明火时，一定要清理现场，关闭阀门，冲洗管道，并报告有关人员，进行检查，在做好防火措施后，方可动火。

三、防爆炸

在生化生产中可能涉及有危险性的化合物，操作时需特别小心。有些类型的化合物具有爆炸性，如叠氮化物、干燥的重氮盐、硝酸酯、多硝基化合物等，使用时须严格遵守操作规程。有些有机化合物如醚或共轭烯烃，久置后会生成易爆炸的过氧化物，需特殊处理后才能应用。

四、防喷

丙酮、氯仿、乙醇等溶剂在使用或回收时，如果违反操作规程，在密闭情况下工作，内部压力过大，容易使溶剂从阀门等处冲出。

1.严格执行安全操作规程，并控制生产过程的温度不超过规定温度。

2.开启有挥发性液体（氯仿、乙醇等）的瓶塞和安瓿时，必须先充分冷却后再开启（开启安瓿时需用布包裹），开启时瓶口必须指向无人处，以免由于液体喷溅而导致伤害。如遇瓶塞不易开启时，必须注意瓶内贮物的性质，切不可贸然用火加热或乱敲瓶塞等。

3.如发生事故，试剂溅入眼内时，先采取相应的急救措施，然后送医院救治。

酸：用大量水洗，再用1‰碳酸氢钠溶液洗，就医。

碱：用大量水洗，再用1‰硼酸溶液洗，就医。

溴：用大量水洗，再用1‰碳酸氢钠溶液洗，就医。

玻璃：立即送医院救治，切勿用手揉动。

五、防毒

在生产中所用有毒药品，应妥善保管，不许乱放，并有专人负责收发，使用者应遵守操作规程，认真操作。生产结束后，有毒废物必须作妥善处理，严禁随意丢弃。

1.有些有毒物质会渗入皮肤，因此在接触时必须戴胶皮手套，操作后立即洗手。切勿让毒品接触五官或伤口。例如氰化钠接触伤口后就会随血液循环全身，严重者会造成中毒死亡事故。

2.当有毒物质溅入口中尚未咽下时应立即吐出，用大量水漱洗口腔。如已吞下，应根据毒物性质给以解毒。酸性毒物可先饮大量水，然后服用氢氧化铝膏、鸡蛋清；若是强碱，也应先饮大量水，然后服用醋、酸果汁、鸡蛋清。酸、碱中毒者在做完上述处理后都应服用牛奶，但不要吃呕吐剂。然后立即送医院救治。

对于重金属中毒者，应先给牛奶或鸡蛋清使之立即冲淡和缓和，再用一大匙硫酸镁（约 30g）溶于一杯水中催吐，有时也可用手指伸入喉部使呕吐。然后立即送医院救治。

对吸入气体中毒者，应立即将其移至室外，解开衣领及纽扣。吸入少量氯气或溴者，需用碳酸氢钠溶液漱口。然后立即送医院救治。

六、防腐蚀

在生产中，经常使用强酸、强碱等腐蚀性溶剂，如果操作不当极易造成外伤。

1.取腐蚀类刺激性化学品时，应戴手套和防护眼镜等。腐蚀性化学品不得在烘箱中烘烤。吸取液体时，必须用橡皮球吸，绝不可用嘴吸。

2.搬运腐蚀性液体贮罐时严禁背扛搬运，使用时要戴上防护眼镜、橡皮手套和围裙。

3.稀释硫酸时，必须用烧杯等耐酸容器，而且必须在玻璃棒不断搅拌下，仔细缓慢地将浓硫酸加入水中，绝对不能将水加入硫酸中以免溅出伤人。

七、其他伤害

如发生割伤情况，应取出伤口中的玻璃或固体物，用蒸馏水冲洗后涂上碘伏，用绷带扎住（或用创可贴）。大伤口则应先按紧主血管以防止大量出血，送医院治疗。

如发生意外烫伤，应及时作降温处理，并送医院治疗。

如发生酸试剂灼伤，应立即用大量水洗，再以 3%～5%碳酸氢钠溶液洗，最后用水洗，然后送医院治疗。

如发生碱试剂灼伤，应立即用水洗，再用 2%乙酸液洗，最后用水洗，然后送医院治疗。

八、电器设备及厂房安全

1.使用电器时，必须遵守操作规程，事先要检查电源开关以及电动机和机械设备的各部分是否安置妥当。

2.停止工作时，必须切断电源。

Ⅱ　常用酸碱的相对密度和浓度的关系

溶质	分子式	分子量 M_r	物质的量浓度/(mol/L)	质量浓度/(g/L)	质量分数/%	相对密度	配制 1mol/L 溶液的加入量/(mL/L)
冰乙酸	CH_3COOH	60.05	17.4	1045	99.5	1.05	57.5
乙酸	CH_3COOH	60.05	6.27	376	36	1.045	159.5
甲酸	HCOOH	46.02	23.4	1080	90	1.2	42.7
盐酸	HCl	36.5	11.6	424	36	1.18	86.2
			2.9	105	10	1.05	344.8
硝酸	HNO_3	63.02	15.99	1008	71	1.42	62.5
			14.9	938	67	1.40	67.1
			13.3	837	61	1.37	75.2
磷酸	H_3PO_4	80	18.1	1445	85	1.7	55.2
硫酸	H_2SO_4	98.1	18	1766	96	1.84	55.6
氢氧化钾	KOH	56.1	13.5	757	50	1.52	74.1
			1.94	109	10	1.09	515.5
氢氧化钠	NaOH	40	19.1	763	50	1.53	52.4
			2.75	111	10	1.11	363.6

Ⅲ　常用缓冲溶液的配制方法

1.磷酸氢二钠-磷酸二氢钠缓冲液（0.2mol/L）

pH	0.2mol/L Na_2HPO_4/mL	0.2mol/L NaH_2PO_4/mL	pH	0.2mol/L Na_2HPO_4/mL	0.2mol/L NaH_2PO_4/mL
5.8	8.0	92.0	6.5	31.5	68.5
5.9	10.0	90.0	6.6	37.5	62.5
6.0	12.3	87.7	6.7	43.5	56.5
6.1	15.0	86.0	6.8	49.0	51.0
6.2	18.5	81.5	6.9	55.0	45.0
6.3	22.5	77.5	7.0	61.0	39.0
6.4	26.5	73.5	7.1	67.0	33.0

pH	0.2mol/L Na$_2$HPO$_4$/mL	0.2mol/L NaH$_2$PO$_4$/mL	pH	0.2mol/L Na$_2$HPO$_4$/mL	0.2mol/L NaH$_2$PO$_4$/mL
7.2	72.0	28.0	7.7	89.5	10.5
7.3	77.0	23.0	7.8	91.5	8.5
7.4	81.0	19.0	7.9	93.0	7.0
7.5	84.0	16.0	8.0	94.7	5.3
7.6	87.0	13.0	—	—	—

注：Na$_2$HPO$_4$·2H$_2$O，M_r=178.05，0.2mol/L 溶液的质量浓度为 35.61g/L；Na$_2$HPO$_4$·12H$_2$O，M_r=358.22，0.2mol/L 溶液的质量浓度为 71.64g/L；Na$_2$HPO$_4$·H$_2$O，M_r=138.01，0.2mol/L 溶液的质量浓度为 27.6g/L；NaH$_2$PO$_4$·2H$_2$O，M_r=156.03，0.2mol/L 溶液的质量浓度为 31.21g/L。

2. 磷酸氢二钠-磷酸二氢钾缓冲液 （1/15mol/L）

pH	1/15mol/L Na$_2$HPO$_4$/mL	1/15mol/L KH$_2$PO$_4$/mL	pH	1/15mol/L Na$_2$HPO$_4$/mL	1/15mol/L KH$_2$PO$_4$/mL
4.92	0.10	9.90	7.17	7.00	3.00
5.29	0.50	9.50	7.38	8.00	2.00
5.91	1.00	9.00	7.73	9.00	1.00
6.24	2.00	8.00	8.04	9.50	0.50
6.47	3.00	7.00	8.34	9.75	0.25
6.64	4.00	6.00	8.67	9.90	0.10
6.81	5.00	5.00	8.18	10.00	0
6.98	6.00	4.00	—	—	—

注：Na$_2$HPO$_4$·2H$_2$O，M_r=178.05，1/15mol/L 溶液的质量浓度为 11.876g/L；KH$_2$PO$_4$，M_r=136.09，1/15mol/L 溶液的质量浓度为 9.078g/L。

3. 磷酸氢二钠-氢氧化钠缓冲液 （0.05mol/L，20℃）

50mL 0.05mol/L Na$_2$HPO$_4$ 溶液＋x mL 0.1mol/L NaOH 溶液，加水稀释至 100mL。

pH	x/mL	pH	x/mL	pH	x/mL
10.9	3.3	11.3	7.6	11.7	16.2
11.0	4.1	11.4	9.1	11.8	19.4
11.1	5.1	11.5	11.1	11.9	23.0
11.2	6.3	11.6	13.5	12.0	26.9

注：Na$_2$HPO$_4$·2H$_2$O，M_r=178.05，0.05mol/L 溶液的质量浓度为 8.90g/L；Na$_2$HPO$_4$·12H$_2$O，M_r=358.22，0.05mol/L 溶液的质量浓度为 17.91g/L。

4.磷酸二氢钾-氢氧化钠缓冲液（0.05mol/L，20℃）

x mL 0.2mol/L KH_2PO_4 溶液＋y mL 0.2mol/L NaOH 溶液，加水稀释至 20mL。

pH	x/mL	y/mL	pH	x/mL	y/mL
5.8	5	0.372	7.0	5	2.963
6.0	5	0.570	7.2	5	3.500
6.2	5	0.860	7.4	5	3.950
6.4	5	1.260	7.6	5	4.280
6.6	5	1.780	7.8	5	4.520
6.8	5	2.365	8.0	5	4.680

5.几种常用缓冲溶液的配制

pH	配制方法
0.0	1mol/L 盐酸
1.0	0.1mol/L 盐酸
2.0	0.01mol/L 盐酸
3.6	$CH_3COONa \cdot 3H_2O$　8g,溶于适量水中,加 6mol/L CH_3COOH 134mL,稀释至 500mL
4.0	$CH_3COONa \cdot 3H_2O$　20g,溶于适量水中,加 6mol/L CH_3COOH 134mL,稀释至 500mL
4.5	$CH_3COONa \cdot 3H_2O$　32g,溶于适量水中,加 6mol/L CH_3COOH 68mL,稀释至 500mL
5.0	$CH_3COONa \cdot 3H_2O$　50g,溶于适量水中,加 6mol/L CH_3COOH 34mL,稀释至 500mL
5.7	$CH_3COONa \cdot 3H_2O$　100g,溶于适量水中,加 6mol/L CH_3COOH 13mL,稀释至 500mL
7.0	CH_3COONH_4　77g,用水溶解后,稀释至 500mL
7.5	NH_4Cl　60g,溶于适量水中,加 15mol/L 氨水 1.4mL,稀释至 500mL
8.0	NH_4Cl　50g,溶于适量水中,加 15mol/L 氨水 3.5mL,稀释至 500mL
8.5	NH_4Cl　40g,溶于适量水中,加 15mol/L 氨水 8.8mL,稀释至 500mL
9.0	NH_4Cl　35g,溶于适量水中,加 15mol/L 氨水 24mL,稀释至 500mL
9.5	NH_4Cl　30g,溶于适量水中,加 15mol/L 氨水 65mL,稀释至 500mL
10.0	NH_4Cl　27g,溶于适量水中,加 15mol/L 氨水 197mL,稀释至 500mL
10.5	NH_4Cl　9g,溶于适量水中,加 15mol/L 氨水 175mL,稀释至 500mL
11.0	NH_4Cl　3g,溶于适量水中,加 15mol/L 氨水 207mL,稀释至 500mL
12.0	0.1mol/L NaOH
13.0	0.01mol/L NaOH

Ⅳ 常用易燃有机溶剂的性能

名称	乙酸丁酯	正丁醇	乙酸乙酯	甲醇	乙醇	氯仿	丙酮	异丙醇	苯	吡啶
性质	二级易燃液体	二级易燃液体	一级易燃液体	一级易燃液体	一级易燃液体	有机	有机	一级易燃液体	一级易燃液体	一级易燃液体
化学式	$CH_3COOC_4H_9$	C_4H_9OH	$CH_3COOC_2H_5$	CH_3OH	C_2H_5OH	$CHCl_3$	CH_3COCH_3	C_3H_8O	C_6H_6	C_5H_5N
分子量	116.156	74.08	88.1	32.04	46.05	119.4	58.08	60.1	78.1	79.1
相对密度(20℃)	0.876	0.81	0.901	0.79(25℃)	0.789	1.4985(15℃)	0.788(25℃)	0.785	0.879	0.982
沸点(常压)/℃	126.5	117.5	77.15	64.7	78.2	61.26	56.5	82.3	80.1	115.3
闪点/℃	25	35	-5	18.33	-14	—	-20	21.1	-11	360
自燃点/℃	420	366	484	470	510	—	—	455.6	538	482
爆炸限度(容积比)/%	1.7~15	1.7~18	2.2~11.4	6~36.5	3.3~19	—	—	2.5~5.2	1.4~8	1.8~12.4
水中溶解度	1%	7.90%	8.60%	∞	∞	1mL/200mL水(25℃)	∞	∞	不溶于水	∞
有效灭火剂	泡沫、二氧化碳、卤代烷、喷雾状水	同乙酸丁酯	同乙酸丁酯	同乙酸丁酯	泡沫二氧化碳、卤代烷、水	—	—	CO_2、卤代烷、泡沫、水	CO_2、沙、卤代烷	CO_2、沙、雾状水
空气中最大允许浓度/(mg/m³)	200	303	200	50	1500	240(我国未规定，外国资料供参考)	—	1020	50	15
嗅觉可感到的最低浓度/(mg/L)	—	1	—	—	250	—	—	—	—	—
中毒浓度/(mg/L)	5	2	5	—	16	—	—	—	—	—

续表

名称	乙酸丁酯	正丁醇	乙酸乙酯	甲醇	乙醇	氯仿	丙酮	异丙醇	苯	吡啶
中毒症状	头昏、眼泉、鼻、呼吸道发炎	昏迷、头痛、眼角膜、呼吸道发炎	对眼、鼻、气管有刺激作用,可引起皮炎及湿疹	对黏膜刺激,皮肤可吸收	同正丁醇	麻醉剂,长期吸入致慢性中毒造成肝、肾、心脏等损害,遇光或较热易分解成光气,液体能透过皮肤吸收	—	同正丁醇	大量吸入蒸气有麻醉作用,爆炸中毒损害骨髓细胞,血小板减少,凝血困难	—
预防与急救	使用合适的防毒面具,将中毒者搬到空气新鲜处,保暖,必要时输氧气和人工呼吸,送医	同乙酸丁酯			同乙酸丁酯	昏迷者输氧,给咖啡因等中枢神经兴奋剂,禁止使用肾上腺素		头晕时,速至空气新鲜处休息,误服应求医	同异丙醇,急救时绝对禁用肾上腺素	同异丙醇,治疗中毒给予维生素B大量
火灾危险性	液体易燃,蒸气易与空气混合,其混合物遇火爆炸	同乙酸丁酯	同乙酸丁酯	阴凉、避火,避与氧化剂混放	同乙酸丁酯	本身不燃,遇碱易分解有爆炸危险	—	同乙酸丁酯,过氧化物易爆	同乙酸丁酯	同乙酸丁酯
贮藏	密闭,远离火、热源	同乙酸丁酯	同乙酸丁酯	阴凉、避火,避与氧化剂混放	—	密闭、避光,置阴暗处	—	同氯仿	同氯仿	同氯仿
操作注意	注意通风,严格防火	—	严格防火,注意通风	避触皮肤、吸入,通风	通风,严格防火	不使接触皮肤、眼,戴皮手套、活性炭口罩、眼镜,注意通风	—	同氯仿	同氯仿	力求密闭,通风、严格防火

参考文献

[1] 周琦，曾莹，祝遵凌.响应面法优化香水莲花多酚的提取工艺及其抗氧化活性［J］.现代食品科技，2018，34（11）：1-9.

[2] 秦渊渊，郭文忠，李静，等.蔬菜废弃物资源化利用研究进展［J］.中国蔬菜，2018，（10）：17-24.

[3] 孙莎，吴伟杰，郜海燕，等.杨梅果实抗氧化物质的提取及其稳定性研究［J］.中国食品学报，2018，（08）：185-193.

[4] 刘瑾蓉，林剑辉，李婷婷.基于卷积神经网络的银杏叶片患病程度识别［J］.中国农业科技导报，2018，20（06）：55-61.

[5] 王华瑞.柿子长期保鲜技术研究［D］.北京：中国农业大学，2003.

[6] 李脉泉.Nrf2-ARE 信号通路介导的苯乙醇苷神经保护作用及机理研究［D］.杭州：浙江大学，2018.

[7] 李芷悦.抗疲劳复方精油的应用及其机理研究［D］.北京：北京中医药大学，2018.

[8] 万冰.微加工百合鳞茎褐变机制及其调控研究［D］.扬州：扬州大学，2018.

[9] 张萍萍.气调附加乙烯调控对青皮核桃贮藏的影响及其生理效应研究［D］.杨凌：西北农林科技大学，2018.

[10] 陶笑，徐媛，江解增.植物抗氧化性的主要活性成分研究［J］.安徽农业科学，2017，45（25）：8-10，58.

[11] 谭龙飞，王欢，戴春桃，等.菠萝茎糖类物质组成的研究［J］.食品与发酵科技，2017，53（04）：68-72.

[12] 张文标."赣猕 6 号"毛花猕猴桃的耐热性研究［D］.南昌：江西农业大学，2017.

[13] 石玉欣.山药皮醋及其饮料的工艺技术研究［D］.新乡：河南科技学院，2017.

[14] 潘芸芸，王庆，冉聪，等.加工及贮藏方式对菊花品质的影响［J］.食品与机械，2017，33（05）：141-144，177.

[15] 袁雷.不同浓度 KNO$_3$、GA$_3$、6-BA 和 TDZ 对唐菖蒲籽球休眠的影响［D］.雅安：四川农业大学，2017.

[16] 黄玲艳.桂花提取物的抗氧化及延缓衰老作用研究［D］.扬州：扬州大学，2017.

[17] 马雪寒.四种重要花卉的活性成分研究［D］.武汉：江汉大学，2017.

[18] 张丹.无籽刺梨酶法制汁工艺及果粉制备研究［D］.重庆：西南大学，2017.

[19] 邓宇杰.茶树花提取物的抗氧化活性及其对 HepG2 细胞的抗增殖活性［D］.重庆：西南大学，2017.

[20] 王秋燕.秋葵功能成分的提取鉴定及综合利用研究［D］.郑州：河南工业大学，2017.

[21] 张娇娇.羽扇豆粉的功能评价及产品开发［D］.天津：天津科技大学，2017.

[22] 刘瑶.玫瑰花多糖的提取及功能性饮料的制备［D］.天津：天津科技大学，2017.

[23] 黄玲艳，黄宏轶，汪元元，等.16 种常见可食花卉水提液的总多酚与总黄酮含量及其抗氧化活性［J］.食品工业科技，2017，38（04）：353-356，360.

[24] 孙健，程雅芳，关红艳，等.蔬菜废弃物综合利用研究进展［J］.广西农学报，2016，

31（06）：46-49.

[25] 王跃勇.基于机器视觉和仿真试验的蔬菜穴盘幼苗移栽关键技术研究 [D].长春：吉林大学，2016.

[26] 董璐.菊花响应白色锈病病原菌的转录组和表达谱分析 [D].沈阳：沈阳农业大学，2016.

[27] 范灵姣.抗坏血酸对柿果实采后软化的调控作用及其机制研究 [D].南宁：广西大学，2016.

[28] 方垚.火龙果绿色保鲜技术研究 [D].南昌：江西农业大学，2016.

[29] 王青青.两种菌发酵液对非洲菊保鲜及压花花色影响的研究 [D].广州：华南农业大学，2016.

[30] 李元会.1-MCP及壳聚糖处理对无花果贮藏品质及生理的影响 [D].雅安：四川农业大学，2016.

[31] 魏学明.双螺杆挤压生产复合营养方便早餐的研究 [D].哈尔滨：哈尔滨商业大学，2016.

[32] 陈震.茄子优化施肥方案及对氮磷钾吸收分配规律的研究 [D].泰安：山东农业大学，2016.

[33] 宁亚萍.山杏花黄酮及挥发性物质的研究 [D].北京：北京林业大学，2016.

[34] 周晓婉.1-MCP对苹果采后灰霉病抗性诱导的生理机制 [D].杨凌：西北农林科技大学，2016.

[35] 马杰，孙勃，薛生玲，等.豌豆尖主要营养成分、生物活性物质及抗氧化能力分析 [J].食品与机械，2016，32（04）：47-51.

[36] 昝鹏.山桐子果实油和种子油的提取及其剩余物抗炎作用研究 [D].哈尔滨：东北林业大学，2016.

[37] 汪莹，马占玲，张静，等.大葱成分去除刀鱼中亚硝酸盐的研究 [J].食品安全质量检测学报，2016，7（03）：1283-1288.

[38] 方媛.分期播种对日光温室3种保健蔬菜生长特性的影响及气候适应性分析 [D].银川：宁夏大学，2016.

[39] 戴忠仁.黄瓜耐冷生理变化规律及相关基因转录组测序和表达分析 [D].哈尔滨：东北农业大学，2015.

[40] 周芳.山西省褐腐病菌种群结构及致病性研究 [D].晋中：山西农业大学，2015.

[41] 邱雪景.苗药酢浆草提取物的活性分析及在果蔬保鲜中的应用研究 [D].南宁：广西师范学院，2015.

[42] 邓娇.莲花瓣类黄酮色素分析及莲花瓣着色机理研究 [D].中国科学院研究生院（武汉植物园），2015.

[43] 林立金.混种少花龙葵嫁接后代对枇杷镉积累的影响 [D].雅安：四川农业大学，2015.

[44] 孙泽飞.牡丹花类黄酮成分及抗氧化能力分析 [D].杨凌：西北农林科技大学，2015.

[45] 吕慧敏.西伯利亚百合花粉萌发前后营养成分和活性物质的变化 [D].长春：东北师范大学，2015.

［46］ 刘红.集美区蔬菜农药残留色谱检测分析及毒性研究［D］.厦门：集美大学，2015.

［47］ 高健敏.气雾栽培条件下四种香料植物扦插、生长及品质研究［D］.广州：广州中医药大学，2015.

［48］ 王红燕，陶亮，张亚丽，等.野生贯筋藤花的营养特性分析［J］.食品科学，2015，36（10）：105-109.

［49］ 龙宁.甜叶菊抗氧化能力测定技术研究和种质资源筛选［D］.杭州：浙江大学，2014.

［50］ 杨丹，王冰.玫瑰花果冻的研制［J］.哈尔滨商业大学学报：自然科学版，2014，30（05）：566-570.

［51］ 亓竹冉.出口基地园艺作物的线虫种类调查及南方根结线虫的防治研究［D］.南京：南京农业大学，2014.

［52］ 季月月.宣木瓜罐头加工工艺的研究［D］.合肥：安徽农业大学，2014.

［53］ CHEN Y F，ZHONG X H，CHEN L C. Chinese Herbal Medicine Resources with Bacteriostatic and Insecticidal Activities and Their Application as Pesticides［J］. Agricultural Science & Technology，2013，14（09）：1307-1314，1318.

［54］ 朱军伟.菠菜低温保鲜关键技术的研究［D］.上海：上海海洋大学，2013.

［55］ 李平.香椿芽加工及水培技术研究［D］.长沙：中南林业科技大学，2013.

［56］ 王新忠.温室番茄收获机器人选择性收获作业信息获取与路径规划研究［D］.镇江：江苏大学，2012.

［57］ 曾荣.凤仙透骨草抑菌活性成分、抑菌机理及对柑橘防腐保鲜效果的研究［D］.南昌：南昌大学，2012.

［58］ 李英改.9个梨品种果实发育过程中抗氧化成分及抗氧化能力比较研究［D］.成都：四川农业大学，2012.

［59］ 杨永兰，李春华.食用花卉的开发利用价值及发展趋势［J］.饮料工业，2012，15（05）：14-17.

［60］ 许国宁.黄花菜真空冷冻干燥工艺研究［D］.南京：南京农业大学，2011.

［61］ 李思宁.胡椒精油提取方法［J］.中国调味品，2011，36（09）：14-16，22.

［62］ 凌莉.生物源保鲜物质对辣椒采后生理和品质的影响研究［D］.南京：南京农业大学，2011.

［63］ 罗海莉.莲藕贮藏期病害微生物研究及涂膜保鲜［D］.武汉：华中农业大学，2011.

［64］ 陈小利.1-MCP和蜂胶对富士苹果保鲜效应的研究［D］.杨凌：西北农林科技大学，2011.

［65］ 于娜.芍药衰老生理与调控及牡丹、芍药主要品种花瓣中营养与保健成分分析［D］.新乡：河南师范大学，2011.

［66］ 万玲，潘贤丽，康由发，等.海南省槟榔等热带花卉的营养价值及菜用开发建议［J］.现代农业科技，2010，（23）：356-357.

［67］ 王全逸.马铃薯多酚类化合物对结肠癌和肝癌细胞增殖的影响及花色苷生物合成关键酶基因的研究［D］.南京：南京农业大学，2010.

［68］ 李劼.阳丰甜柿最佳采收期及保鲜技术研究［D］.杨凌：西北农林科技大学，2011.

[69] 郭福阳.果蔬采后保鲜剂的研究与应用 [D].乌鲁木齐：新疆大学，2010.

[70] 王丽.几种黄酮类化合物清除 DPPH 自由基微量模型的建立 [D].开封：河南大学，2009.

[71] 刘孟纯.切花月季采后保鲜及其花期控制技术研究 [D].保定：河北农业大学，2008.

[72] 邵大伟.玫瑰（Rosa rugosa）花蕾抗氧化能力的研究 [D].泰安：山东农业大学，2008.

[73] 李雪枝.1-甲基环丙烯在番茄和草莓保鲜中的应用研究 [D].南京：南京师范大学，2007.

[74] 侯晓东.中草药提取物对采后芒果的病菌抑制和保鲜效果研究 [D].儋州：华南热带农业大学，2007.

[75] 李章念.两种食用百合中黄酮类物质研究 [D].杨凌：西北农林科技大学，2007.

[76] 郭惠萍.NO 对西红柿果实成熟的调节及其机理研究 [D].兰州：兰州大学，2007.

[77] 陈静波，田迪英.莴笋不同部位抗氧化活性的研究 [J].食品研究与开发，2006，（09）：54-57.

[78] 刘忆冬.不同贮藏条件对中华寿桃的采后生理及贮藏效果的影响研究 [D].石河子：石河子大学，2006.

[79] 张中海.猕猴桃"果锈"去除方法及其对耐贮性的影响 [D].杨凌：西北农林科技大学，2006.

[80] 包建平.龙蒿精油提取及繁殖方法研究 [D].乌鲁木齐：新疆农业大学，2005.

[81] 陈文学.胡椒抗氧化物的提取及抗氧化性能研究 [D].儋州：华南热带农业大学，2005.

[82] 程婷.美人蕉天然荔枝保鲜剂的应用研究及其成分初步分析 [D].广州：广东工业大学，2005.

[83] 郝福玲.百合 ACC 氧化酶基因 cDNA 的克隆及反义植物表达载体的构建 [D].杨凌：西北农林科技大学，2005.

[84] 马永昆.热力、非热力处理对哈密瓜汁香气、酶和微生物的影响 [D].北京：中国农业大学，2005.

[85] 刘雅莉.百合乙烯生成与衰老的关系及 ACC 氧化酶基因 cDNA 的克隆 [D].杨凌：西北农林科技大学，2004.

[86] 乜兰春.苹果果实酚类和挥发性物质含量特征及其与果实品质关系的研究 [D].保定：河北农业大学，2004.

[87] 刘红霞.1-MCP，BTH 和 PHC 对桃果（Prunus persica L.）采后衰老的调控作用及诱导抗病机理的研究 [D].中国农业大学，2004.

[88] 马李一.漂白紫胶水果保鲜剂的研制与应用研究 [D].北京：北京林业大学，2004.

[89] 郑炜.果蔬抗氧化作用机理及评价方法研究进展 [J].浙江林业科技，2004（02）：60-64.

[90] 曾绍校.余甘多糖提取工艺及其功能学的研究 [D].福州：福建农林大学，2004.